职业技能等级认定培训教程

服装制版师
（成型类）
（高级）

中国就业培训技术指导中心
人力资源和社会保障部职业技能鉴定中心 组织编写

中国劳动社会保障出版社

图书在版编目（CIP）数据

服装制版师：成型类：高级/中国就业培训技术指导中心，人力资源和社会保障部职业技能鉴定中心组织编写. -- 北京：中国劳动社会保障出版社，2024.（职业技能等级认定培训教程）. -- ISBN 978-7-5167-6515-9

Ⅰ.TS941.631

中国国家版本馆 CIP 数据核字第 20244KQ450 号

中国劳动社会保障出版社出版发行

（北京市惠新东街 1 号　邮政编码：100029）

*

保定市中画美凯印刷有限公司印刷装订　　新华书店经销

787 毫米 ×1092 毫米　16 开本　21.75 印张　353 千字
2024 年 11 月第 1 版　2024 年 11 月第 1 次印刷
定价：69.00 元

营销中心电话：400-606-6496
出版社网址：https://www.class.com.cn

版权专有　　侵权必究

如有印装差错，请与本社联系调换：（010）81211666
我社将与版权执法机关配合，大力打击盗印、销售和使用盗版图书活动，敬请广大读者协助举报，经查实将给予举报者奖励。
举报电话：（010）64954652

编审委员会

主　任　吴礼舵　张　斌　韩智力

副主任　葛恒双　葛　玮

委　员　李　克　朱　兵　赵　欢　王小兵　贾成千　吕红文
　　　　　瞿伟洁　高　文　郑丽媛　陆照亮　刘维伟

本书编审委员会

主　任　陈大鹏

副主任　孙晓音

委　员　杨金纯　林云峰　顾　平　张庆辉

本书编审人员

主　编　龙海如

编　者（按姓氏笔画排序）
　　　　王　星　王　晖　卢华山　丛　政　杨忆秋　杨海鹏
　　　　吴寅杰　岑　凌　赵　齐　董智佳

主　审　宋广礼

审　稿　丛洪莲　胡　亮

前　言

为加快建立劳动者终身职业技能培训制度，全面推行职业技能等级制度，推进技能人才评价制度改革，进一步规范培训管理，提高培训质量，中国就业培训技术指导中心、人力资源和社会保障部职业技能鉴定中心组织有关专家在《服装制版师国家职业技能标准（2019年版）》（以下简称《标准》）制定工作基础上，编写了服装制版师职业技能等级认定培训教程（以下简称等级教程）。

服装制版师等级教程紧贴《标准》要求编写，内容上突出职业能力优先的编写原则，结构上按照职业功能模块分级别编写。该等级教程共包括《服装制版师（基础知识）》《服装制版师（裁剪类）（中级）》《服装制版师（裁剪类）（高级）》《服装制版师（裁剪类）（技师 高级技师）》《服装制版师（成型类）（中级）》《服装制版师（成型类）（高级）》《服装制版师（成型类）（技师 高级技师）》7本。《服装制版师（基础知识）》是各级别服装制版师均需掌握的基础知识，其他各级别教程内容分别包括各级别服装制版师应掌握的理论知识和操作技能。

本书是服装制版师等级教程中的一本，是职业技能等级认定推荐教程，也是职业技能等级认定题库开发的重要依据，适用于职业技能等级认定培训和中短期职业技能培训。

本书在编写过程中得到中国纺织机械协会、浙江恒强科技股份有限公司、福建睿能科技股份有限公司、江苏金龙科技股份有限公司、香港中大实业有限公司、东华大学纺织学院、圣东尼（上海）针织机器有限公司、江南大学纺织科学与工程学院、杭州职业技术学院、福州琪利软件有限公司、卡尔迈耶（中国）有限公司等单位的大力支持与协助，在此一并表示衷心感谢。

中国就业培训技术指导中心
人力资源和社会保障部职业技能鉴定中心

目 录 CONTENTS

职业模块 1　产品款式分析 …………………………………………………………… 1

　培训课程 1　面料分析 …………………………………………………………… 3

　　学习单元 1　辨识毛圈等纬编组织 …………………………………………… 3

　　学习单元 2　辨识 4×4 及以上纬编绞花组织 ……………………………… 10

　　学习单元 3　辨识纬编并针组织 ……………………………………………… 12

　　学习单元 4　辨识贾卡同向单底梳、双底梳经编组织 ……………………… 14

　　学习单元 5　辨识双针床贾卡同向厚组织、连边组织等 …………………… 16

　培训课程 2　成型产品分析 ……………………………………………………… 20

　　学习单元 1　辨识 T 恤领、樽领等背肩、插肩、平肩成型服装版型 ……… 20

　　学习单元 2　辨识无缝多色块、多原料、多组织、全毛圈等成型服装
　　　　　　　　版型 …………………………………………………………… 24

　　学习单元 3　分析和用文字表述四平、畦编、提花类产品的收放针方式 … 28

　　学习单元 4　分析成型服装的缝合工艺 ……………………………………… 34

职业模块 2　样板绘制和程序编制 ……………………………………………… 39

　培训课程 1　花型程序绘制 ……………………………………………………… 41

　　学习单元 1　制作毛圈、添纱、凸条、波纹等纬编组织的样片程序 ……… 41

　　学习单元 2　制作 4×4 以内绞花等纬编组织的样片程序 ………………… 60

　　学习单元 3　制作 8 把纱嘴内的纬编嵌花组织的样片程序 ………………… 79

　　学习单元 4　制作纬编并针组织的样片程序 ………………………………… 102

　　学习单元 5　制作经编单底梳、双底梳组织的样片程序 …………………… 108

　　学习单元 6　制作经编贾卡同向厚组织、厚缝合等组织的样片程序 ……… 114

培训课程 2　成型制版 ·· 122
　　学习单元 1　制作纬平针组织的圆领、V 领等背肩、平肩成型服装
　　　　　　　　工艺单 ·· 122
　　学习单元 2　制作 T 恤领、樽领等背肩、平肩、插肩的成型服装制版
　　　　　　　　程序 ··· 177
　　学习单元 3　制作多色块、多原料、多组织、全毛圈等成型服装制版
　　　　　　　　程序 ··· 236
　　学习单元 4　制作单扎口、双扎口等组织的成型服装制版程序 ············ 241
　　学习单元 5　制作经编贾卡同向有底成型 T 恤的制版程序 ···················· 243
　　学习单元 6　使用专用软件对花型组织的程序进行优化处理 ················ 248

职业模块 3　系列样板制作　255

培训课程 1　试样制作 ·· 257
　　学习单元 1　优化织机速度、牵拉力、密度等编织参数 ························ 257
　　学习单元 2　调整沉降片设置、机器回转距、电子送纱器等编织工艺
　　　　　　　　参数 ··· 281
　　学习单元 3　优化制版程序 ··· 288

培训课程 2　质量控制 ·· 308
　　学习单元 1　核验成型服装工艺 ·· 308
　　学习单元 2　核验成型服装制版程序 ··· 318
　　学习单元 3　分析撞针、翻纱等机件损坏和织物疵点情况，调整制版
　　　　　　　　程序与编织工艺参数 ·· 325
　　学习单元 4　根据成品尺寸调整下机尺寸 ··· 333

职业模块 ❶
产品款式分析

培训课程 1

面料分析

学习单元 1　辨识毛圈等纬编组织

掌握辨识毛圈、添纱、凸条、波纹纬编组织的方法。

一、毛圈等纬编组织的结构特点及表示方式

1. 毛圈组织

毛圈组织是由平针线圈和带有拉长沉降弧的毛圈线圈组合而成的一种花色组织。毛圈组织一般由两或三根纱线编织而成,一根编织地组织线圈,另一根或两根编织带有毛圈的线圈。毛圈组织可以分为普通毛圈组织和花式毛圈组织两类,并有单面毛圈和双面毛圈之分,其中双面毛圈可以在单面组织(如平针等)或双面组织(如罗纹等)基础上在织物两面形成毛圈,前者应用较多。图1-1-1所示即为普通毛圈组织结构,其地组织为平针组织,每一个毛圈线圈的沉降弧都被拉长形成毛圈。

2. 添纱组织

添纱组织是指织物的全部线圈或部分线圈由两根纱线形成的一种花色组织,

如图 1-1-2 所示。添纱组织中一个单元添纱线圈中的两根纱线的相对位置是确定的，它们相互重叠，不是由两根纱线随意并在一起形成的双线圈组织结构。

图 1-1-1　普通毛圈组织结构

图 1-1-2　普通添纱组织

1—地组织纱线；2—添纱

添纱组织可以是单面或双面，并可以分为全部线圈添纱组织和部分线圈添纱组织两类。图 1-1-3 所示为一种部分线圈添纱组织，称为浮线添纱组织（又称架空添纱组织），它将添纱按花纹要求沿横向覆盖在地组织纱线的部分线圈上。图中地组织为平针组织，纱线较细，添纱（即面纱）较粗，由地纱和添纱同时编织出紧密的添纱线圈。在单独由地纱编织的线圈之处，添纱在织物反面呈浮线，由于地纱成圈稀薄，因此呈网孔状外观。

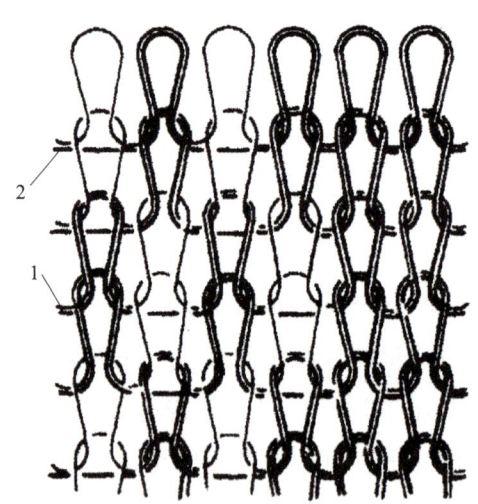

图 1-1-3　浮线添纱组织

1—地组织纱线；2—添纱

3. 凸条组织

凸条组织是通过成圈、集圈和浮线按照一定规律排列或者局部编织而形成的一种花色组织，其织物表面有明显的横向或纵向凸条。横向凸条织物如

图 1-1-4 所示。

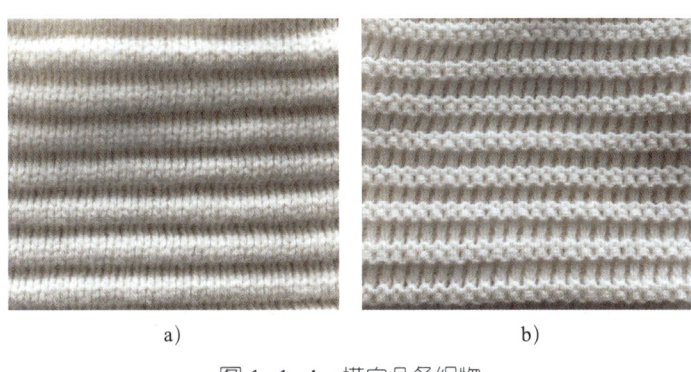

图 1-1-4　横向凸条织物
a）正面　b）反面

4. 波纹组织

波纹组织又称扳花组织，是横机所编织的一种特有结构，它通过前后针床织针之间位置的相对移动，使线圈倾斜，在双面地组织上形成波纹状的外观效果。波纹组织可以在四平（1+1 罗纹）、三平、畦编或半畦编等常用组织基础上，形成四平扳花（罗纹波纹组织）、三平扳花、元宝扳花（畦编波纹组织）或单元宝扳花（半畦编波纹组织）等，也可以通过抽针形成抽条扳花或方格扳花等。

图 1-1-5 所示为在四平组织基础上进行扳花的线圈结构图。图 1-1-5a 为每编织一个横列前后针床向相反方向相对移动一个针距的线圈结构图。但在织物下机以后，由于纱线弹性的作用，线圈会力图恢复到原来状态，使曲折消失。因此，在实际生产中大多采用每编织一横列前后针床相对移动两针距的方法。在这种情况下，由于线圈倾斜度较大，波纹效果就会显现出来，如图 1-1-5b 所示。

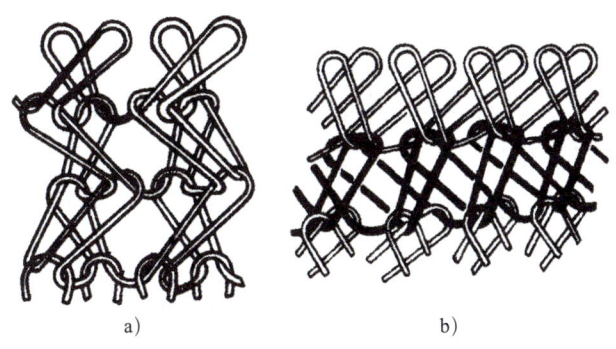

图 1-1-5　四平扳花的线圈结构图
a）每次移位一针距　b）每次移位两针距

二、毛圈等纬编组织的基本性能和用途

1. 毛圈组织

（1）基本性能。由于毛圈组织中加入了毛圈纱线，因此织物较普通平针组织紧密。但在使用过程中，由于毛圈松散，在织物的一面或两面容易受到意外抽拉，使毛圈产生转移，这就破坏了织物的外观。因此，为了防止毛圈意外抽拉转移，可以将织物编织得紧密些，以增加毛圈转移的阻力，并可以使毛圈直立。同时，地纱使用回弹较好的低弹加工丝，可以帮助束缚毛圈纱线。

（2）用途。毛圈组织具有良好的保暖性与吸湿性，产品柔软、厚实，可以在电脑横机、无缝内衣机上编织，适用制作毛衫、无缝内衣、休闲服等服装，以及装饰和产业用品等。

2. 添纱组织

（1）基本性能。全部线圈添纱组织的线圈几何特性基本与地组织相同，但由于采用两种不同的纱线编织，织物两面具有不同的色彩和服用性能。当采用两根不同捻向的纱线进行编织时，还可以消除织物线圈歪斜的现象。

部分线圈添纱组织中有浮线存在，延伸度较地组织小，比地组织不易脱散，但容易勾丝。绣花花纹部分由于添纱的加入，导致织物变厚、表面不平整，从而影响织物的服用性能。

（2）用途。以平针为地组织的全部线圈添纱组织多用于加有氨纶等弹性纱线的针织物和无缝内衣的编织，以及用于加工一些功能性、舒适性要求较高的服装面料，如丝盖棉、导湿快干织物等。部分线圈添纱组织中浮线添纱组织应用较多，多用于制作无缝内衣等服装。

3. 凸条组织

（1）基本性能。在相同纱线细度的条件下，凸条组织织物较一般织物厚。由于表面不平整，因此其耐磨性、抗起毛起球性较差。

（2）用途。凸条组织织物可以用于制作毛衫、无缝内衣等服装。

4. 波纹组织

（1）基本性能。波纹组织具有与它所采用的基础组织（如四平、畦编等）相同的性能，差别仅在于线圈的倾斜，因此所形成的织物比基础组织所形成的织物宽，相应的其织物长度更短。

（2）用途。波纹组织只能在针床可横移的电脑横机上编织，因此其织物适用

于制作毛衫类服装。

辨识毛圈等纬编组织面料

一、辨识毛圈组织面料

步骤1 辨识前准备

将样片面料放置在可以看清纹路的光线（如自然光或台灯）下。

步骤2 面料结构分析

（1）观察面料毛圈横向排列循环，两行隔开一针循环排列。如图1-1-6a所示，1-10为10针两行隔针芝麻点排列。

（2）由于是全片毛圈组织，纵向转数直接计算（两行一转），如图1-1-6b所示，11-21为11行毛圈。

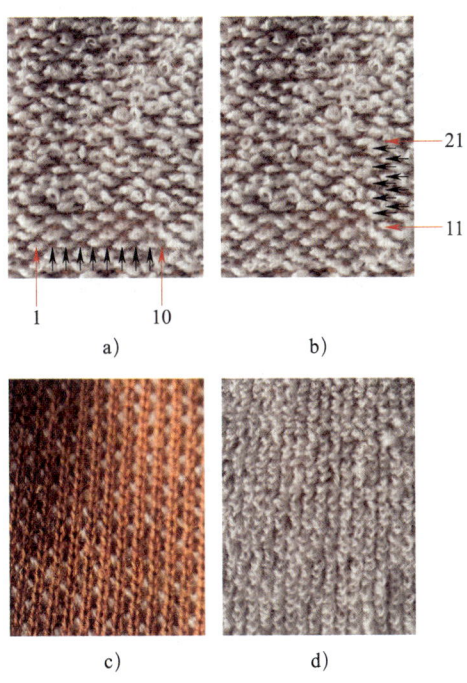

图1-1-6 毛圈织物图

a）隔针毛圈横向循环针 b）隔针毛圈纵向循环行

c）织物底面效果 d）满针毛圈效果

（3）底面是另一颜色后床编织，如图 1-1-6c 所示。

（4）可以找一片满针毛圈织物图作为对比，如图 1-1-6d 所示。

步骤 3　记录

样片毛圈横向循环为隔针两行类似芝麻点循环，纵向行数根据花型高度排列，底面为另一把纱嘴满针编织，全片都是隔针毛圈花型。

二、辨识添纱组织面料

步骤 1　辨识前准备

将样片面料放置在可以看清纹路的光线（如自然光或台灯）下。

步骤 2　面料结构分析

（1）观察面料前床纬编针添纱循环针数，开始为 3 针，之后向左右两侧按 2 针 2 行向外偏移 1 针，依次循环，如图 1-1-7a 所示。1-3 为起始 3 针，中空 1 针，4-5 为横向 2 针循环。

（2）观察面料前床纬编针添纱转数（2 行 1 转），如图 1-1-7b 所示，6-17 为每 2 行向右移动 2 针纵向循环 12 行。

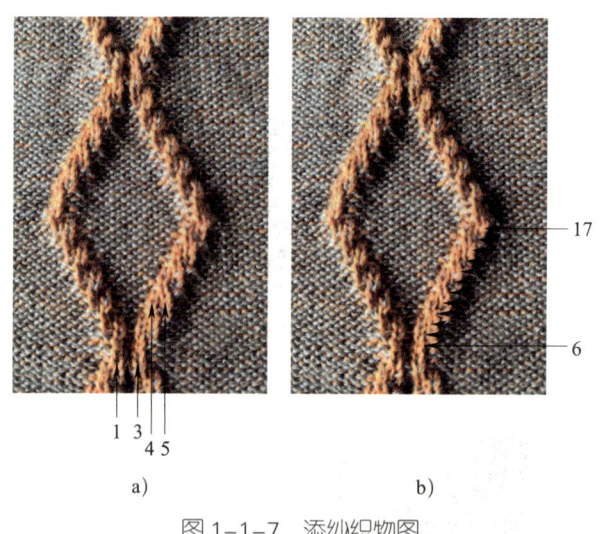

图 1-1-7　添纱织物图

a）前床纬编针添纱循环针数　b）前床纬编针添纱转数

步骤 3　记录

样片前床纬编花宽 3 针开始，2 针 1 转向外偏移循环 5 次，再向内偏移循环 5 次，单边高度为 6 转。

三、辨识凸条组织面料

步骤 1 辨识前准备

将样片面料放置在可以看清纹路的光线（如自然光或台灯）下。

步骤 2 面料结构分析

（1）观察面料凸条循环针数，整行凸条可以取任意循环，如图 1-1-8a 所示，1-6 为横向单个循环 6 针。

（2）从凸条四平编织开始数凸条部分前床编织转数（2 行 1 转），以及与下一个凸条之间的间隔转数，如图 1-1-8b 所示，7-10 为 4 行凸条前编织行数，11-24 为两个凸条之间 14 行的间隔行数。

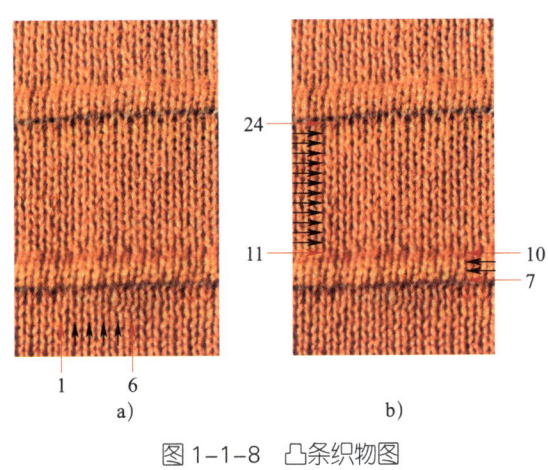

图 1-1-8 凸条织物图

a）凸条花型针数 b）凸条编织转数、凸条间隔转数

步骤 3 记录

样片花型宽按满针排列开始，一行四平编织后接 2 转前床纬编，再翻针至前接 7 转前床纬编为一个循环。

四、辨识波纹组织面料

步骤 1 辨识前准备

将样片面料放置在可以看清纹路的光线（如自然光或台灯）下。

步骤 2 面料结构分析

（1）观察波纹针数和波纹偏移方向，如图 1-1-9a 所示，1 为单针宽，2-6 为每两行向右横向摇床偏移 1 针，共 5 针。

（2）从第一针波纹开始计算循环行数，如图 1-1-9b 所示，7-26 为单个波纹花型循环 20 行。

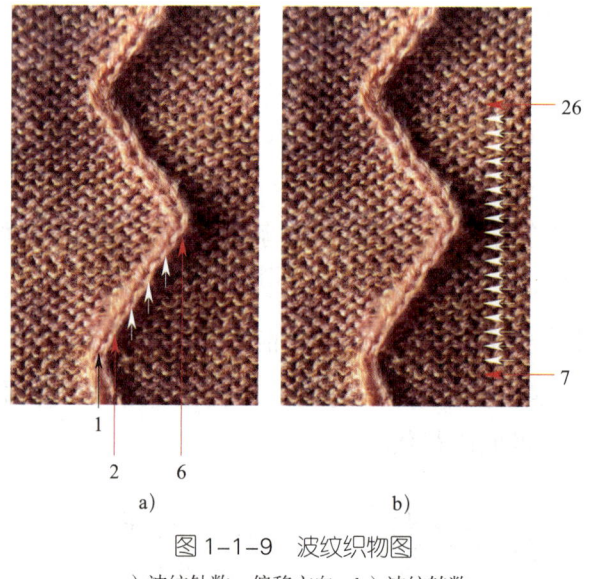

图 1-1-9 波纹织物图
a）波纹针数、偏移方向　b）波纹转数

步骤3　记录

样片波纹花宽1针2行开始，每2行向右摇床1针，每次摇床增加1针，循环5次，再每次减少1针摇床，循环4次，整体循环为20行。

学习单元2　辨识4×4及以上纬编绞花组织

掌握辨识4×4及以上纬编绞花组织的方法。

参照本系列教程中《服装制版师（成型类）（中级）》职业模块1培训课程1学习单元2的内容。

辨识4×4及以上纬编绞花组织面料

步骤1 辨识前准备

将样片面料放置在可以看清纹路的光线（如自然光或台灯）下。

步骤2 面料结构分析

（1）在参与绞花的针数比较多的时候，可以采用脱散方法观察，以避免直面观察时出现错误，如图1-1-10a所示，共有12针参与绞花。

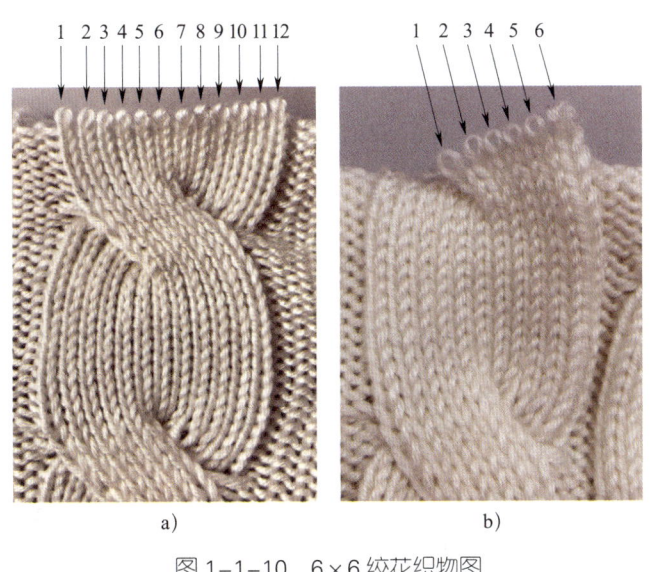

图1-1-10 6×6绞花织物图
a）绞花针数 b）绞花方向

（2）从脱散至纵行交叉处开始数，数出右侧6针置于上方，如图1-1-10b所示。

步骤3 记录

样片花宽12个纵行，6×6绞花，右压左，花高11转1绞（方法同本系列教程中《服装制版师（成型类）（中级）》职业模块1培训课程1学习单元2中的相关内容）。

学习单元 3　辨识纬编并针组织

掌握辨识纬编并针组织的方法。

一、纬编并针组织的结构特点及表示方式

并针是相邻线圈叠加成一个线圈的一种编织方式,参与叠加的线圈数量不同,出来的组织效果不同。并针的表示方式为 ×-×,如 5 针并成 2 针即 5-2。

二、纬编并针组织的基本性能

并针通常用在平针组织和下摆与大身交接处,相同组织并针后由于参与编织的针数发生变化,为保证幅宽不变,并针后织物密度明显变松,如图 1-1-11 所示。并针处根据参与叠加的线圈不同可以出现不同程度的褶皱,参与叠加的线圈越多,褶皱越明显,反之亦然,如图 1-1-12 所示。因此,在腰部等部位需要装饰时,可通过并针的方式形成打褶效果。另一方面,在 1+1 下摆罗纹和

图 1-1-11　并针前后密度变化效果图

大身交接处进行零散的并针(见图 1-1-13),可达到隐形减针的结果,这样不但大身侧缝与下摆能够顺直,还能解决一些收腰款因侧缝急收针而出现鼓包影响外观的问题。

职业模块 1　产品款式分析

图 1-1-12　并针产生褶皱效果图

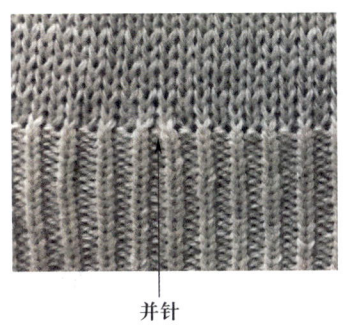

图 1-1-13　1+1 下摆罗纹和大身交接处并针效果图

辨识纬编并针组织面料

步骤 1　辨识前准备

将样片面料放置在可以看清纹路的光线（如自然光或台灯）下。

步骤 2　面料并针分析

（1）观察面料的并针针数及规律。将面料并针处展开，使并针针数及隔距清晰展现，如图 1-1-14 所示。图中下半部的黑色箭头代表参与并针的针数，红色箭头代表并针间隔针数，上半部的箭头为并针后的针数。

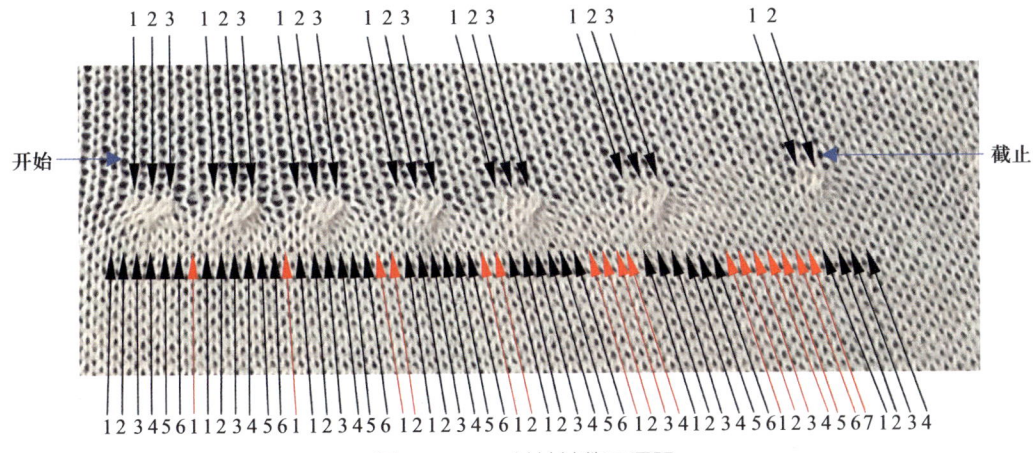

图 1-1-14　并针针数及隔距

13

（2）并针记录。起始6-3一次，隔1针6-3两次，隔2针6-3两次，隔4针6-3一次，隔7针4-2一次。

学习单元4　辨识贾卡同向单底梳、双底梳经编组织

掌握辨识贾卡同向单底梳、双底梳经编组织结构的方法。

一、贾卡同向单底梳、双底梳经编组织表示方式

1. 贾卡同向单底梳经编组织表示方式

贾卡同向单底梳经编组织是指前后针床分别由1把成圈贾卡梳栉和1把成圈底梳栉共同编织形成的两梳织物。图1-1-15为贾卡同向单底梳织物显微镜下实物图照片，橘色为贾卡纱线，黑色为成圈底梳纱线。贾卡同向单底梳经编组织中底梳组织的垫纱数码为前针床GB1：1-0-0-0/0-1-1-1//，后针床GB4：1-1-1-0/0-0-0-1//。图1-1-16为贾卡同向单底梳织物前后针床垫纱运动图，底梳与贾卡梳纱线均为满穿，底梳与贾卡梳针前垫纱运动方向相同，因此在实物中工艺正面线圈横列为一横列向左、一横列向右的倾斜规律。

2. 贾卡同向双底梳经编组织表示方式

贾卡同向双底梳经编组织是指在贾卡同向单底梳经编组织基础上，前后针床各增加1把底梳衬纬组织，常用的有满穿纱线的1针衬纬组织，贾卡同向双底梳经编组织中底梳组织的1针衬纬的垫纱数码为前针床GB1：0-0-0-0/1-1-1-1//，后针床GB6：1-1-0-0/0-0-1-1//，图1-1-17为贾卡同向双底梳织物前后针床垫纱运动图。

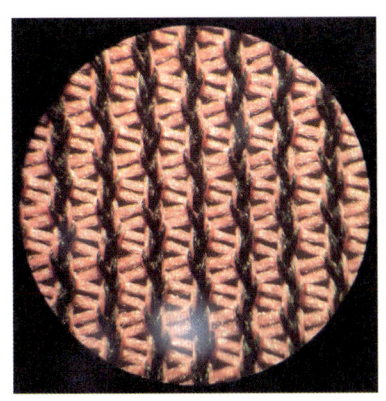

图1-1-15 贾卡同向单底梳织物
显微镜下实物图

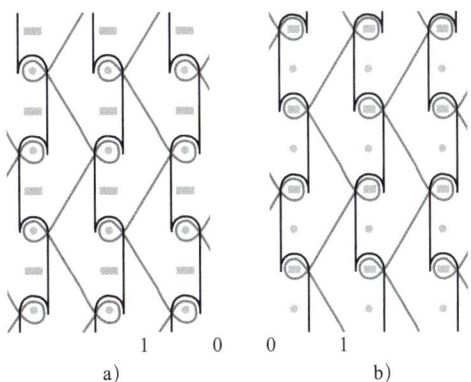

图1-1-16 贾卡同向单底梳织物前后针
床垫纱运动图
a）前针床　b）后针床

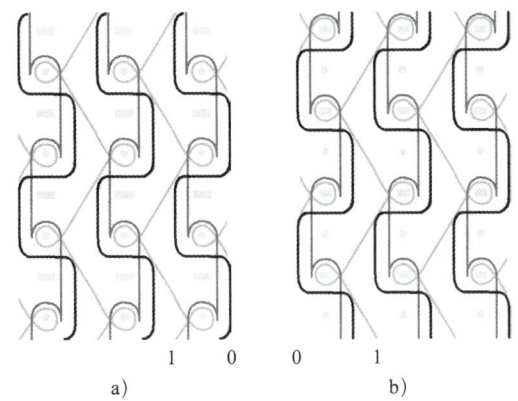

图1-1-17 贾卡同向双底梳织物前后针床垫纱运动图
a）前针床　b）后针床

二、贾卡同向单底梳、双底梳经编组织特征

1. 贾卡同向单底梳经编组织特征

贾卡同向单底梳经编组织是经编全成型产品开发中应用最多的组织，其始终仅在同一枚织针上编织成圈，主要起到稳定织物纵向尺寸，降低其脱散性的作用。

2. 贾卡同向双底梳经编组织特征

贾卡同向双底梳经编组织在经编全成型产品开发中应用较少，较为特殊，目前双底梳经编组织中一般增加1把中间梳栉底梳，做1针衬纬垫纱运动，使用弹性氨纶纱线或者增加金银丝、导电丝等特殊功能纤维。在此基础上，可以结合双底梳的纱线空穿设计和多针衬纬变化组织，开发纵条凹凸等特殊结构的经编全成型产品。

辨识贾卡同向单底梳、双底梳经编组织

步骤1 辨识前准备

将样片面料放置在可以看清纹路的光线（如自然光或台灯）下，若是带氨纶纱线的面料，应使用绷布圈将其撑开后，再放在显微镜下。

步骤2 区分组织

纵向编织的线圈面为工艺正面，贾卡延展线面为工艺反面。在延展线面逆编织方向边缘，用分析针先拆散贾卡成圈纱线，显露出底梳成圈纱线，再拆散底梳线圈纱线，从而辨识是单底梳成圈组织，还是双底梳成圈加衬纬组织。

步骤3 准确命名分析面料中的底梳组织

分析面料中底梳纱线的实际垫纱情况，画出单底梳成圈或者双底梳成圈加衬纬组织的垫纱运动图并写出垫纱数码。

学习单元5　辨识双针床贾卡同向厚组织、连边组织等

掌握辨识双针床贾卡同向厚组织、连边组织、缝合组织的方法。

一、双针床贾卡同向厚组织

双针床贾卡同向厚组织是指前后针床的成圈型贾卡导纱梳分别在各自的前针床和后针床位置进行垫纱，贾卡导纱梳在基本薄组织两针横移动作基础上，偶数纵行向右偏移1针，贾卡梳编织3针闭口经平垫纱形成的组织。双针床贾卡同向厚组织的垫纱数码为前针床 JB2.1：1-0-1-1/2-3-1-1//、JB2.2：1-0-1-1/2-3-1-1//，后针床 JB3.1：1-1-2-3/1-1-1-0//、JB3.2：1-1-2-3/1-1-1-0//。双针床贾卡同向厚组织垫纱运动图如图 1-1-18 所示。

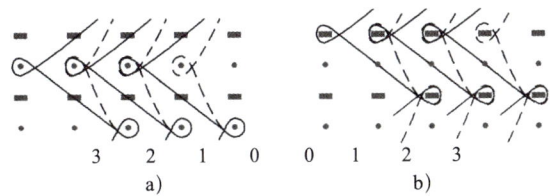

图 1-1-18 双针床贾卡同向厚组织垫纱运动图
a）前针床　b）后针床

二、双针床贾卡同向连边组织

双针床贾卡同向连边组织是指在经编全成型筒形织物纵向侧缝的左右边缘，贾卡的 1 根或者 2 根纱线同时在前后针床编织成圈，形成无缝的圆筒结构的组织。双针床贾卡同向连边组织可以分为薄连边组织和厚连边组织。

薄连边组织的前针床连边组织由前针床筒形织片的最右侧 1 根贾卡纱线负责前后侧缝的连边，筒片右侧的垫纱运动如图 1-1-19a 所示。薄连边组织的后针床连边组织由后针床筒形织片的最左侧 1 根贾卡纱线负责前后侧缝的连边，筒片左侧的垫纱运动如图 1-1-19b 所示。

厚连边组织的前针床连边组织由前针床筒形织片的最右侧前后 2 个针床的各 1 根贾卡纱线负责前后侧缝的连边，筒片右侧的垫纱运动如图 1-1-20a 所示。厚连边组织的后针床连边组织由后针床筒形织片的最左侧前后 2 个针床的各 1 根贾卡纱线负责前后侧缝的连边，筒片左侧的垫纱运动如图 1-1-20b 所示。

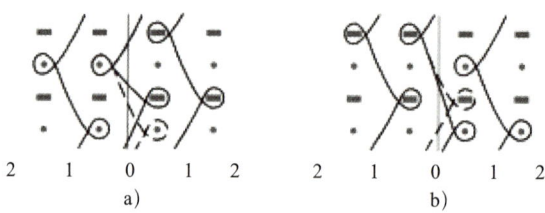

图 1-1-19 双针床贾卡同向薄连边组织垫纱运动图
a）前针床 b）后针床

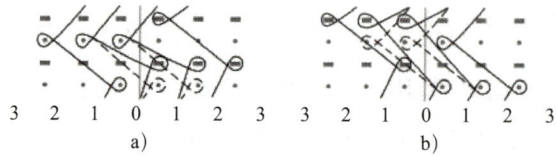

图 1-1-20 双针床贾卡同向厚连边组织垫纱运动图
a）前针床 b）后针床

三、双针床贾卡同向缝合组织

双针床贾卡同向缝合组织是指经编全成型服装上衣的肩部、腋下以及裤子裆部等局部位置时，可以实现局部横向或者斜向的前后片缝合的组织。双针床贾卡同向缝合组织包括薄缝合组织、厚缝合组织和网孔缝合组织，其垫纱运动图如图 1-1-21 所示。其中，网孔缝合组织的垫纱特点为在前后针床同时垫纱成圈。

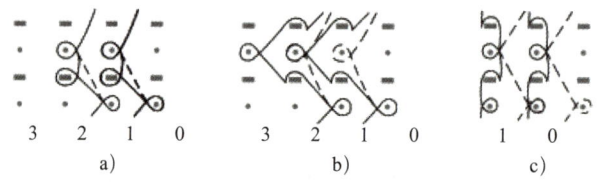

图 1-1-21 双针床贾卡同向缝合组织垫纱运动图
a）薄缝合组织 b）厚缝合组织 c）网孔缝合组织

辨识双针床贾卡同向厚组织

步骤 1 辨识前准备

将样片面料放置在可以看清纹路的光线（如自然光或台灯）下，若是带氨纶纱线的面料,应使用绷布圈撑开后,再放在显微镜下。

步骤 2　辨识双针床贾卡同向厚组织

纵向编织的线圈面为工艺正面,如图 1-1-22a 所示;贾卡延展线面为工艺反面,如图 1-1-22b 所示。在厚组织延展线面使用分析针进行辨识,可发现厚组织延展线为 3 针垫纱厚效应区域,与薄组织的 2 针垫纱效应区分明显。

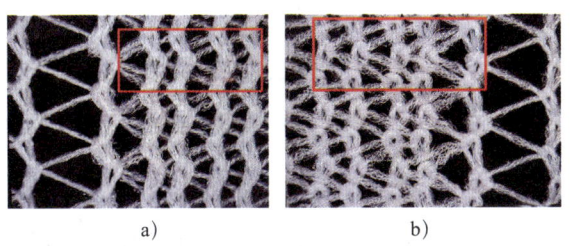

图 1-1-22　双针床贾卡同向厚组织垫纱样片图
a)线圈面工艺正面　b)延展线面工艺反面

步骤 3　准确分析并记录同向贾卡组织循环

分析面料上的贾卡薄组织、网孔组织和厚组织区域,数出并记录不同组织的花高梳栉(纵向线圈个数)和花宽(横向线圈个数)。

培训课程 2 成型产品分析

学习单元1 辨识T恤领、樽领等背肩、插肩、平肩成型服装版型

掌握辨识T恤领、樽领等背肩、插肩、平肩成型服装版型的方法。

参照本系列教程中《服装制版师（成型类）（中级）》职业模块1培训课程2学习单元1中"一、成型服装的结构特点"的内容。

辨识T恤领、樽领等背肩、插肩、平肩成型服装版型

一、辨识男T恤领（系扣）背肩长袖直腰型纬平针套衫

步骤1 辨识前准备

（1）将样衣正面朝上放置在可以看清纹路的光线（如自然光或日光灯）下。

(2)将样衣领子朝上、下摆朝下、大身铺平,前后身袖窿点对齐向上捋平。两袖展开平铺,袖侧缝线在下,铺平袖中线。

步骤2　样衣结构分析

(1)领部结构分析。观察样衣领口的形状,若领子为翻领或挖领结构,前领底正中有半开结构且由门襟与扣子组成,则为T恤领(系扣)领型,如图1-2-1所示。

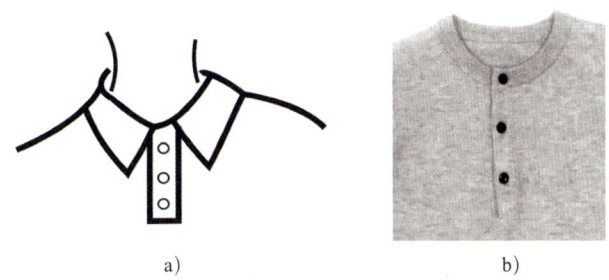

图1-2-1　T恤领(系扣)领型示意图
a)T恤领(翻领)结构图　b)T恤领(挖领)实物图

(2)肩部结构分析。将样衣翻转背面朝上,观察样衣肩部缝缝位置,按图1-2-2a所示的肩型结构图进行比对。肩缝线偏离顶端到后片(多数后片有夹花效果)的即是背肩型,成衣如图1-2-2b所示。

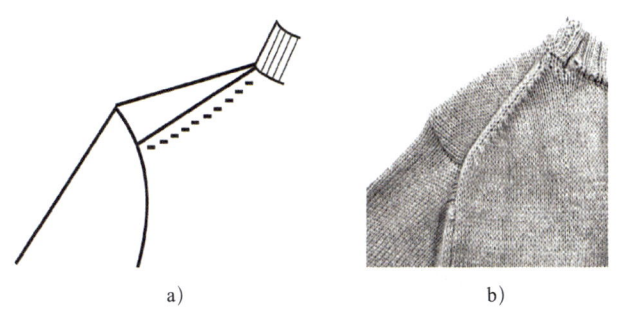

图1-2-2　背肩肩型示意图
a)背肩肩型结构图　b)背肩肩型实物图

(3)辨识袖型。观察样衣袖子的形状与长度,袖子与肩交接处有缝线,袖子长度与下摆边缘相近,即为长袖型。

(4)辨识腰摆型。观察外观或用尺度量样衣胸部、腰部与下摆的宽度,胸宽、腰宽及下摆宽度相等的即是直腰型。

步骤3　记录

将上述分析结果按着装对象性别+领型+肩型+袖型+腰摆+组织+门襟+

其他特征的格式进行记录，应记录为男T恤领（系扣）背肩长袖直腰型纬平针套衫。

二、辨识女樽领插肩长袖收腰型纬平针套衫

步骤1　辨识前准备

（1）将样衣正面朝上放置在可以看清纹路的光线（如自然光或日光灯）下。

（2）将样衣领子朝上、下摆朝下、大身铺平，前后身袖窿点对齐向上捋平。两袖展开平铺，袖侧缝线在下，铺平袖中线。

步骤2　样衣结构分析

（1）辨识樽领领型。观察样衣领口的形状，领子直筒向上为添领结构，若领子高度大于5 cm，即是樽领领型，如图1-2-3所示。

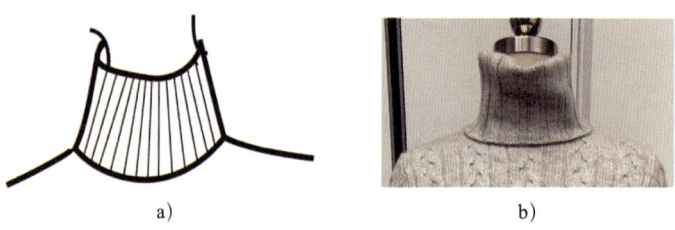

图1-2-3　樽领领型示意图

a）樽领结构图　b）樽领实物图

（2）辨识插肩袖。观察样衣的肩部与袖子的结构，若袖子与肩无缝合，且袖子的顶端为领子的一部分，则为插肩袖。再观察缝线，缝线从袖窿点直接与领部相连，近似为一条直线，袖子的袖口部分接近下摆边缘，则为长袖。符合上述袖子形状特征的则为插肩袖长袖型，如图1-2-4所示。

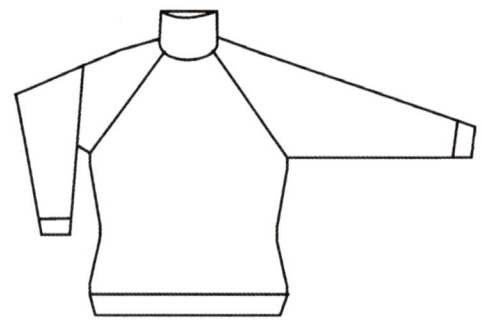

图1-2-4　插肩袖长袖型示意图

（3）辨识腰摆型。观察样衣腰部与下摆的形状外观，或用尺度量，腰宽小于胸宽、下摆宽的即为收腰型。

步骤3　记录

将上述分析结果按着装对象性别＋领型＋肩型＋袖型＋腰摆＋组织＋门襟＋其他特征的格式进行记录,应记录为女樽领插肩袖长袖收腰型纬平针套衫。

三、辨识女樽领平肩长袖收腰型嵌花套衫

步骤1　辨识前准备

(1) 将样衣正面朝上放置在可以看清纹路的光线(如自然光或日光灯)下。

(2) 将样衣领子朝上、下摆朝下、大身铺平,前后身袖窿点对齐向上捋平。两袖展开平铺,袖侧缝线在下,铺平袖中线。

步骤2　样衣结构分析

(1) 辨识樽领领型。观察样衣领口的形状,若领子直筒向上,且领子高度大于5 cm,则为樽领领型。

(2) 辨识平肩肩型。观察样衣的肩部,肩缝线处于平铺样衣肩部顶端即是平肩肩型,如图1-2-5所示。

图1-2-5　平肩肩型示意图

(3) 辨识腰摆型。观察样衣腰部与下摆的形状外观,或用尺度量,腰宽小于胸宽、下摆宽的为收腰型。

(4) 袖长分析。观察样衣袖子的形状与长度,袖子与肩部连接处有缝线,袖子长度与下摆边缘相近,即为长袖型。

(5) 组织结构分析。分析所有提花图案部位,其组织为纬平针结构,翻开样衣反面,花型部位正、反面同色,且没有浮线组织结构,则其组织为嵌花组织。

步骤3　记录

将上述分析结果按着装对象性别＋领型＋肩型＋袖型＋腰摆＋组织＋门襟＋其他特征的格式进行记录,应记录为女樽领平肩长袖收腰型嵌花套衫。

学习单元2 辨识无缝多色块、多原料、多组织、全毛圈等成型服装版型

掌握辨识无缝多色块、多原料、多组织、全毛圈等成型服装版型的方法。

一、多色提花

多色提花是指在无缝多色块、多原料、多组织、全毛圈等成型服装的同一行会呈现不同颜色的纱线，或不同原料的纱线，如图1-2-6所示。

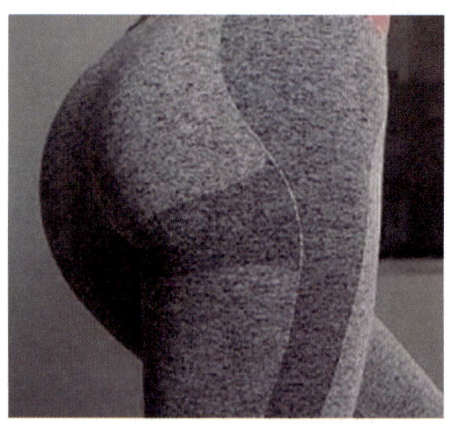

图1-2-6 多色提花示意图

二、不同原料在组织中的不同影响

编织所用原料的颜色、品种、性能、弹性等不同会导致织物色泽、功能、外观、手感、密度或织物收缩的差异。使用同色两种或以上的功能性原料，虽然在辨别上不如色纱直观，但也算多色块结构。

三、不同的组织结构组合

无缝成型服装的版型与尺寸变化是依靠组织结构与原料的变化实现的,即在服装不同部位采用不同的织物组织并结合原料搭配适应人的三维体型。图1-2-7所示为多种组织结构集成在一件女式无缝背心上,在原料、编织针数及线圈长度相同的条件下,不同组织结构的宽度排序为:平针＞1+1假罗纹＞2+1假罗纹＞2+2假罗纹＞3+2假罗纹＞2+2八横列吊针,由此实现了凹凸有致的成型效果。

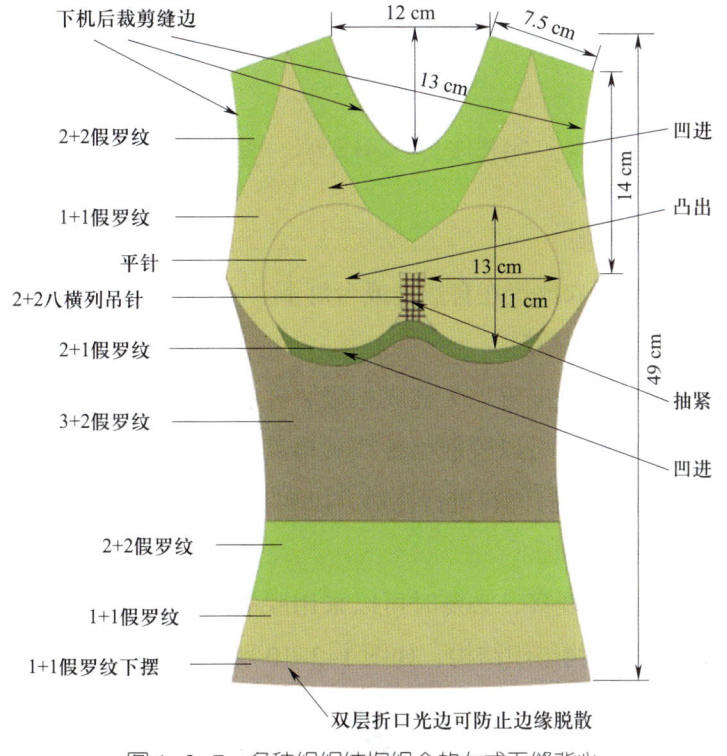

图1-2-7 多种组织结构组合的女式无缝背心

四、毛圈结构

在无缝针织机上,可以编织真毛圈和假毛圈结构,还可以在服装局部或全部编织毛圈组织。真毛圈的编织是采用毛圈沉降片,使毛圈纱在沉降片片鼻上弯纱,在织物反面形成毛圈(拉长沉降弧),如图1-2-8所示。假毛圈是在添纱组织基础上,编织较长的浮线(一般长度跨越3个或以上的线圈),由织物反面较长的浮线形成假毛圈外观,其结构意匠图如图1-2-9所示。

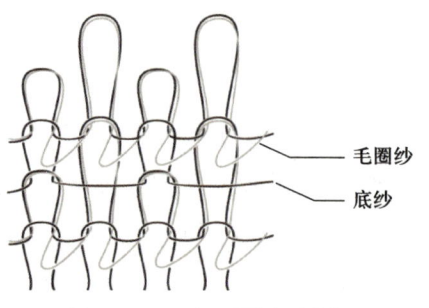

图 1-2-8 真毛圈线圈结构

图 1-2-9 假毛圈结构意匠图

辨识无缝多色块、多原料、多组织、全毛圈等成型服装版型

步骤 1 辨识前准备

将无缝成型服装样衣放置在自然光或台灯下。

步骤 2 区分色块和原料

通过肉眼观察可以直接辨识无缝成型服装样衣的不同色块或不同颜色。通过触摸面料的手感，必要时可以脱散出纱线观察其外观，也可以采用其他检测方法（如燃烧法等），或者与现有原料进行比对，以初步区分不同原料。

步骤 3 区分组织结构

通过肉眼或放大镜观察，必要时可以采用脱散织物的方法，以区分无缝成型服装样衣不同区域的织物组织结构，如图 1-2-10 所示。

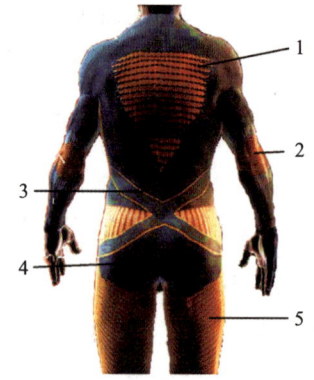

图 1-2-10 多组织无缝成型服装

1—背部吊针；2—肘部高弹；3—腰部收紧；4—臀部凸起；5—腿部紧固

步骤 4　区分真假毛圈组织

如果所分析的无缝成型服装样衣的反面带有毛圈，鉴于无缝针织机可以编织真假毛圈组织，因此需要掌握区分真假毛圈的方法，即横向拉伸毛圈织物，若弯曲的毛圈仍然在，则为真毛圈组织；若毛圈线圈变成浮线，则为假毛圈组织，如图 1-2-11 所示。

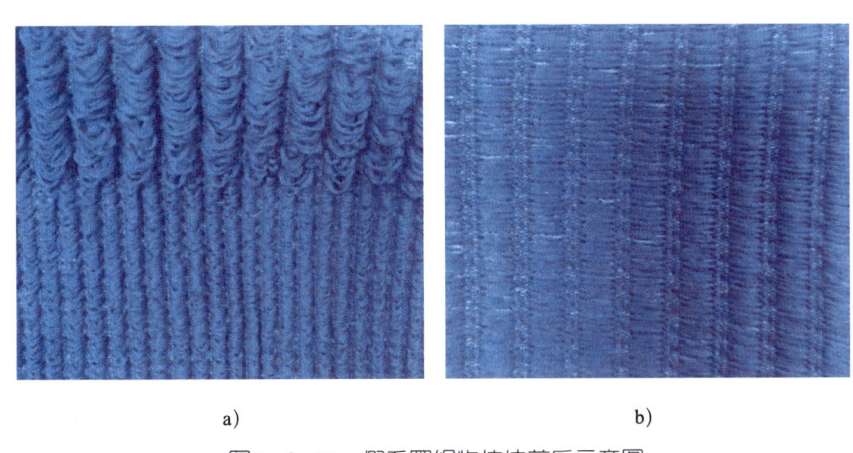

图 1-2-11　假毛圈织物拉伸前后示意图
a）拉伸前　b）拉伸后毛圈消失

步骤 5　准确命名并描述其基本特点

将上述分析结果按照着装对象性别＋扎口形式（不提及即表示单扎口）＋款型的格式进行记录，另用文字表述各部位织物的组织结构及所用的纱线原料。如图 1-2-10 所示样衣应记录为男无缝运动装（连体），其各部分结构与特点如下。

背部：吊针。每隔几针有一针不织，使其他针织出凸起的结构。若在这些凸起部分使用吸汗效果好的原料，可以将容易出汗的身体背部的汗水尽快吸走。

肘部：高弹。运动中肘部需要不断屈伸，应选用弹性大的原料和稍松的结构，以减少弯曲所需动能。

腰部：收紧。腰部是身体比较细的部位，使用假罗纹结构加以收缩，可以突出人体曲线，加强线条美感。

臀部：凸起。凸出的臀部宜采用平针组织和较松的密度，可以产生 3D 效果。

腿部：紧固。腿部肌肉在跑动过程中会因抖动消耗额外能量，可以利用弹性差的组织结构和原料，对腿部肌肉稍加固定，以减少能量消耗。

学习单元3 分析和用文字表述四平、畦编、提花类产品的收放针方式

掌握四平、畦编、提花类产品的收放针方式。

一、四平组织收放针方式和特点

四平又称为满针罗纹,是最基本的罗纹组织,由前后针床上满针线圈组成。其他罗纹组织有 1×1、2×1、2×2 等抽针罗纹,其产品具有较强的纵向纹理效果。为了保持成衣特有的外观纵向纹理效果,其收放针应按组织的循环针数收、放针。如四平组织每次收放针一个最小循环为1针;1×1抽针罗纹每次收放针一个最小循环为2针(1正1反);2×1抽针罗纹每次收放针一个最小循环为3针。

1. 四平组织收针方式和特点

(1) 四平组织收针方式

四平组织的收针方式分为无边收针与有边收针两种方式。

(2) 四平组织收针特点

1) 无边收针。收针后叠针处在衣片边缘,衣片缝合成衣后表面看不到线圈重叠痕迹,纵向纹理效果上显示一个最小循环1针的减针效果。四平无边收针效果见图 1-2-12。

2) 有边收针。有边收针后叠针处在衣片边缘内侧若干纵行的线圈上,形成了线圈的重叠效应(夹花),其收针效果如图 1-2-13 所示,特点是纵向纹理效果显示叠针处距布边有多个纵向不变的条纹,减针数最小组织循环为1针。

图 1-2-12 四平无边收针效果图　　图 1-2-13 四平有边收针效果图

2. 四平组织放针方式及特点

（1）四平组织的放针方式

四平组织放针分为无边放针与有边放针两种方式。

（2）四平组织放针特点

1）无边放针。四平组织无边放针是指织针直接进入编织区、直接参加编织的放针方式，其特点是放针位置处于衣片边缘，线圈纹理无明显变化，如图 1-2-14 所示。产品生产中常用无边放针方式。

2）有边放针。四平组织有边放针是指将边缘的数个线圈向外移动一针，内侧移针后形成的孔眼使用集圈或分针（挑半目移圈）进行补洞，其特点是放针位置处于衣片内侧，被移动的线圈在布边形成纹理连续的效果，如图 1-2-15 所示。有边放针方式操作复杂，产品生产中基本不使用。

图 1-2-14 四平无边放针效果图　　图 1-2-15 四平有边放针效果图

二、畦编组织的收放针方式与特点

畦编组织是在四平组织基础上满针或 1×1 抽针后单面或双面集圈形成的，其放针方式为无边放针，收针方式有无边、有边收针两种。以四平组织为基础的畦编组织每次收、放最小循环均为1针；以1×1抽条罗纹组织为基础的畦编组织每次收针最小循环为2针，放针最小循环一般为1针。

三、提花组织收放针方式与特点

提花组织分为单面提花与双面提花组织，如单面背面浮线提花以及双面圆筒、双面芝麻点、背面全出针、背面隔针提花等。提花产品由于存在图案因素，因此一般使用无边放针与无边收针方式，较少使用有边收放针方式。

单面提花的收针方法与效果同纬平针类产品，可使用无边或有边的收放针方式。双面圆筒、双面芝麻点、背面全出针等提花组织的收放针方法与外观效果如同四平组织，一般使用无边收、放针的方式，特殊要求时可以采用有边收针，每次收针数宜为1针。

分析并用文字表述四平、畦编、提花类等产品的收放针方式

步骤1 样品放置

将四平组织的成型服装上衣正面朝上放置在可以看清纹路的光线（如自然光或日光灯）下，畦编、提花类产品的样品放置方法与之相同。

步骤2 分析各部位收针方式

四平组织的成型服装上衣的收放针部位主要出现在腰部、袖窿（挂肩）、领口、袖身、袖山等部位。

（1）前后片腰部收放针分析

分析腰部的收放针前应先确定衣身的摆型。身片的腰部有直筒、收腰、收摆、放摆四种类型，其中，直筒型胸至下摆的尺寸不变，无收放针结构；收腰型在腰部有收放针结构；收摆型自下向上有放针结构；放摆型自下向上有收针结构。应在确定收放针部位后再分析收放针针数。

1）收针分析：在肋部缝缝上用两手将前后衣片拉开，缝线居中，观察纹理的变化。纵行数减少1针且无叠针效果的为无边收针，分析两次放针间的转数，如图1-2-16所示。若在缝线左右两侧距缝线数个纵行内有叠针效果的，则为有边收针,如图1-2-17所示,其缝线左右有4条不变的凸条,加上缝合缝耗2针,即为夹5条收针(根据组织折合为针数)。再分析两次放针之间的转数,得出收针规律。

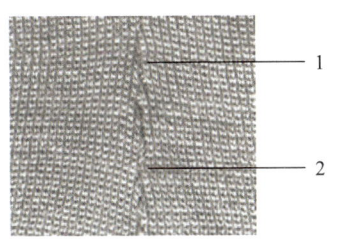

图1-2-16 无边收针效果图
1—纵行数减少;2—缝线两边无叠针

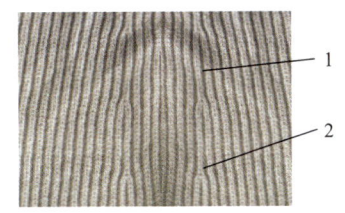

图1-2-17 有边收针效果图
1—纵行数减少;2—缝线两边有叠针

2)放针分析:在肋部缝缝上用两手将前后衣片拉开,缝线居中,观察纹理的变化。纵行数增加且无叠针效果的为无边放针,如图1-2-18所示。若纵行数增加且缝线左右两侧距缝线数个纵行外有叠针效果的,则为有边放针,如图1-2-19所示,其缝线左右有4条不变凸条,即为夹4条放针。再分析两次放针之间的转数,得出放针规律。

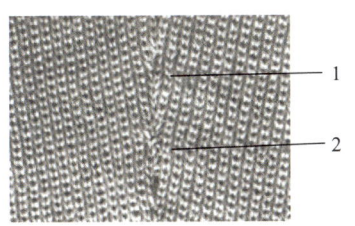

图1-2-18 无边放针效果图
1—纵行数增加;2—两侧无叠针

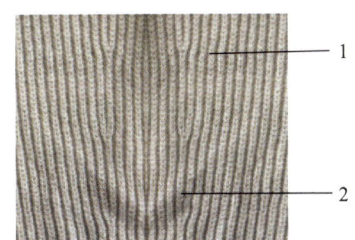

图1-2-19 有边放针效果图
1—纵行数增加;2—两侧有叠针

(2)袖窿(挂肩)收针分析

袖窿依据袖型可以分为装袖型和插肩袖型。装袖型的袖窿为曲线型,弧度较大;插肩袖型曲线较直,弧度较小。

1)装袖型袖窿(挂肩)收针分析:装袖型的袖窿为曲线型,底部一般有平收针结构,如图1-2-20所示,观察平收针的条数为5条,记为平收10针。

2)插肩型袖窿(挂肩)收针分析:观察纹理上有无叠针与纹理条数减少,分析方法同腰部收针。图1-2-21所示为插肩袖型袖窿(挂肩)收针效果图,该组织为1×1罗纹,减少的条数为1条(1条最小循环为2针),图中显示为夹3条收1条,加上缝合的1条(2针),该收针规律记为夹8针收2针。应逐个分析两次放针之间的转数并记录。

 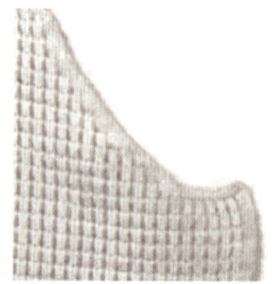 

图 1-2-20　装袖形袖窿（挂肩）平收针效果图　　图 1-2-21　插肩袖型袖窿（挂肩）收针效果图

（3）肩部收针

肩部收针分为平肩型、背肩型、插肩袖型。平肩型采用持圈收针（铲针）方式，分析方法同平收针；背肩型、插肩袖型采用有边或无边收针，分析方法同挂肩收针。

（4）领口收针

领口领型主要分为圆领、V 领两大类。圆领领型领底有平收针结构，两侧有收针结构，分析方法与装袖型挂肩相同。V 领领型领底为挑 1 条开领，领两侧的收针分析与插肩袖收针方法相同。

（5）袖身和袖山的收放针分析

袖身部分由下至上为放针结构，分析方法同腰部放针。袖山分为装袖型与插肩袖型，分析方法参照大身挂肩收针（上述平收针、插肩袖收针方法、大身挂肩收针的详细内容均参见本系列教程中《服装制版师（成型类）（中级）》职业模块 1 培训课程 2 学习单元 3）。

步骤 3　记录

（1）例 1：V 领背肩收腰长袖罗纹套衫的收放针方式记录

1）品名：女 V 领背肩收腰长袖型 2×1 罗纹套衫。

2）前片收放针分析记录。

①腰部收针：7-1×3（先收、无边收）、8-1×1（无边收）。

②腰部放针：4+1×3（先放、无边放）、6+1×4（无边放）。

③挂肩平收针：平收 13 针。

④挂肩收针：2-3×4（先摇）、3-3×3、4-3×3、5-3×1，均为夹 3 条收 1 条（组织为 2×1 罗纹，一个花型循环为 3 针，夹 3 条即为夹 9 针，收 1 条即为收 3 针，以下同）。

⑤肩收针：平肩无收针。

⑥领口收针：正中挑1针，3-3×3（先摇）、4-3×15，无边收1条。

3）后片收放针分析记录。后片腰部、挂肩的收放针与前片基本相同，只有肩部不同。肩部收针：2-3×10（先收）、1-3×9；有边收，夹3条收1条。

4）袖子收放针。

①袖身放针：3+1×9（先放、无边）、4+1×11（无边）、5+1×12（无边）。

②袖挂肩平收针：平收13针。

③袖挂肩收针：2-3×2（先摇）、3-3×3、5-3×7、3-3×4、2-3×1（均为有边收，夹3条收1条），1-2×5（先摇、无边收）。

请注意，做工艺时为了节约时间，无边收放针默认不作注明，有边收放针时使用夹支（或条）说明，如下文例2所示。

（2）例2：圆领平肩长袖收腰型套衫的收放针方式记录

1）品名：女圆领平肩长袖收腰型1×1畦编套衫。

2）前片收放针分析记录。

①腰部收针：5-1×4（先收）、6-1×7。

②腰部放针：4+1×2（先放）、5+1×7。

③挂肩平收针：平收12针。

④挂肩收针：2-2×11（先摇）、3-2×7、4-2×3，夹3条收1条（组织为1×1罗纹畦编，一个花型循环为2针，夹3条即为夹6针，收1条即为收2针，以下同）。

⑤肩收针：1-4×12、1-5×1（铲针）。

⑥领口收针：正中平收45针，1-2×10（先摇）、2-2×3、3-2×3，收1条。

3）后片、袖片收放针分析记录与前片类同。

（3）例3：圆领平肩长袖收摆型套衫的收放针方式记录

1）品名：女圆领平肩长袖收摆型满针罗纹套衫。

2）前片收放针分析记录。

分析前片的外观纹理，胸下为收摆结构，只有放针；挂肩为装袖型，有平收针、收针；肩部为持圈收针。分析后各段收放针规律记录如下：

①腰部放针：7+1×9（先放）、8+1×2。

②挂肩平收针：平收12针。

③挂肩收针：1-1×9（先摇）、1.5-1×6、2-1×10，夹5支收。

④肩收针：1-2×6、1-3×14（铲针）。

⑤领口收针：正中平收35针，1-6×1、1-4×2、1-3×2、1-2×7（铲针）、1-1×8、2-1×7。

3）后片、袖片收放针分析记录与前片相同。

（4）畦编组织收放针分析记录

畦编组织收放针分析与记录方法同四平组织。

（5）提花组织收放针分析记录

提花组织收放针分析根据组织结构不同略有区别。单面背面浮线提花的收放针方式与纬平针相同，双面芝麻点提花、背面全出针提花、双面圆筒提花等的收放针方式与罗纹相同。

学习单元4　分析成型服装的缝合工艺

掌握成型服装缝合工艺的分析方法。

一、缝合工艺类别

成型服装的缝合分为两类：套口缝合和机缝。套口缝合主要用于毛衫类的对目缝合，机缝主要用于制作毛衫类装饰和经纬编无缝类产品。

二、缝合线迹

套口缝合线迹若为单线链式的，其相关知识参见本系列教程中《服装制版师（基础知识）》职业模块2培训课程3学习单元3的101线迹。套口缝合在缝盘机（圆盘式）上完成，在领部、挂肩等部位线迹延伸率要求大于130%，缝盘机的机号高于横机的机号。机缝相关知识参见本系列教程中《服装制版师（基础知识）》

职业模块 2 培训课程 3 学习单元 3。

成型服装的缝合工艺分析

一、套口缝合

步骤 1　样品放置

将成型样衣放置在自然光或台灯下观察,如图 1-2-22 所示。

图 1-2-22　观察成型样衣

步骤 2　分析缝合工艺

(1) 观察缝合部位。观察有缝合处理的部位,如图 1-2-23 所示。

图 1-2-23　观察缝合部位

(2) 观察衣片线圈的缝合。两片衣片的缝合需在缝盘机上进行,一般采用单线链式(101 线迹)缝线,将前后衣片边缘的线圈一一对应缝合起来(行业内称为

"眼对眼"），如图 1-2-24 所示。

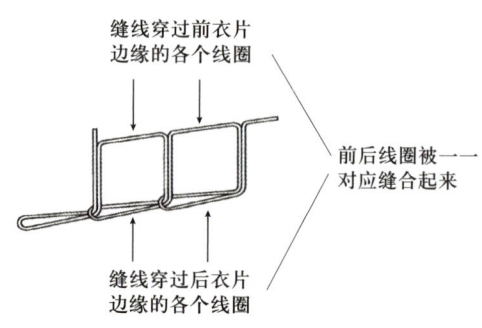

图 1-2-24　观察衣片线圈的缝合

（3）观察使用的缝合线。一般选用与成型样衣颜色相同，且牢固性比较强的纱线进行套口缝合，如图 1-2-25 所示。

（4）在缝盘机上观察需要缝合的位置，确保缝合起始位置对齐、标记位置对齐，如图 1-2-26 所示。

图 1-2-25　缝合线　　　图 1-2-26　缝合位置

（5）整理记录。整理并记录以上套口缝合工艺分析结果。

二、机缝

步骤 1　样品放置

将成型样衣放置在自然光或台灯下。

步骤 2　分析缝合工艺

（1）观察缝合部位。在成型样衣领部、下摆、袖罗处都有机缝装饰线迹，如图 1-2-27 所示。

（2）确认缝合线迹及密度。线迹为 3 针 5 线，面线是对色本料纱，底线是对色缝纫线，如图 1-2-28 所示。密度为 6 针 /cm，如图 1-2-29 所示。

（3）记录。该成型样衣在领罗与大身接缝、领下部小三角一周、下摆罗纹与大身接缝、袖罗与大身接缝压 3 针 5 线，面线用对色本料纱，底线用对色缝纫线，密度为6针/cm。

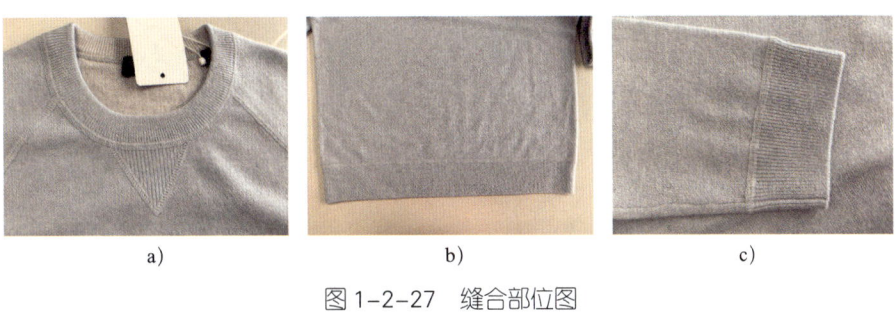

图1-2-27 缝合部位图
a）领部 b）下摆 c）袖罗

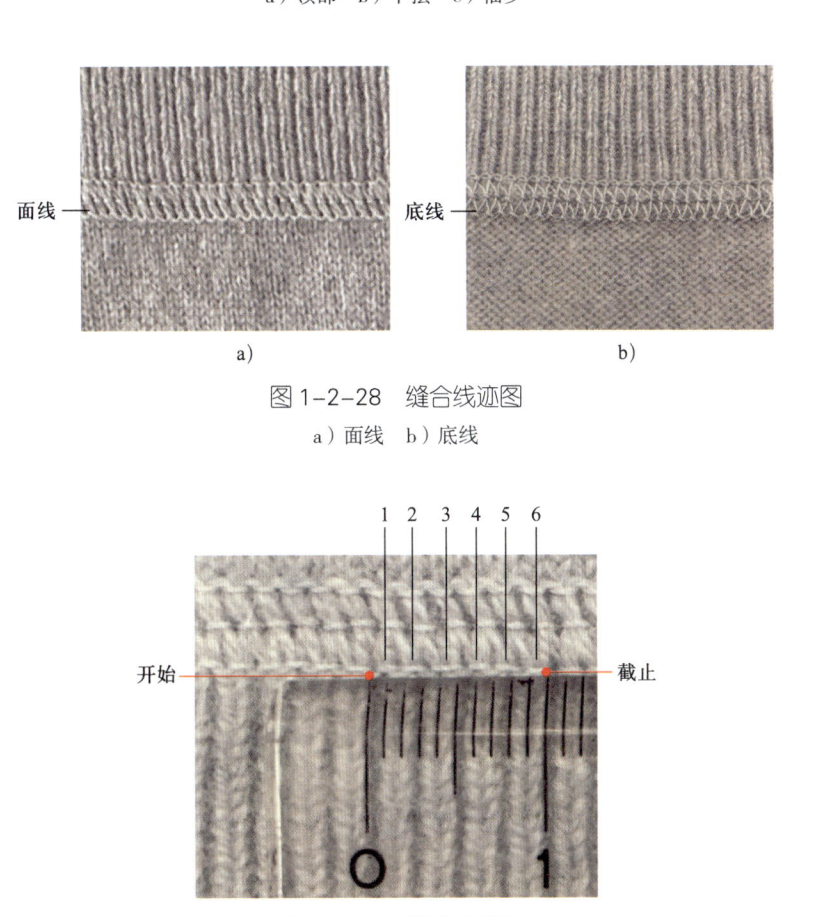

图1-2-28 缝合线迹图
a）面线 b）底线

图1-2-29 缝合密度图

职业模块 ②
样板绘制和程序编制

培训课程 1

花型程序绘制

学习单元 1　制作毛圈、添纱、凸条、波纹等纬编组织的样片程序

掌握在专用软件（以恒强 HQPDS16 制版系统为例）上制作毛圈、添纱、凸条、波纹等纬编组织样片程序的方法。

一、毛圈等纬编组织在制版软件上的表示方法（色码）

1. 毛圈组织

毛圈组织使用后吊前织加前落布完成，如图 2-1-1 所示。

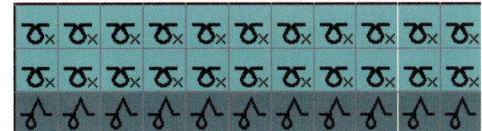

图 2-1-1　毛圈针法图

2. 添纱组织

添纱组织直接使用宽纱嘴完成，宽纱嘴在 218 功能线上的设置如图 2-1-2 所示。

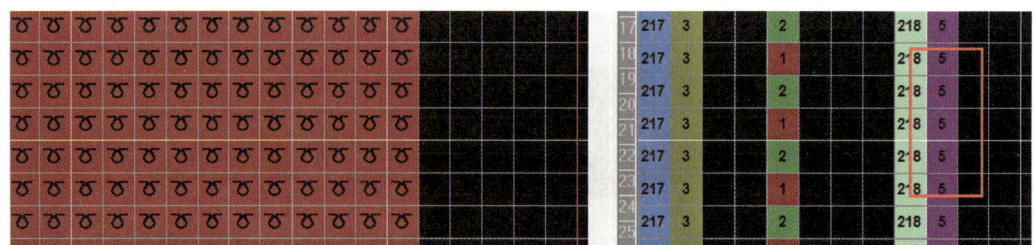

图 2-1-2　添纱纱嘴设置图

3. 凸条组织

凸条组织使用四平加纬平针加翻针完成，如图 2-1-3 所示。

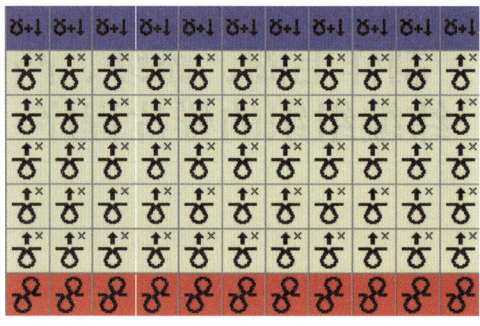

图 2-1-3　凸条针法图

4. 波纹组织

波纹组织是在有前后针床织针的基础上在 208 功能线指定摇床上完成的，如图 2-1-4 所示。

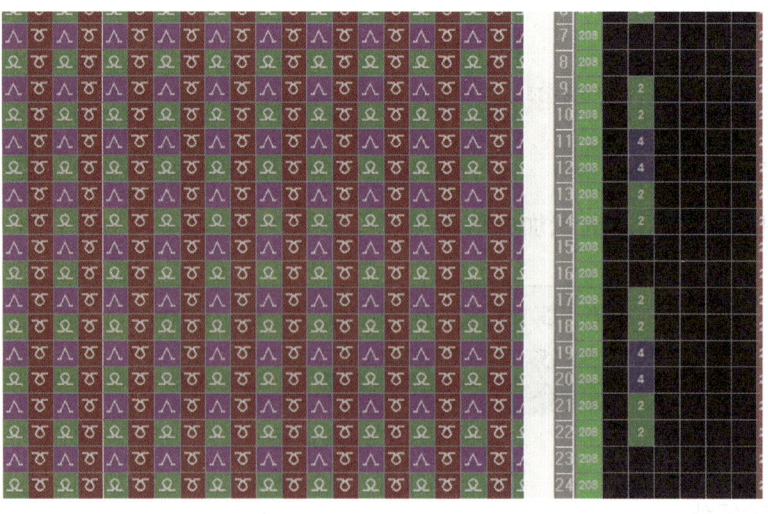

图 2-1-4　波纹针法图

二、保存和编译方法

1. 保存

点击"文件"菜单,选择"保存",输入文件名,点击"确定"保存,如图 2-1-5 所示。

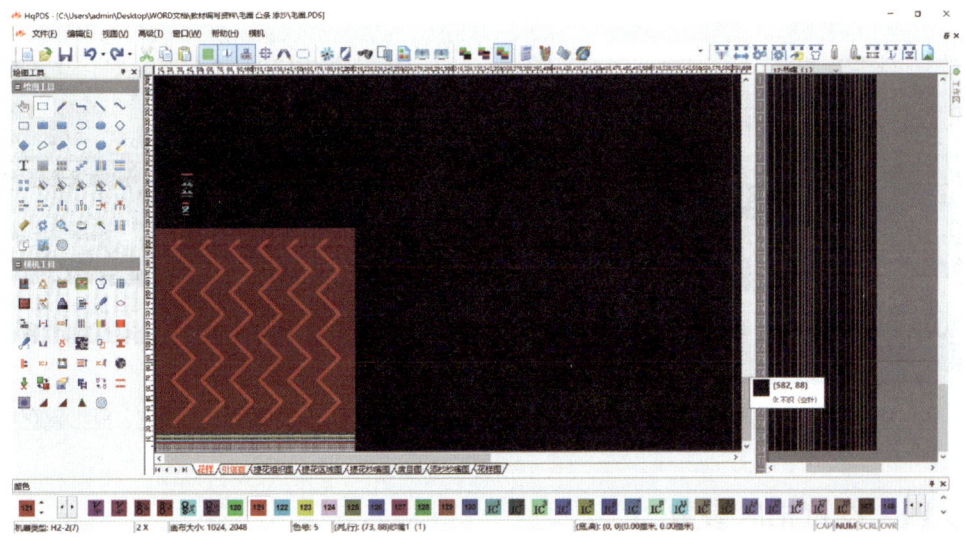

图 2-1-5　保存花型

2. 编译

点击"编译"按钮,设置编译参数,选择"确定"进行编译,如图 2-1-6 所示。

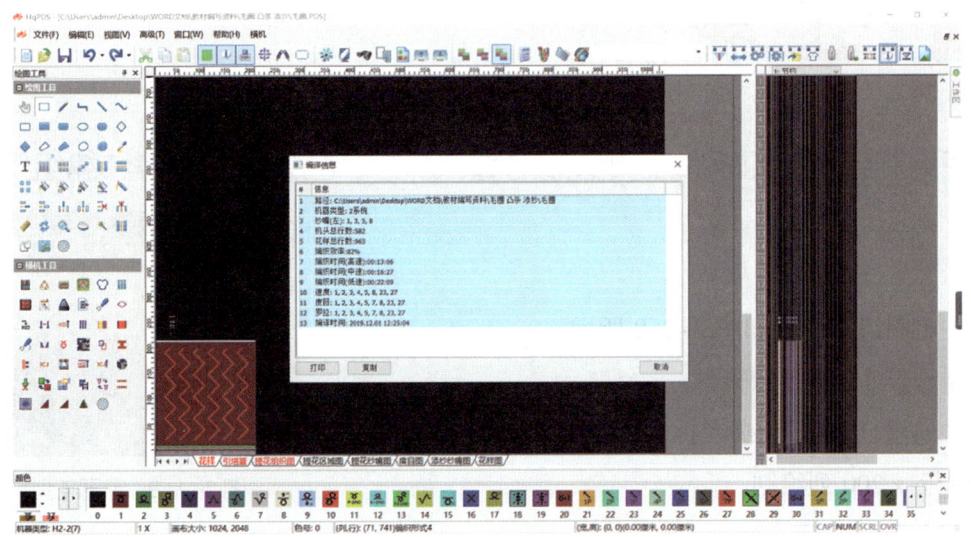

图 2-1-6　编译花型

三、相关机器备件

常用的机器备件有浮雕/毛圈三角和添纱纱嘴等。国产普通横机制作添纱花型时使用的添纱纱嘴可以手动调宽乌斯座的距离,两边各比普通纱嘴宽 0.4 in[①] 左右,如图 2-1-7 所示;也可以实现主色副色吃线时的先后控制,左行添纱模拟效果如图 2-1-8 所示。

图 2-1-7　调宽乌斯座的距离　　　　　图 2-1-8　模拟添纱时主、副纱嘴吃线

四、设置相应参数

设置相应参数,如机器属性、花型颜色—添纱、添纱纱嘴位置、剪刀压纱深度等。

使用制版软件和相关工具绘制毛圈、添纱、凸条、波纹等纬编组织

一、毛圈组织

毛圈组织花型如图 2-1-9 所示。

步骤 1　确定针转数

通过已知信息或者拆数确定针数,坯布大小按 200 行 × 200 列绘制。

图 2-1-9　毛圈花型

---

① 服装制版行业中常用"英寸(in)"这一单位,故本书中予以保留,1 in=2.54 cm。

步骤 2　使用绘图工具、色码绘制各纬编组织

（1）以两色提花优化花型为例进行操作，如图 2-1-10 所示。

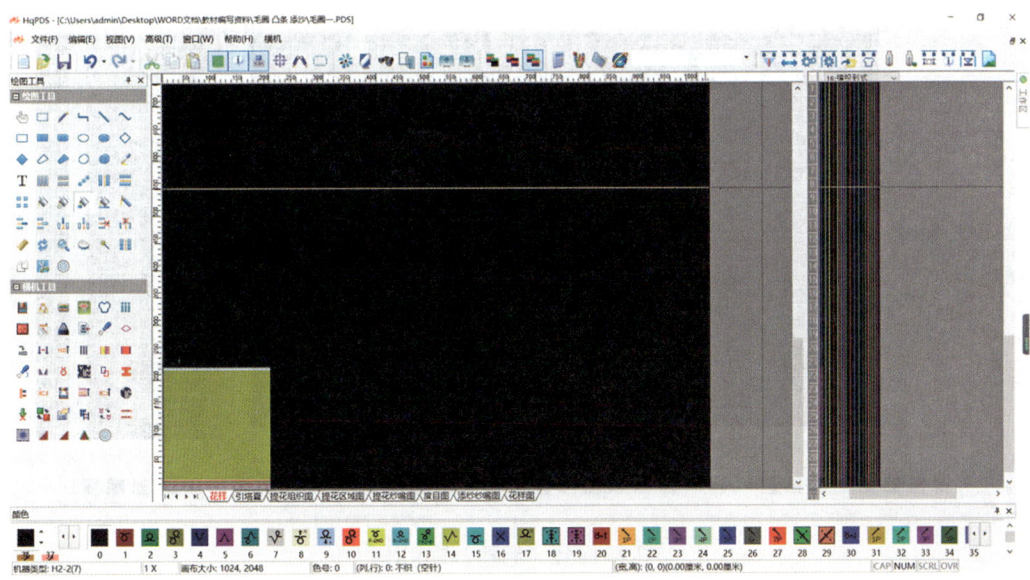

图 2-1-10　两色提花

（2）绘制毛圈部分花型，如图 2-1-11 所示。

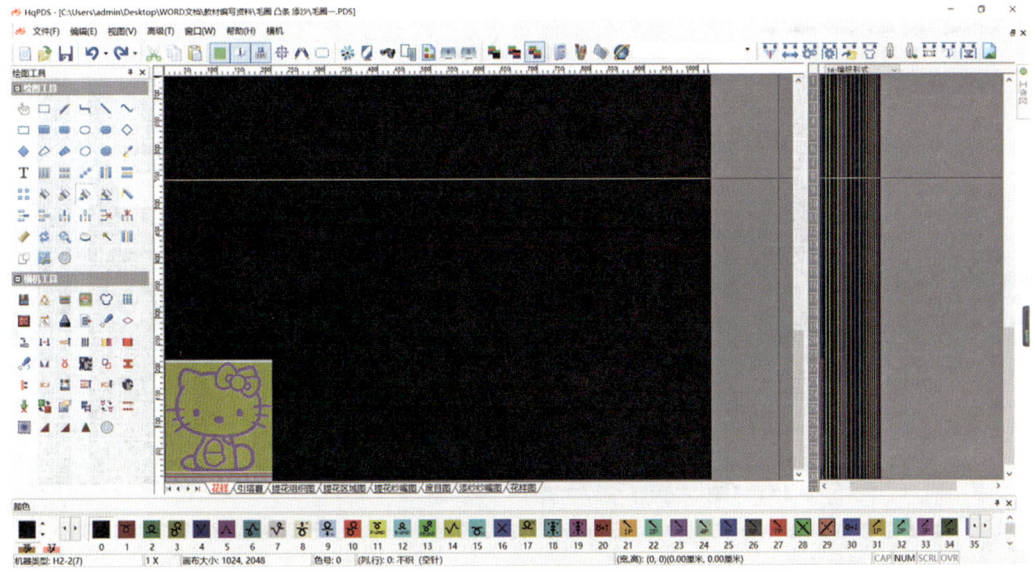

图 2-1-11　毛圈部分花型

（3）制作毛圈部分花型小图。

1）提花中使用 5 号纱嘴即 171 号色纱嘴制作毛圈部分，小图定义时首先使用一行171号色加两行落布,如图2-1-12所示。

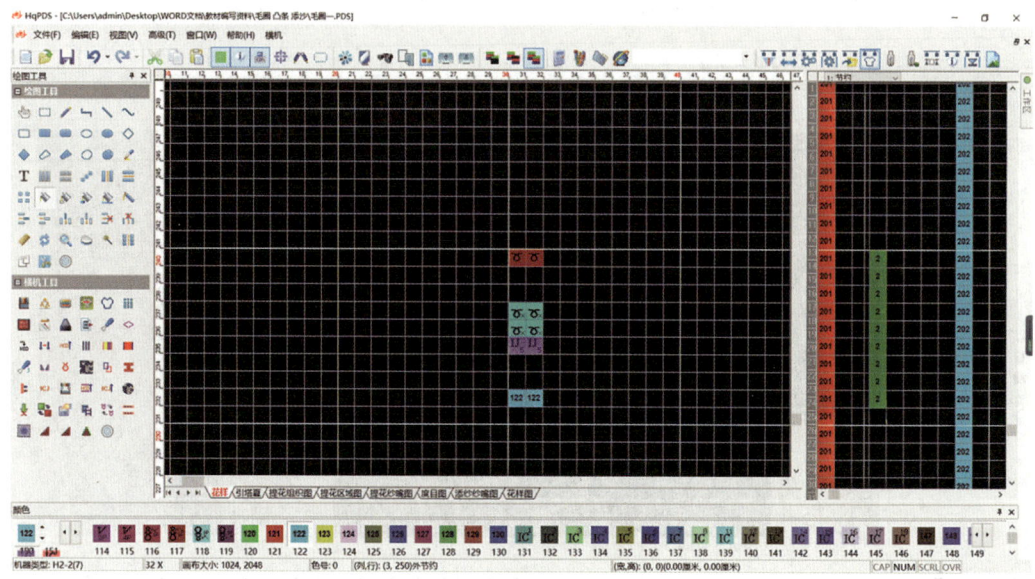

图2-1-12　毛圈小图定义

2)毛圈提花前床需要使用前吊后织6号色,171号色对应的引塔夏(即嵌花)设置如图2-1-13所示。

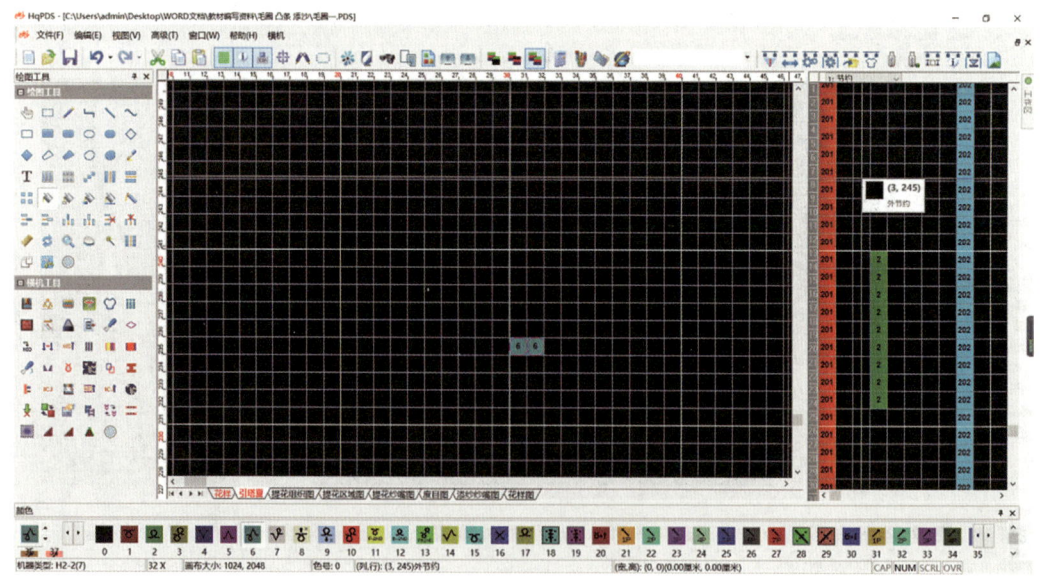

图2-1-13　小图引塔夏设置

3)毛圈部分提花组织需要使用空气层提花反面,在对应提花组织图设置6号色,如图2-1-14所示。

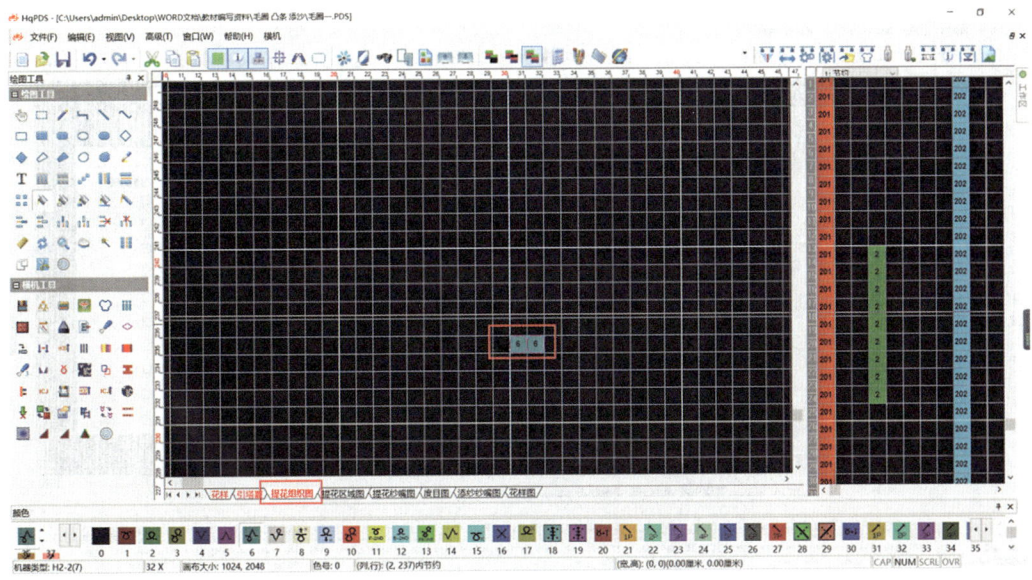

图 2-1-14　小图提花组织图设置

4）小图定义完成后，将小图颜色填充到毛圈花型中，如图 2-1-15 所示。

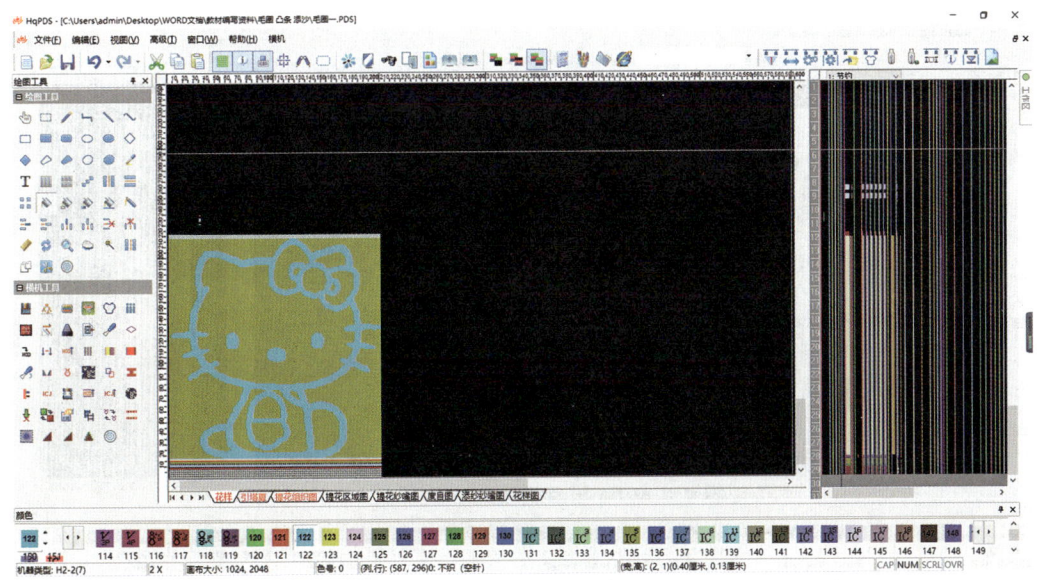

图 2-1-15　小图颜色填充毛圈花型

（4）在毛圈小图色码下方制作翻针动作。

1）使用阴影方法绘制翻针。首先圈选需要的阴影范围，然后使用阴影绘图工具点击圈选范围，设置基本颜色为 122、阴影颜色为 20、覆盖颜色为 169。阴影颜色在下方，选择向上箭头执行阴影，如图 2-1-16 所示。

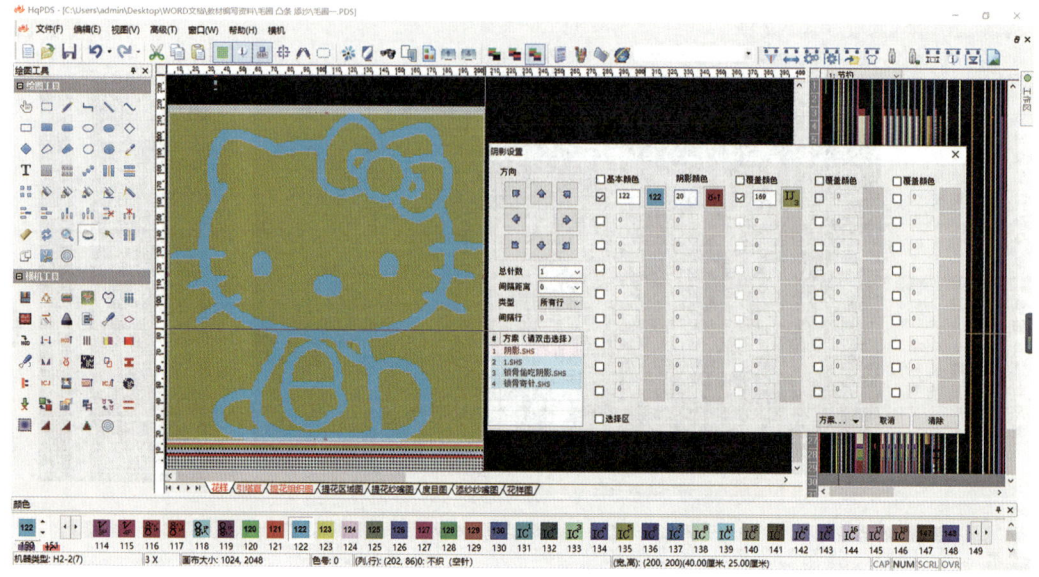

图 2-1-16　使用阴影方法绘制翻针

2）查看执行阴影后效果，如图 2-1-17 所示。

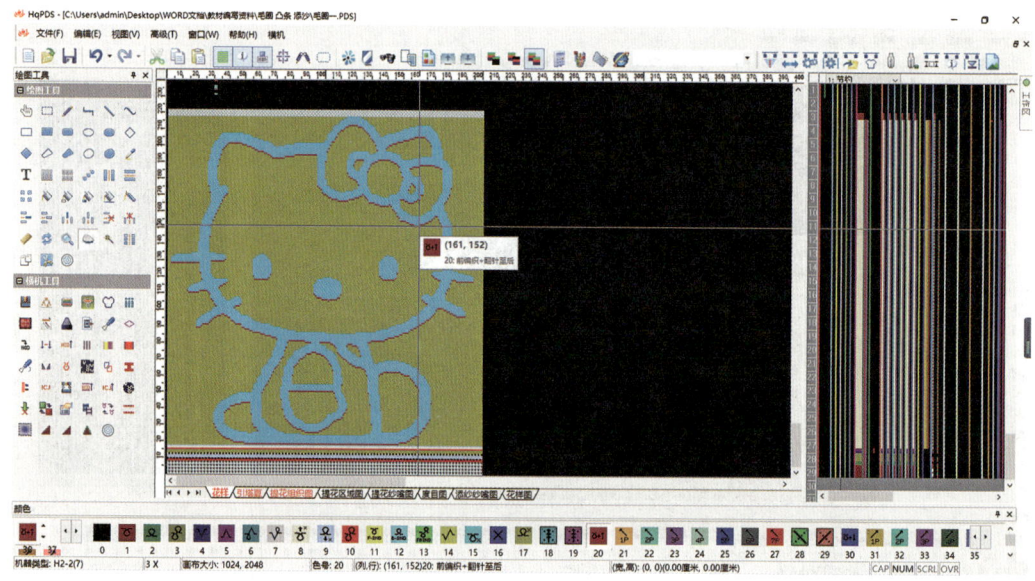

图 2-1-17　执行阴影后效果

（5）设置纱嘴组，如图 2-1-18 所示。

步骤 3　功能线设置

（1）纱嘴。纱嘴组设置完成后，普通废纱按默认值即可。

图 2-1-18 设置纱嘴组

（2）度目。基本组织部分按默认度目，毛圈部分可以设置可变度目。在小图中将毛圈部分色码复制到度目图中，并更换为需要设置的度目段数值，此处修改为 12 段，如图 2-1-19 所示。

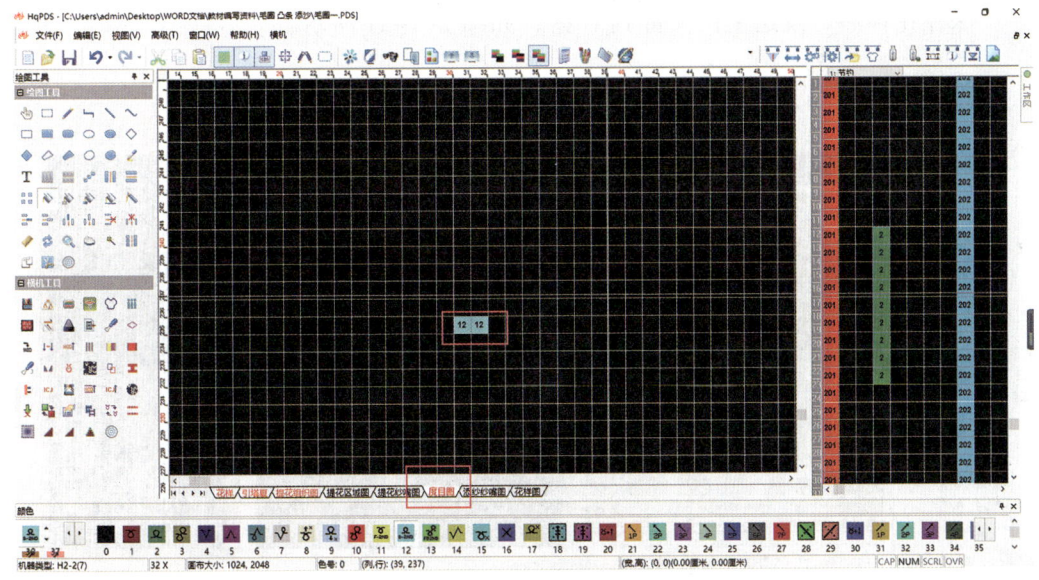

图 2-1-19 小图中设置度目段数值

（3）牵拉。牵拉段按默认值即可。

（4）速度。速度段按默认值即可。

（5）结束。设置结束点标记。

步骤4　检查编译信息（见图2-1-20）

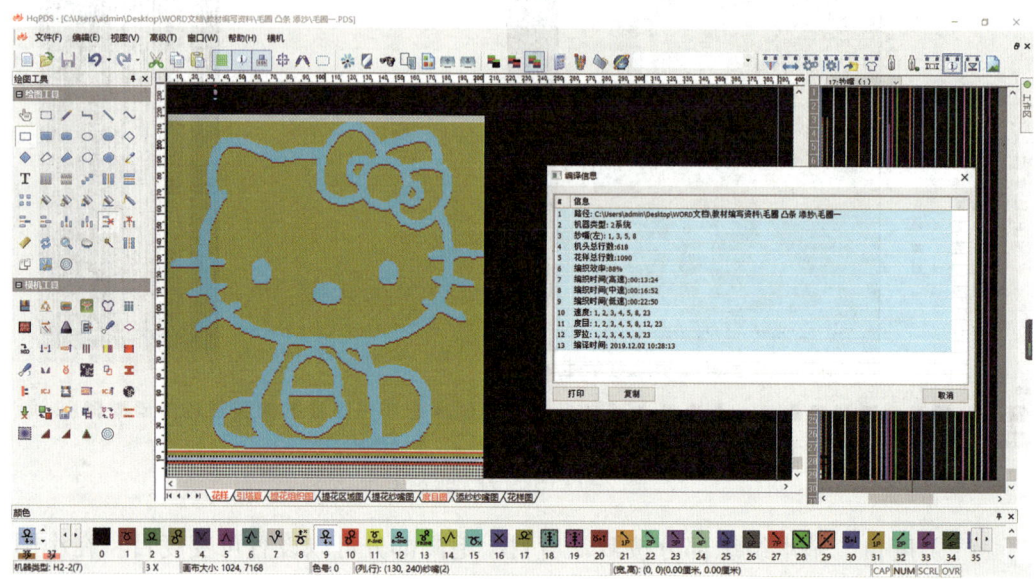

图2-1-20　检查编译信息

步骤5　导出文件并存档

保存花样后，发送上机文件到U盘，如图2-1-21所示。

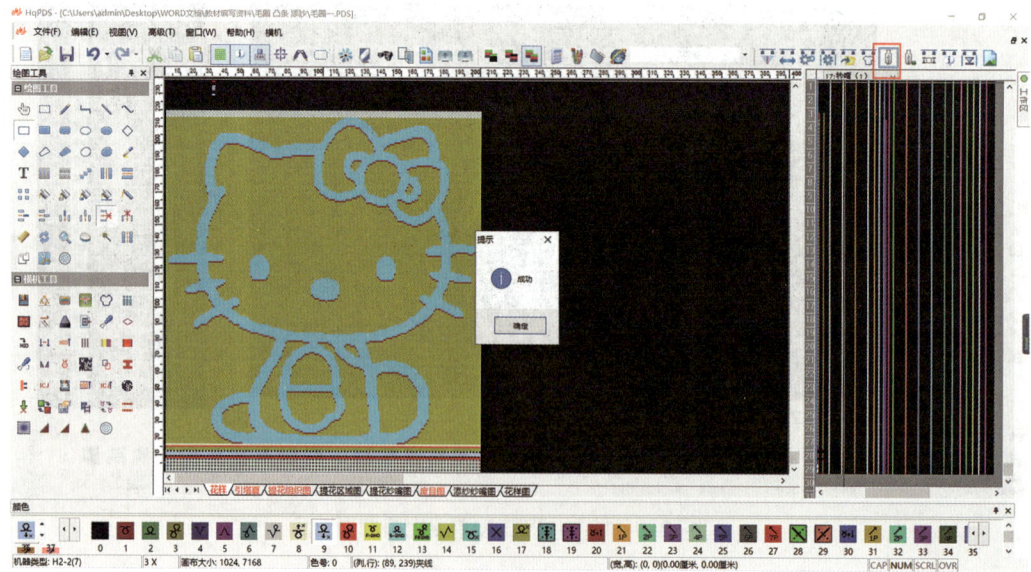

图2-1-21　发送上机文件到U盘

二、添纱组织

添纱织物花型如图2-1-22所示。

步骤1 确定针转数

通过已知信息或者拆数确定针数，坯布大小按200行×200列绘制。

步骤2 使用绘图工具、色码绘制纬编花型

（1）以绘制菱形正反针花型为例进行操作，如图2-1-23所示。

图2-1-22 添纱花型

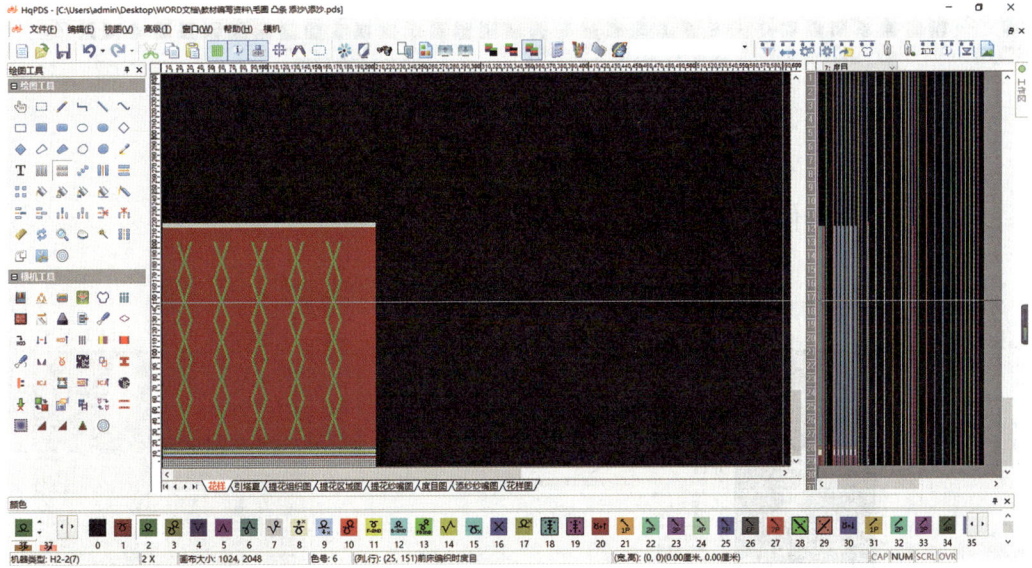

图2-1-23 菱形正反针花型

（2）设置添纱纱嘴，如图2-1-24所示。

步骤3 功能线设置

（1）纱嘴。纱嘴组设置完成后，普通废纱按默认值即可。

（2）度目。度目段按默认值即可。

（3）牵拉。牵拉段按默认值即可。

（4）速度。速度按默认值即可。

（5）结束。设置结束点标记。

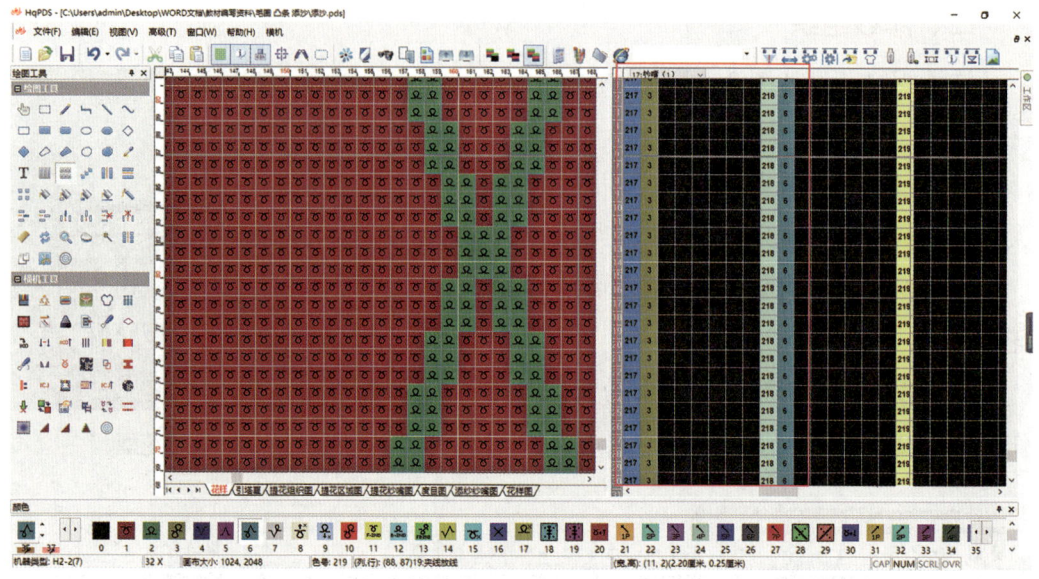

图 2-1-24　设置添纱纱嘴

步骤 4　检查编译信息并查看模拟线圈

（1）检查编译信息，如图 2-1-25 所示。

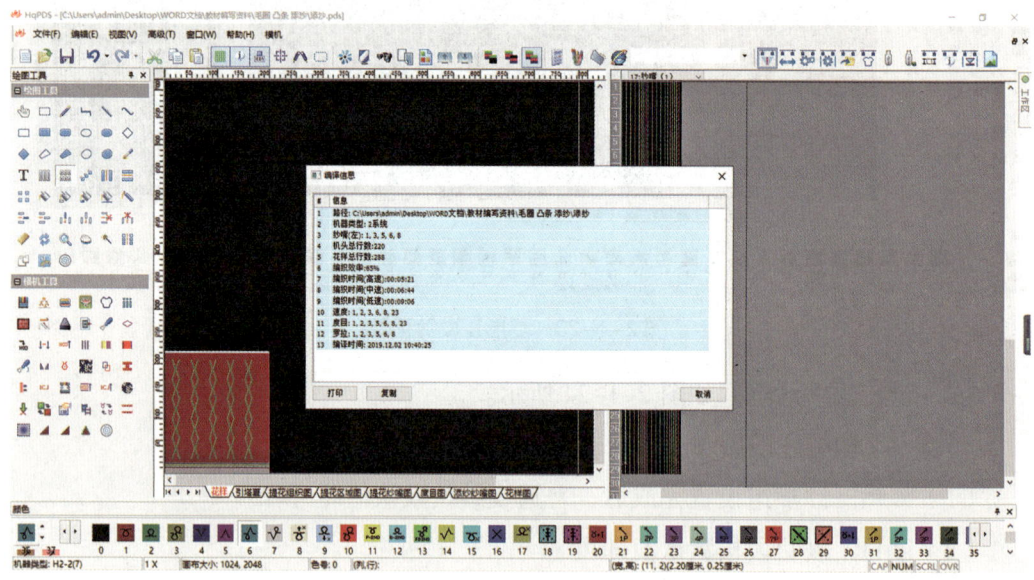

图 2-1-25　检查编译信息

（2）查看模拟线圈，如图 2-1-26 所示。

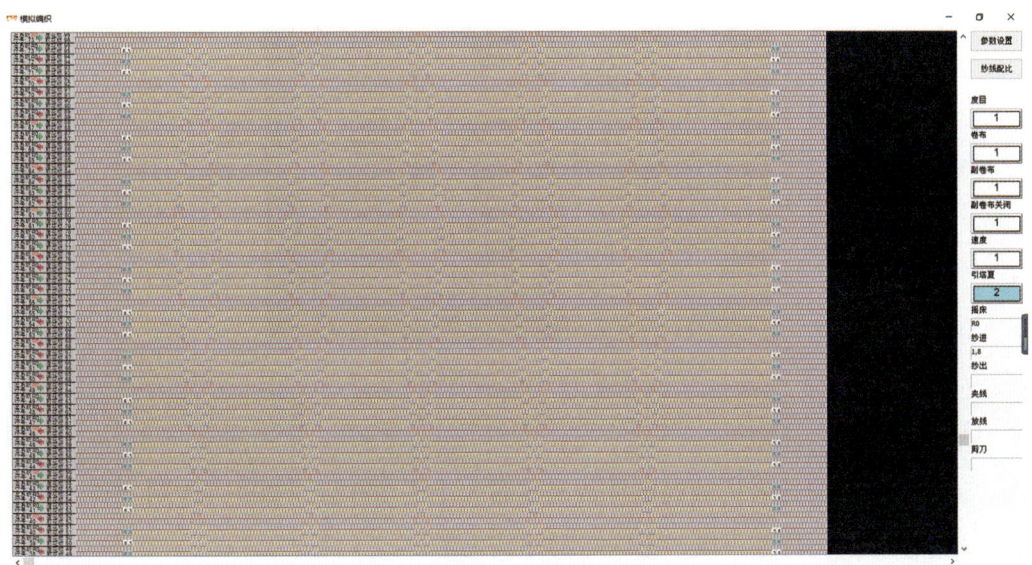

图 2-1-26 查看模拟线圈

步骤 5 导出并存档

保存花样后,发送上机文件到 U 盘,如图 2-1-27 所示。

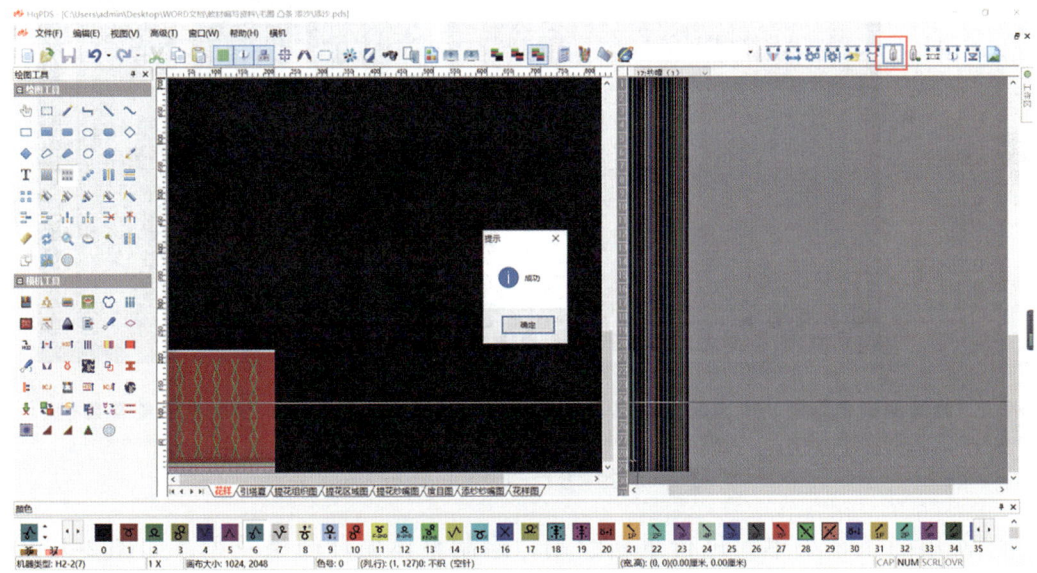

图 2-1-27 发送上机文件到 U 盘

三、凸条组织

凸条织物花型如图 2-1-28 所示。

图 2-1-28　凸条花型

步骤1　确定针转数

通过已知信息或者拆数确定针数，坯布大小按 200 行 × 200 列绘制。

步骤2　使用绘图工具、色码绘制纬编花型

以绘制 5 行前床单面循环凸条为例进行操作，如图 2-1-29 所示。

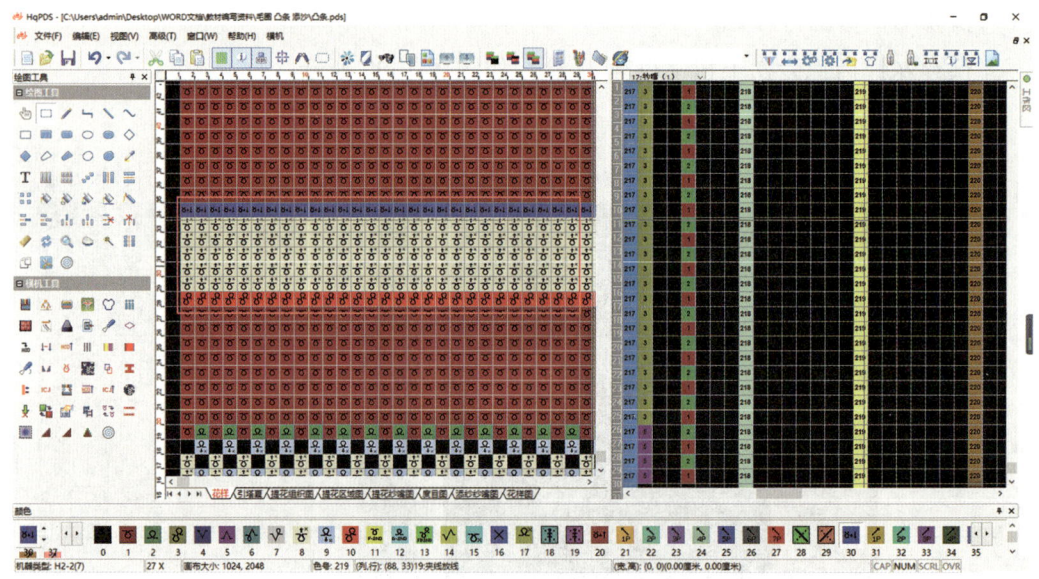

图 2-1-29　5 行前床单面循环凸条

使用凸条最小单元进行重新绘制，绘制整体循环凸条花型，如图 2-1-30 所示。

步骤3　功能线设置

（1）纱嘴。按常规纱嘴设置即可。

（2）度目。四平度目需要单独设置一段，后床可以适当放松调节，如图 2-1-31 所示。

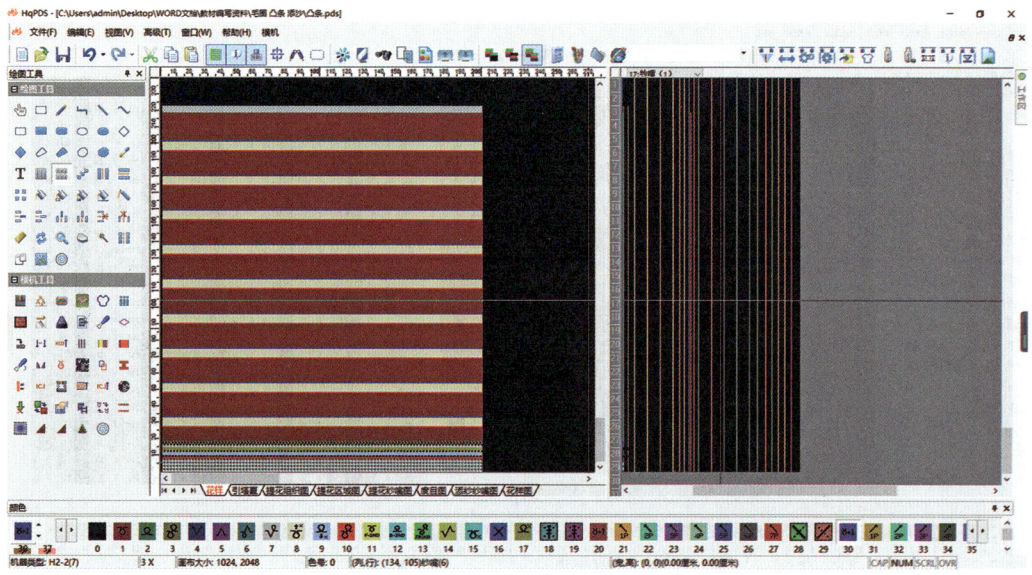

图 2-1-30　整体循环凸条花型

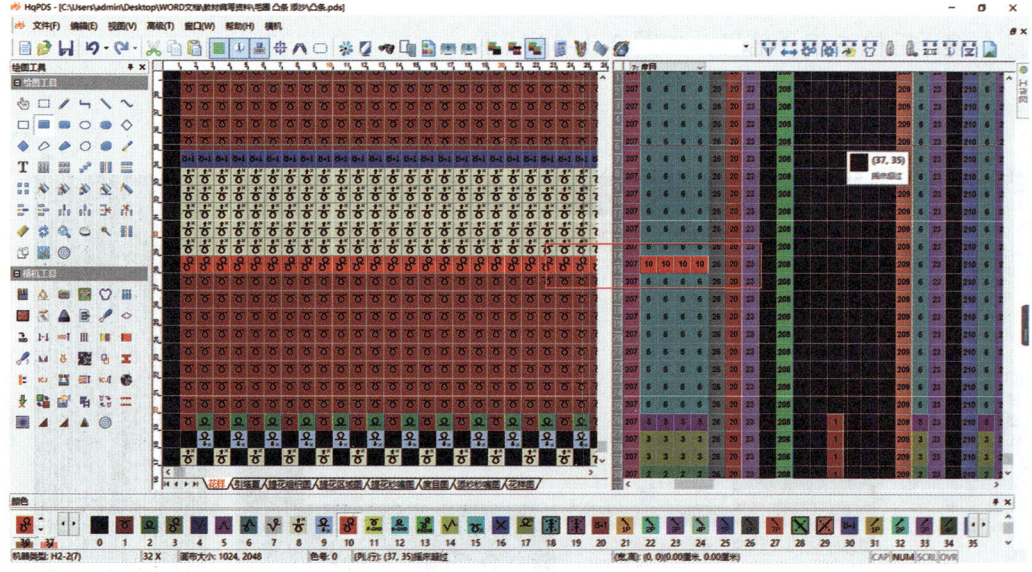

图 2-1-31　四平度目设置

（3）牵拉。牵拉设置按默认值即可。

（4）速度。四平组织行的速度段数与度目段数需要单独设置，不能与纬平针使用同一个度目段，如图 2-1-32 所示。

（5）结束。设置结束点标记。

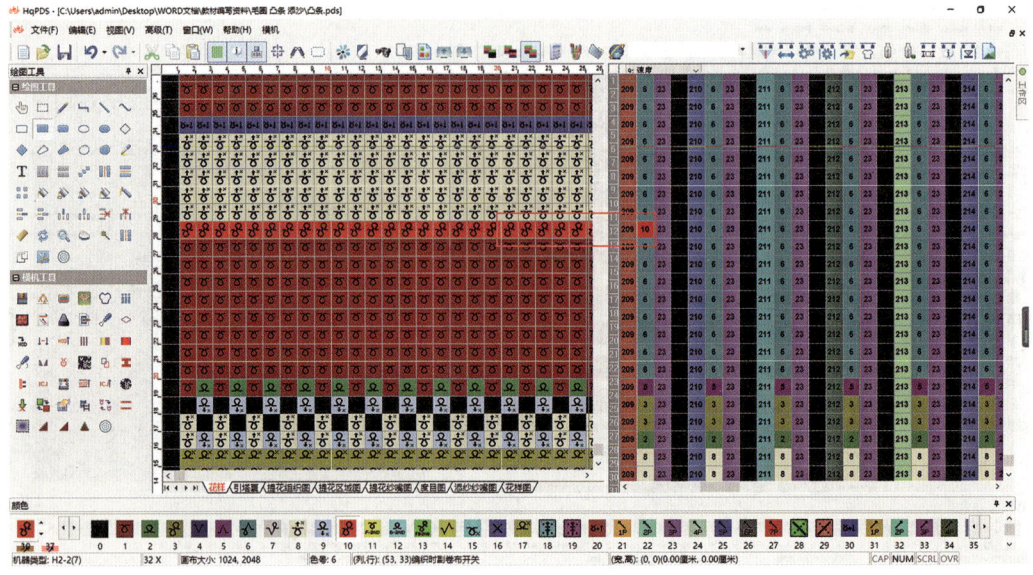

图 2-1-32　四平速度设置

步骤 4　检查编译信息

编译后检查编译信息，如图 2-1-33 所示。

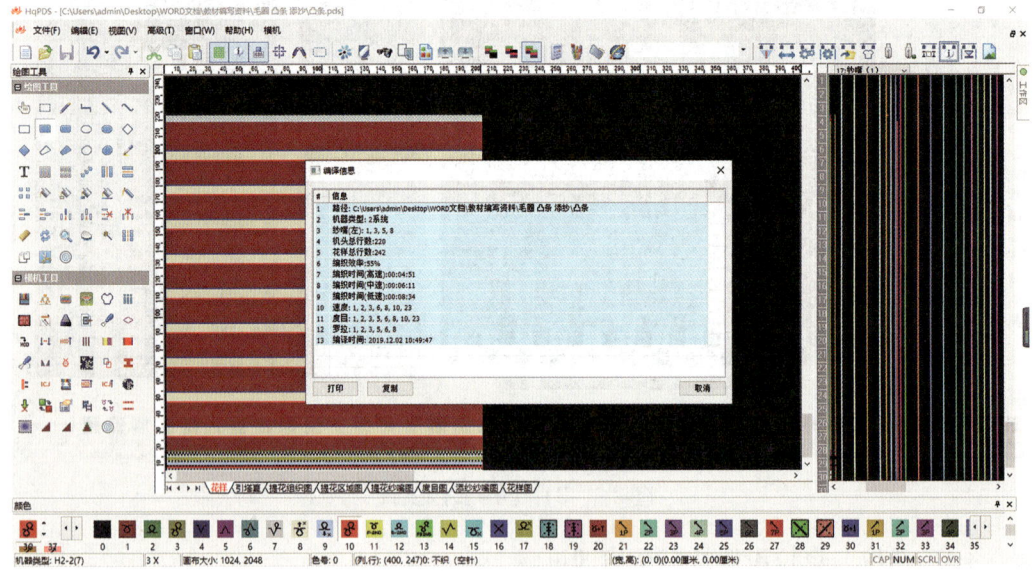

图 2-1-33　检查编译信息

步骤 5　导出文件并存档

保存花样后发送上机文件到 U 盘，如图 2-1-34 所示。

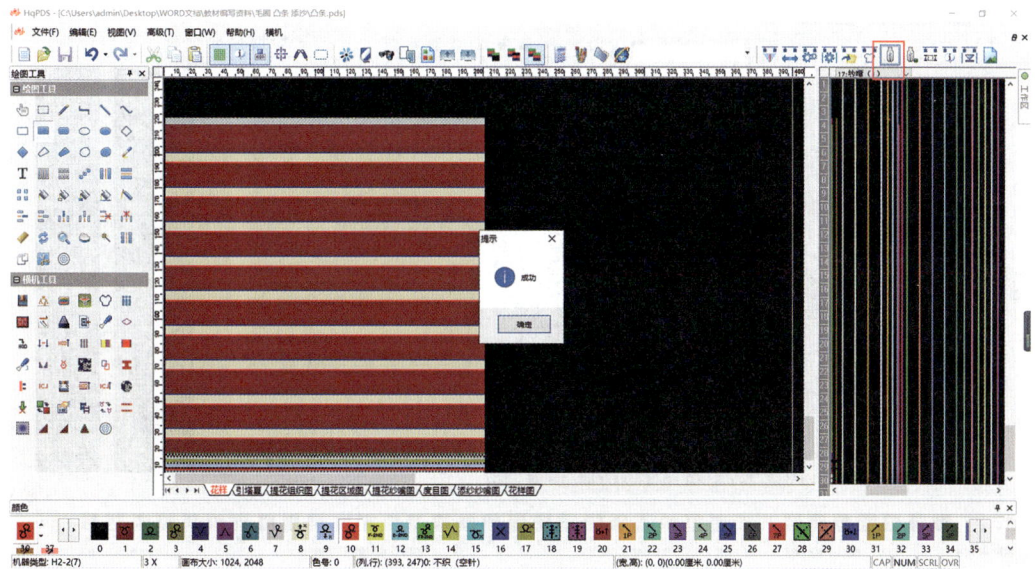

图 2-1-34　发送上机文件到 U 盘

四、波纹组织

波纹织物花型如图 2-1-35 所示。

图 2-1-35　波纹花型

步骤 1　确定针转数

通过已知信息或者拆数确定针数，坯布大小按 200 行 × 200 列绘制。

步骤 2　使用绘图工具、色码绘制纬编花型

此例首先绘制 1×1 元宝针法，如图 2-1-36 所示。

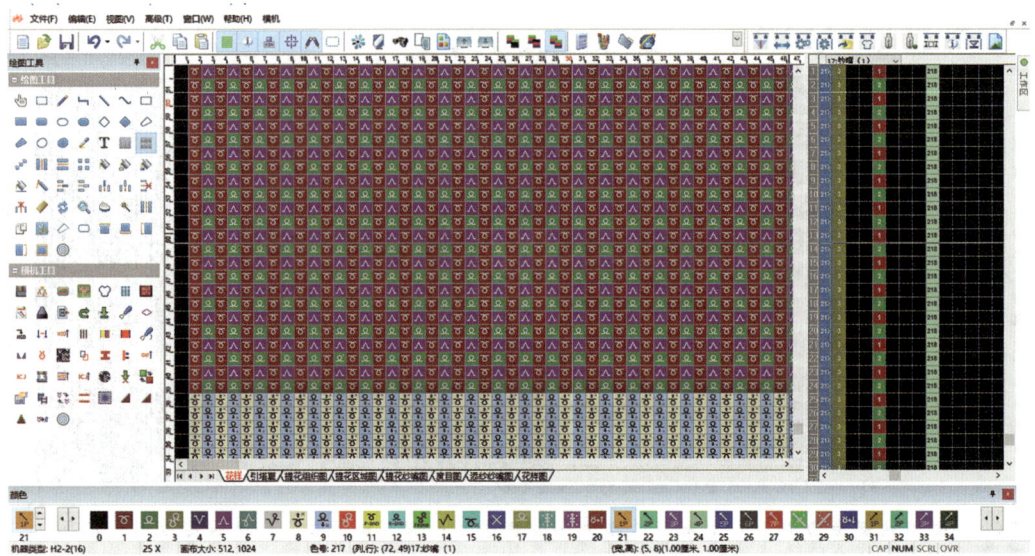

图 2-1-36 1×1元宝针法

根据花型确定摇床针数为1转2针、1转4针、1转2针、1转0位循环，必须在编织行开始循环，不能在集圈行开始。在208功能线指定摇床，如图2-1-37所示。

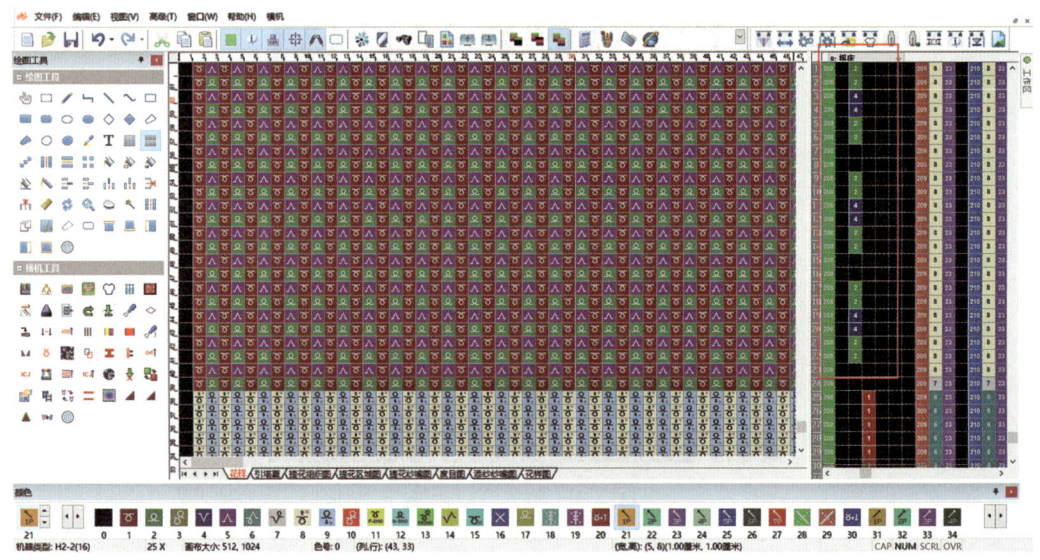

图 2-1-37 波纹摇床循环设置

步骤3 功能线设置

（1）纱嘴。按常规纱嘴设置即可。

（2）度目。按常规度目设置即可。

（3）牵拉。牵拉设置按默认值即可。

(4) 速度。按常规速度设置即可。

(5) 结束。设定结束点。

步骤4　检查编译信息

编译后检查编译信息，如图 2-1-38 所示。

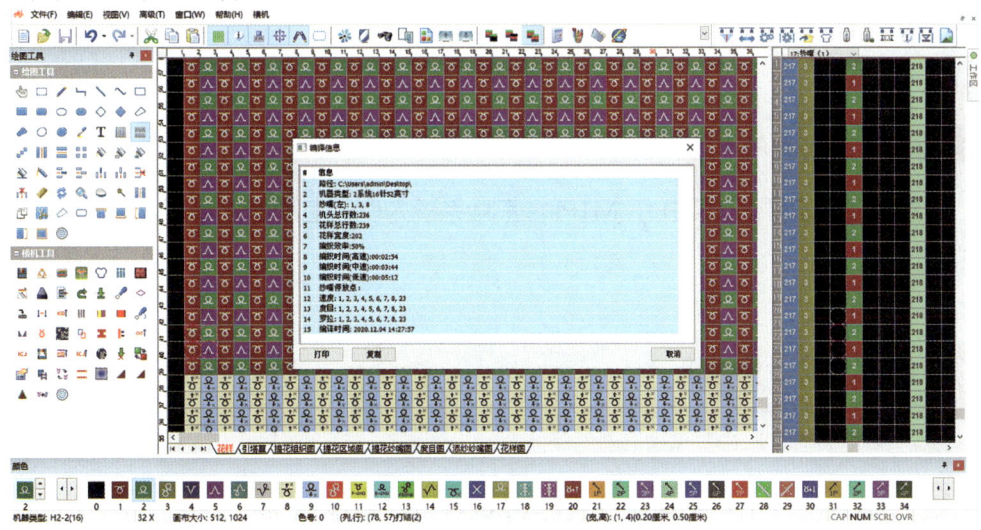

图 2-1-38　检查编译信息

步骤5　导出文件并存档

保存花样后发送上机文件到 U 盘，如图 2-1-39 所示。

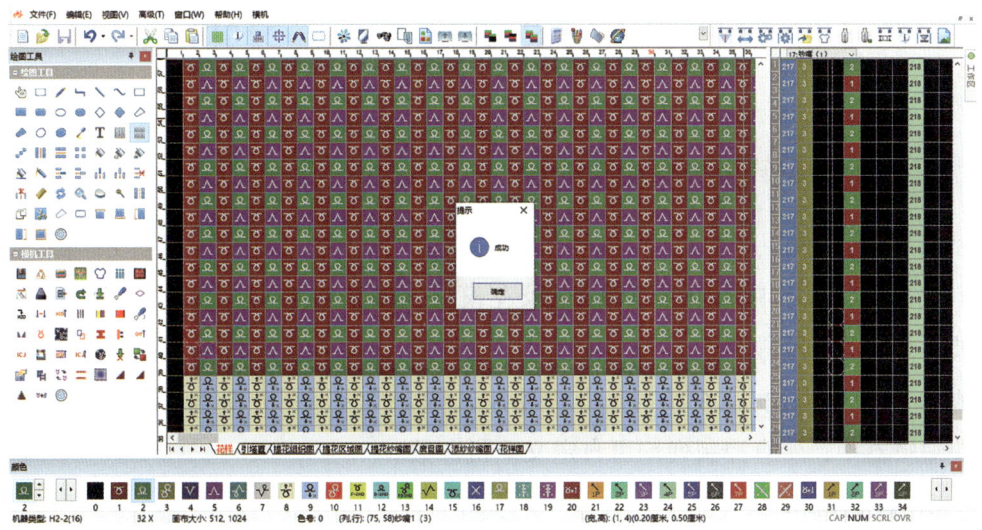

图 2-1-39　发送上机文件到 U 盘

学习单元2 制作4×4以内绞花等纬编组织的样片程序

掌握在专用软件（以斯托尔M1Plus制版系统为例）上制作4×4以内绞花等纬编组织样片的方法。

一、4×4以内绞花等纬编组织的程序制作步骤

4×4以内绞花、阿兰、挑孔等纬编组织以单面为基本组织，可以通过调用数据库模块管理器中的模块绘制花型，也可以自定义结构模块，其程序制作步骤如图2-1-40所示。

图2-1-40 程序制作步骤

二、模块编辑器及编辑工具

1. 模块编辑器

在模块编辑器中打开一个4×3绞花模块，如图2-1-41所示。编辑模块时，需要对照使用3个视图显示器，其中，工艺视图方便查看织针的线圈情况及每个线圈的密度设置，标志视图对应花型绘制区域，织物视图方便查看编织效果。在模块编辑器中，所有控制列均可自定义上机参数。

2. 模块编辑工具

（1）模块绘制

1）织针动作—线圈长度。织针动作—线圈长度操作面板如图2-1-42所示，其中部分织针动作功能见表 2-1-1。在模块编辑器区域使用织针动作编辑模块时，带纱嘴设置的编织动作（线圈、集圈、浮线）与无纱嘴设置的织针动作（翻针、脱圈、沉圈）必须使用不同的工艺行，使用不同的三角系统。

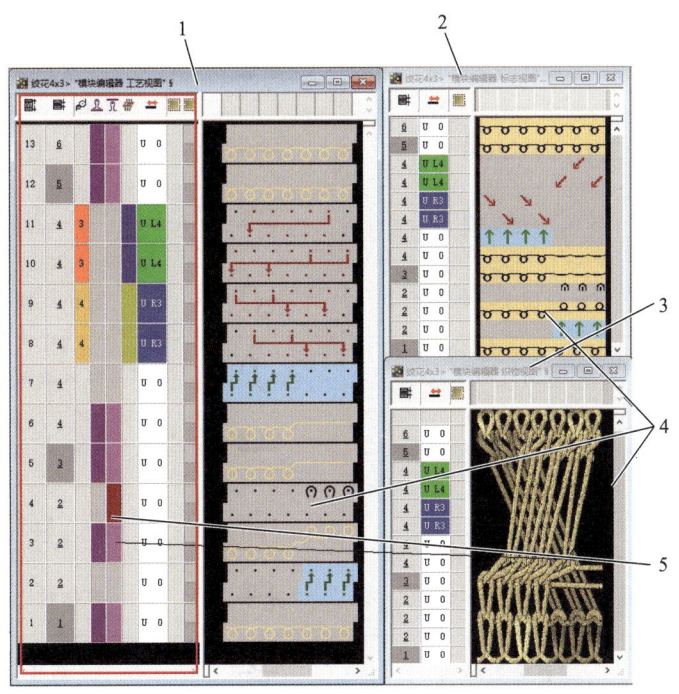

图 2-1-41　模块编辑器中的 4×3 绞花模块
1—工艺视图；2—标志视图；3—织物视图；4—编辑区；5—使用到的控制列

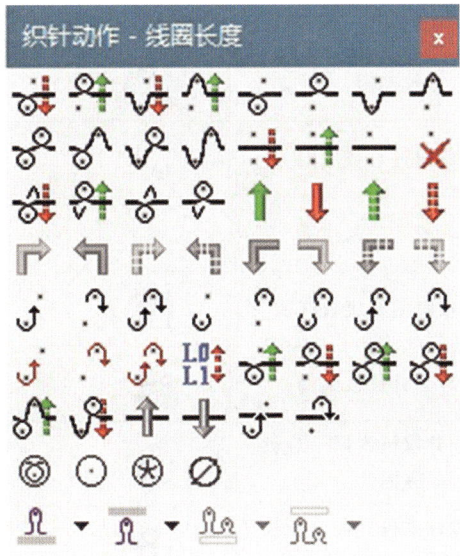

图 2-1-42　织针动作—线圈长度操作面板

表 2-1-1 织针动作功能表

织针动作	功能	织针动作	功能
	带翻针前板线圈		带翻针后板线圈
	带翻针前板集圈		带翻针后板集圈
	前板线圈		后板线圈
	前板集圈		后板集圈
	前板线圈—后板线圈		前板线圈—后板集圈
	前板集圈—后板线圈		前板集圈—后板集圈
	带向前自动翻针浮线		带向后自动翻针浮线
	浮线		无织针动作
	带翻针前板分针线圈		带翻针后板分针线圈
	前板分针线圈		后板分针线圈
	前板脱圈		后板脱圈
	前板脱圈—后板脱圈		前板沉圈
	后板沉圈		前板沉圈—后板沉圈
	前板脱圈—后板沉圈		前板沉圈—后板脱圈
	前板脱圈无脱散线圈		后板脱圈无脱散线圈
	前—后板脱圈无脱散线圈		可选择织可穿层面
	带向后翻针前板线圈		带向前翻针后板线圈
	带向后翻针前板线圈—后板线圈		带向前翻针前板线圈—后板线圈
	带向后翻针前板线圈—后板集圈		带向前翻针前板集圈—后板线圈

续表

织针动作	功能	织针动作	功能
↑	衬垫纱/向后翻针带浮线	↓	衬垫纱/向前翻针带浮线
	衬垫纱/前床脱圈带浮线		衬垫纱/后床脱圈带浮线
	织针占用		织针空闲
	不检查织针配置情况		模块中的透明区域
	前针床线圈长度		后针床线圈长度
	前针床第二段线圈密度		后针床第二段线圈密度

2）花型颜色和添纱。花型颜色和添纱操作面板如图 2-1-43 所示，其中部分图标注释见表 2-1-2。应根据模块类型定义颜色、工艺模块及辅助区域模块（开始模块、封口结束模块），使用指定的纱嘴颜色，并与机器设置（纱嘴默认排列）保持一致。

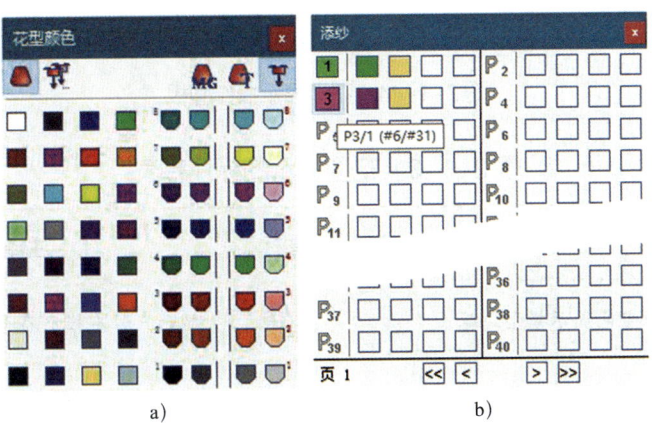

图 2-1-43　花型颜色和添纱操作面板
a）花型颜色面板　b）添纱面板

表 2-1-2　花型颜色图标注释表

图标	注释
纱线颜色（默认）	颜色 #1~#32

续表

图标	注释
纱线颜色（添纱）	颜色 P1~P1000。需使用添纱工具自定义添纱颜色，标准机型只能使用2个颜色添纱，ADF机型可以使用3~4个颜色，通过YPI定义纱嘴相对位置
纱线颜色（1:2 多针距）	颜色 #33~#64
纱线颜色（工艺纱线）	颜色 #201~#216
纱嘴颜色	颜色 #65~#96。使用纱嘴颜色，在纱嘴区域分配时，会自动排列到相应的导轨上

3）花型显示。花型显示操作面板如图2-1-44所示，对应的图标注释见表2-1-3。在编辑模块时，应使用不同的显示背景色及显示形式，以便于查看线圈状态及参数设置。

图2-1-44　花型显示操作面板

表2-1-3　花型显示图标注释表

图标	注释	图标	注释
	用边缘颜色显示模型边缘		显示只带有模型符号的模型边缘
	模块颜色作为背景色显示		模块颜色作为符号显示
	显示纱线或纱嘴颜色作为背景		显示纱线或纱嘴颜色作为符号
	显示后针床线圈长度作为背景		显示前针床线圈长度作为背景
	显示前后针床线圈长度作为背景（仅用于工艺视图）		显示前后针床线圈长度作为织针动作的背景（仅用于工艺视图）
	显示纱嘴路径的显示或隐藏显示栏		显示激活花型的纱线区域分配窗口

续表

图标	注释	图标	注释
	显示或隐藏所有织针动作		无间隙显示来自模型或织可穿花型的花型区域（示例：楔形）
	拉直模型或织可穿花型的花型区域		显示带有所有工艺行的花型
	只显示带有花型行的花型		

（2）设置结构模块应用到的控制列

模块中的控制列内容，在花型扩展后会被自动输入。通过控制列顶端右键弹出控制列显示菜单，打开选择列对话框，设置需要使用的控制列即可，如图 2-1-45 所示。

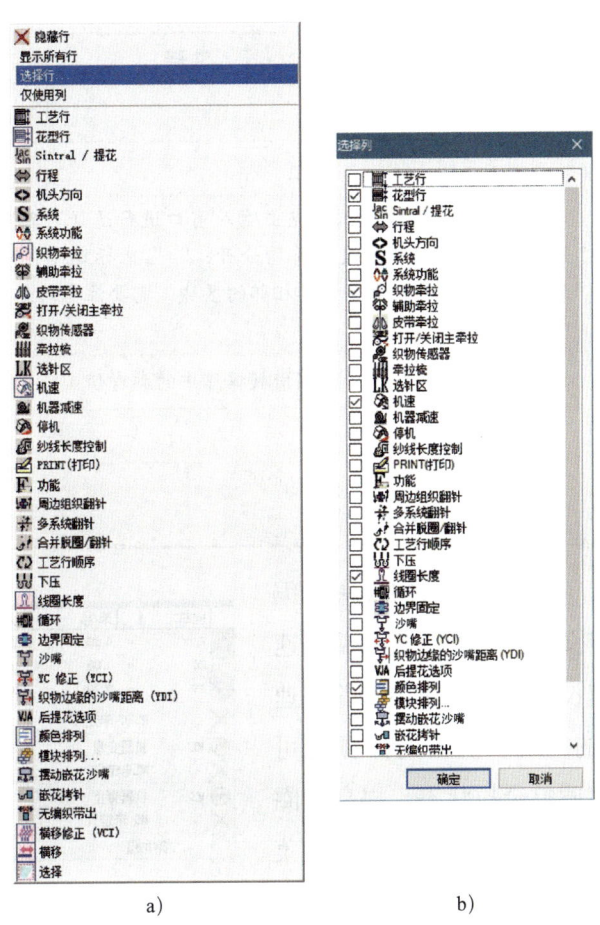

a) b)

图 2-1-45 控制列面板

a) 控制列显示菜单面板 b) 选择列面板

1）线圈长度。编织线圈根据其结构使用不同的密度设置，相邻的线圈定义不同密度时需设置 PTS 指定密度转换的位置。线圈长度表如图 2-1-46 所示，其中列的注释见表 2-1-4。

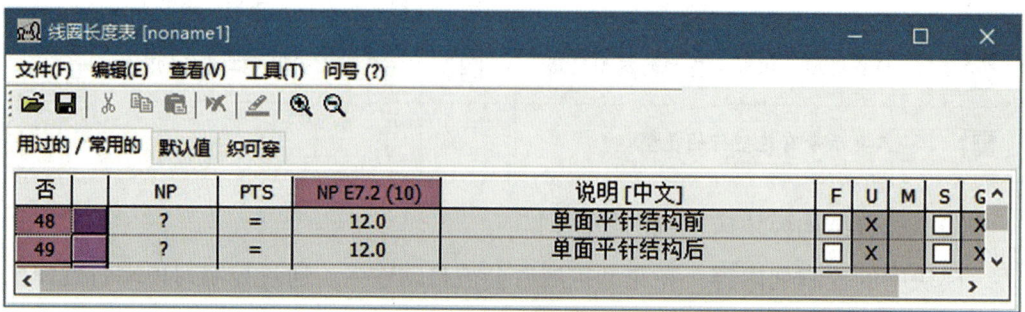

图 2-1-46　线圈长度表

表 2-1-4　线圈长度表中列的注释

列	注释
否	序号
NP	线圈长度组
PTS	线圈长度变化过程，可点击输入窗口进行选择。其中，"!"表示两个相邻区域的不同线圈长度被平均分开；"="表示这个区域的线圈长度保持不变，线圈长度变化发生在其相邻的区域。需要注意的是，"!"不可以同时使用在相邻的区域
NP 值	线圈长度值（根据针型调用数据库中的参考值）
说明	描述组织结构
F、U、M、S、G（状态栏）	条目状态

2）机器速度。为了提高结构模块的编织稳定性，可自定义模块中每一行的编织速度，或者使用慢速设置，在模块中设置降速到当前编织速度的 70%。机器的停顿也可以很好地帮助织片调整牵拉状态，提高线圈的稳定性。机器速度控制列右键弹出设置菜单如图 2-1-47 所示，对应的选项与功能见表 2-1-5。

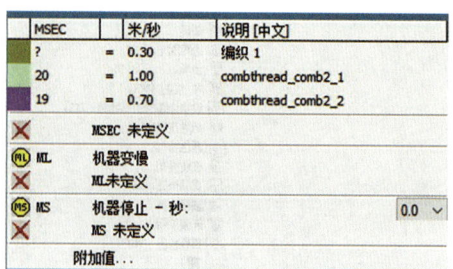

图 2-1-47　机器速度控制列设置菜单

表 2-1-5　机器速度设置的选项与功能

选项	功能
颜色组	选择速度组后直接应用于当前花型行
✗ MSEC 未定义	删除速度设置,自动调用默认编织速度
ML ML	当前行使用 70% 机速
✗ ML 未定义	删除慢速设置
MS MS	确定多少秒后停机
✗ MS 未定义	删除停机设置
附加值	打开机速参数表

3）织物牵拉。当模块中的牵拉设置与花型不一致时,程序处理过程中会弹出询问窗口,需选择应用牵拉组。织物牵拉控制列右键弹出设置菜单如图 2-1-48 所示,对应的选项与功能见表 2-1-6。

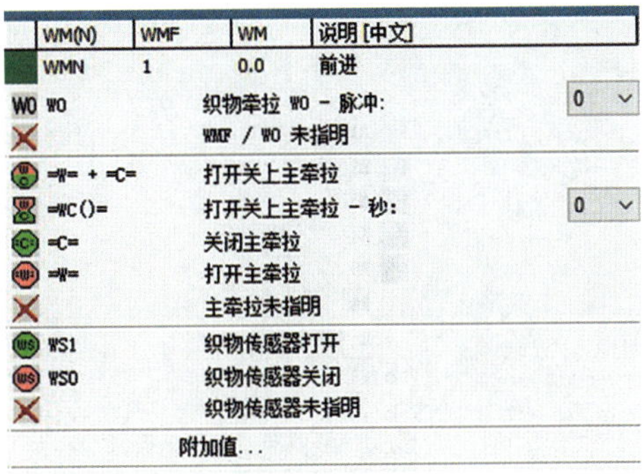

图 2-1-48　织物牵拉控制列设置菜单

表 2-1-6　织物牵拉设置的选项与功能

选项	功能
WMN 颜色组	选择牵拉组后直接应用于当前花型行
WO WO	分配织物脉冲数（W0）
✗ WMF / WO 未指明	删除设置
=W= + =C=	主牵拉在空行之后打开和关闭
=WC()=	主牵拉将在等待时间之后打开和关闭。时间的设置必须大于 10 秒,并确保主牵拉在打开后完全闭合,再运行机头
=C=	主牵拉将被关闭

续表

选项	功能
=W=	主牵拉将被打开
主牵拉未指明	删除设置
WS1	织物传感器将被激活
WS0	织物传感器将被禁用
织物传感器未指明	删除设置

4）横移指令。根据花型结构在横移控制列中设置针板位置，横移控制列设置菜单如图2-1-49所示，对应的指令与功能见表2-1-7。横移设置实例见表2-1-8。

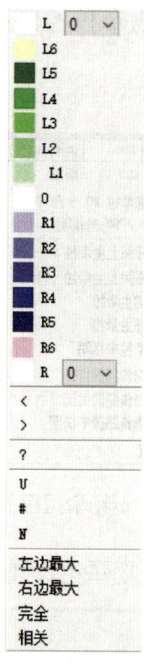

图2-1-49 横移控制列设置菜单

表2-1-7 横移控制列指令与功能

指令	功能
L 0	设置大于6针的向左横移步骤
R 0	设置大于6针的向右横移步骤
0	基准位置

续表

指令	功能
■ L1-L6	后针床向左横移步骤
■ R1-R6	后针床向右横移步骤
>	向右一步增加横移
<	向左一步增加横移
?	未定义横移
U	分配翻针横移。前后板织针对齐接圈弹簧位置，错开约1/8~1/4针距
#	分配半横移。前后板织针对齐
N	分配普通横移。前后板织针错开1/2针距
左边最大	向左最大横移（只在模块中）数值被转化为绝对横移值，与插入模块时实际的机器允许横移值相对应
右边最大	向右最大横移（只在模块中）数值被转化为绝对横移值，与插入模块时实际的机器允许横移值相对应
完全	绝对横移
相关	相对横移

表 2-1-8　横移设置实例

指令	含义
V[N]R1	[N]代表横移类型，其中，N为普通横移、U为翻针横移、#为半针横移。在横移类型中，L代表向左横移，R代表向右横移。后面的数字表示横移宽度
V[N]>1	对于模块来说可以用字符<或>代替L或R表示横移方向，这就是相对横移
V[N]<>0	对于具有相对横移的模块来说，两个方向的横移宽度为0
V[N] ?	问号代表未定义的横移
V[U]R2 V R2	对于像CMS330TC4这样的前后针床都可移动的机器来说，可以显示前后针床的横移
V[U] 0 V L2	具有可横移辅助针床的机器（TC-T和TC-R），将会有关于辅助针床横移的附加信息

注意：利用横移工具栏可以设置或改变线圈行横移。对于翻针行，通过织针动作的图标输入，横移自动被输入。没有参加编织或翻针的针床通常利用工具栏进行横移设置。

5）横移修正。针板横移修正控制列菜单显示如图2-1-50a所示，显示当前花型的横移修正参数，可以点击"辅助数值"，打开"横移修正表"编辑修改横移参数，如图2-1-50 b所示，对应的指令与功能见表2-1-9。

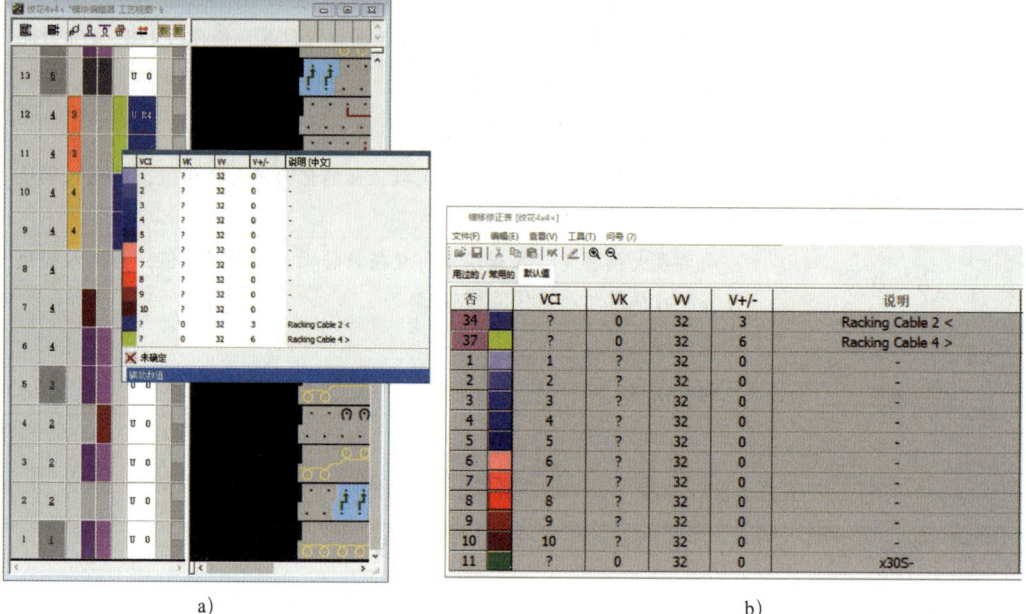

a)　　　　　　　　　　　　　　　b)

图2-1-50　横移修正控制列设置

a）横移修正控制列菜单　b）横移修正表

表2-1-9　横移修正控制列的指令与功能

指令	功能
VCI	修正值间接分配索引
VK	后针床横移修正值，默认设置未定义（显示为"?"），单位为1/16针距
VV	后针床速度，输入值0~32
V+/-	后板超位横移值，单位为1/16针距

注意：如果机速不能适应较低的横移速度，机头则会停在折返点直到横移结束。

三、模块排列

1. 生成模块排列

（1）建模与设置属性。在花型中，从选择区域生成模块排列，模块排列以 MA#1-n 顺序编号。例如，图 2-1-51 所示，建模名称为 MA#1。在模块排列属性设置窗口中，点击"确定"打开模块排列编辑器，编辑完成后，会自动保存到当前花型模块栏。

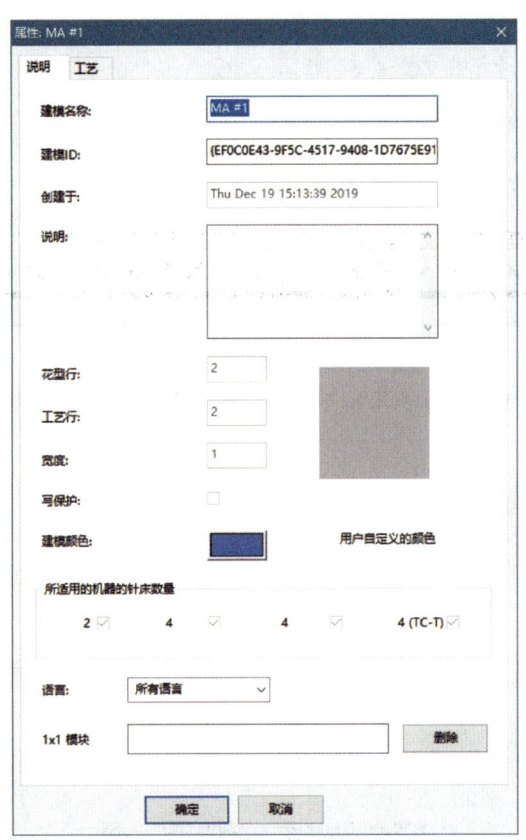

图 2-1-51　模块排列属性设置窗口

（2）创建新的模块排列。打开菜单在"建模"中选择"新建"，在"新建"中选择"模块排列"，即可创建新的模块排列。自定义模块排列后，按照提示对话框，将其保存到数据库模块管理器的新建模组。

2. 模块排列编辑器（见图2-1-52）

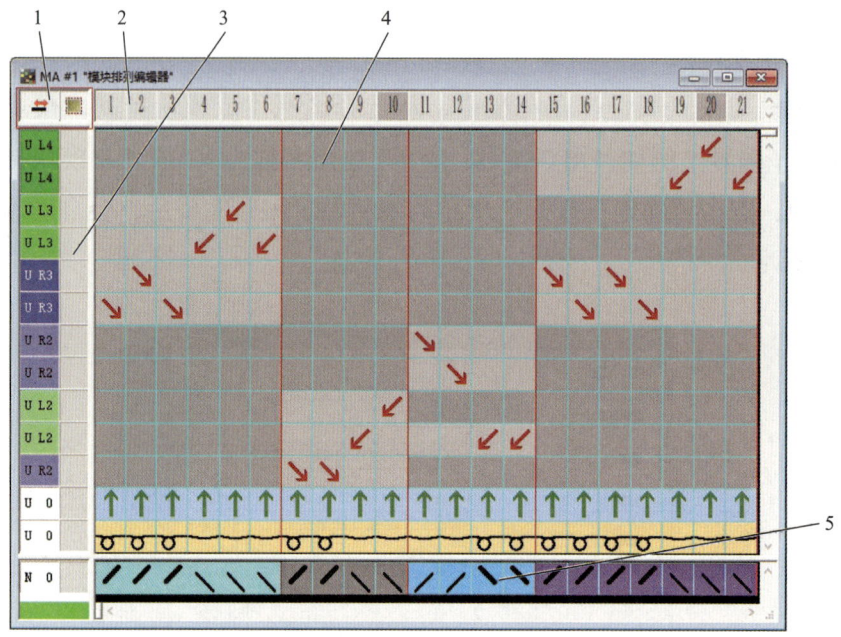

图2-1-52　模块排列编辑器

1—控制列（所有控制列都可用）；2—列条；3—行号栏；4—处理区域；5—搜索区域

使用制版软件相关工具绘制4×4以内绞花等纬编组织

4×4抽条绞花织片如图2-1-53所示。

图2-1-53　4×4抽条绞花织片

步骤1 使用模块管理器中的模块绘图

（1）新建花型：150针、200行。

（2）使用模块绘制花型，花型显示切换到模块颜色作为背景颜色。根据样片绘制基本花型：4×2×8×2抽条，如图2-1-54所示。

图2-1-54 4×2×8×2抽条标志视图

（3）从模块管理器中选择要使用的4×4绞花模块，并排列在抽条上，如图2-1-55所示。根据绘图需要，使用模块数据工具调用模块中的属性（织针动作、颜色、线圈长度等）控制列中的参数设置。

图2-1-55 抽条绞花

步骤2 使用模块排列调整花型中某一行模块中的翻针顺序，改善编织状态

（1）创建模块排列，如图2-1-56所示。

1）选择花型区域。

2）在选择区中生成模块排列，并打开模块排列编辑器。

3）在生成的模块排列中输入模块排列控制列。

4）将生成的模块排列命名为MA#1，并保存到模块栏本地模块排列组中。

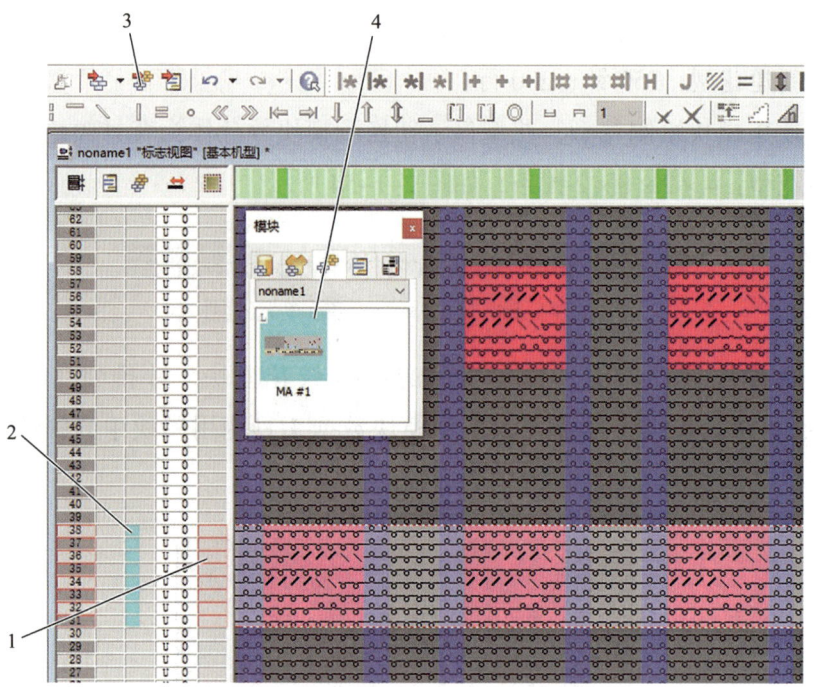

图 2-1-56 创建模块排列

1—选择花型区域；2—生成模块排列工具；3—模块排列控制列；4—模块栏

（2）在模块排列编辑器中进行织针动作的顺序调整。如图 2-1-57 所示，在花型中找到 3 个模块区域。

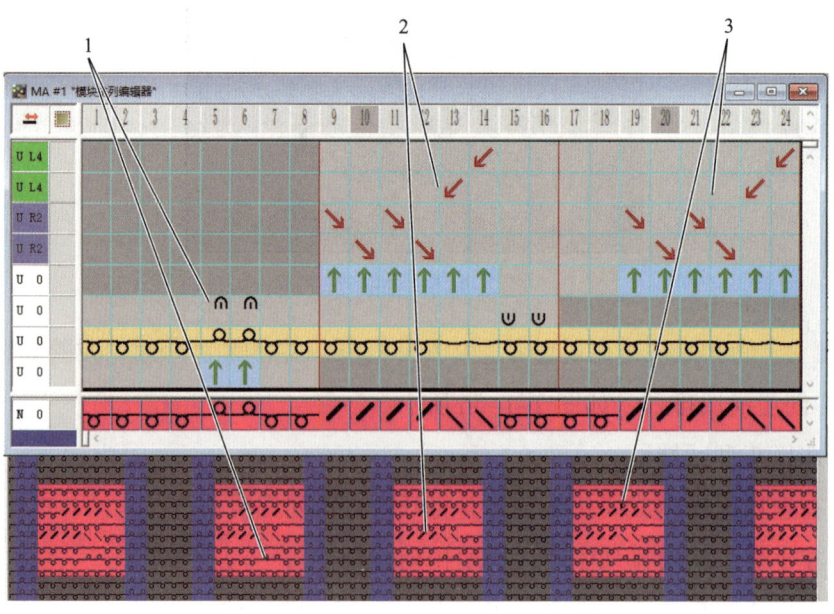

图 2-1-57 3 个模块区域

1—后板借针压圈；2—第一组 4×2 绞花；3—第二组 4×2 绞花

1）绞花移圈前，后板借针后使用沉圈符号将线圈下压，均衡线圈张力。

2）将 4×4 绞花拆分为两组 4×2 移圈过程中，模块排列编辑器中设置的翻针顺序为 2 系统翻针，翻针顺序可以根据需要调整，如自动翻针行可以修改为 2×2 翻针或 1×1 翻针，如图 2-1-58 所示。

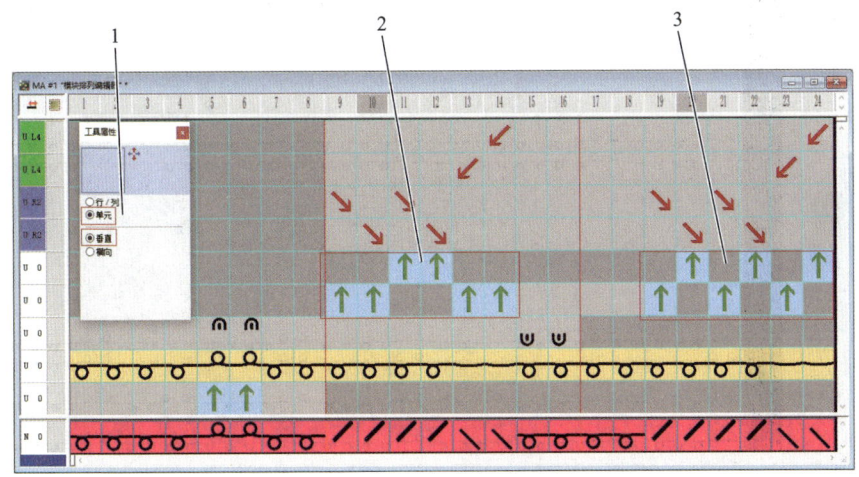

图 2-1-58　模块排列翻针顺序修改
1—绘图工具属性设置；2—2×2 翻针顺序；3—1×1 翻针顺序

（3）应用在花型中。

1）关闭模块排列编辑器，会弹出询问窗口，如图 2-1-59 所示，点击"是"，将修改应用到花型中。

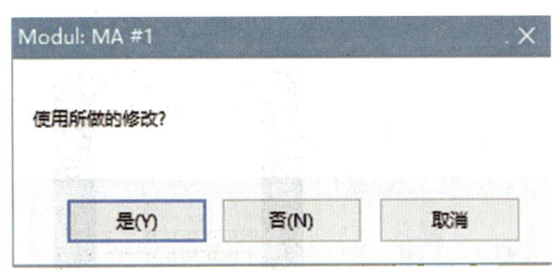

图 2-1-59　询问窗口

2）使用"控制视图"查看修改效果，如图 2-1-60 所示。

3）关闭控制视图，继续编辑花型。

注意：编织较大横移的绞花结构时，出现问题的部位如果集中在某一行或某一处，可以通过模块排列直接修改这个区域模块的翻针顺序或翻针方式；若在模块栏中直接修改花型中所使用的模块，则会应用到整个花型中。

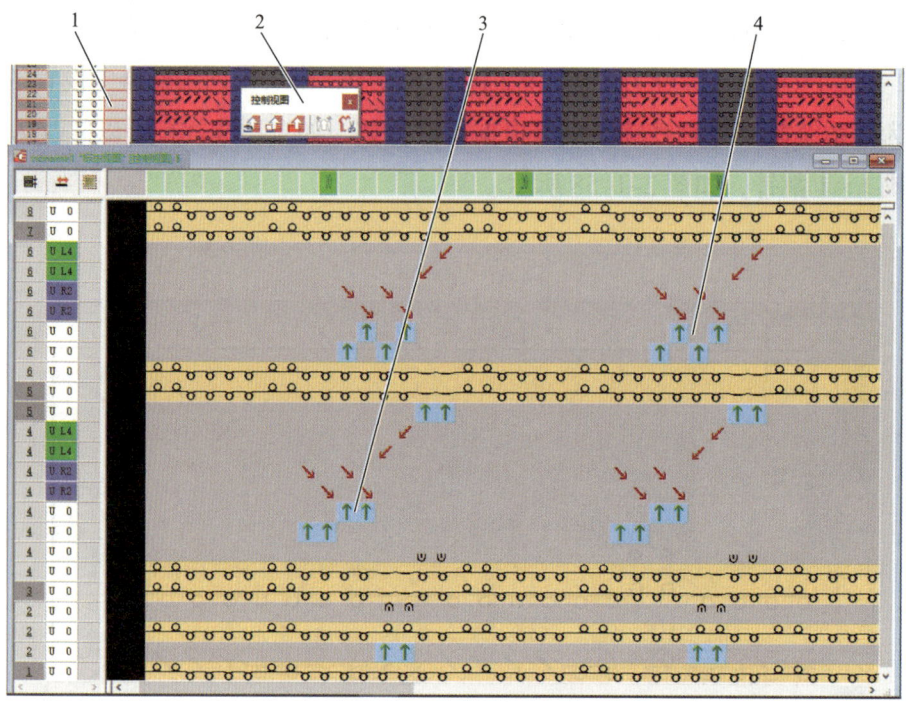

图 2-1-60　控制视图界面

1—模块排列区域；2—控制视图工具；3—2×2 翻针效果；4—1×1 翻针效果

步骤 3　针对整个花型设置模块中的上机参数

（1）在使用 4×4 绞花模块绘图时，同时调用控制列部分的设置，如图 2-1-61 所示，花型扩展时可以直接应用到花型中。

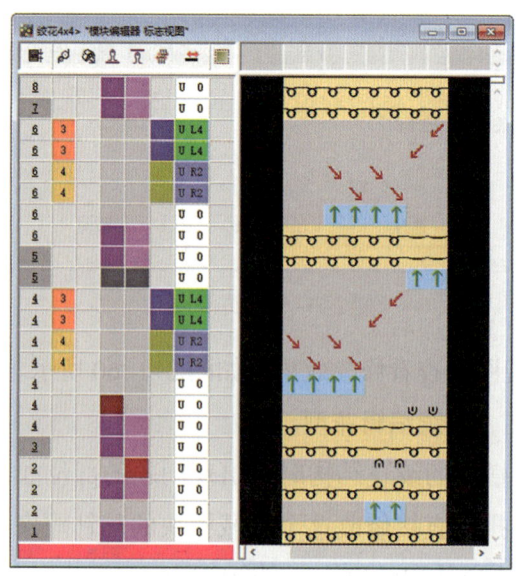

图 2-1-61　4×4 绞花模块编辑器

（2）直接打开模块栏或本地模块组中的绞花模块，修改模块中的织针动作及翻针顺序，修改完成后关闭编辑器窗口时，选择"将修改应用到花型中"，修改内容即可自动应用到整个花型。

（3）设置线圈长度 NP 🧵 🧵。在线圈长度表中输入 NP 值，抽条排针，后板密度较前板略紧（见表 2-1-10）。

表 2-1-10　设置线圈长度 NP

否		NP	PTS	NP E7.2（10）	说明[中文]
48		?	=	12.0	单面平针结构前
49		?	=	11.0	单面平针结构后
56		?	=	9.5	脱圈/二次压针前
57		?	=	9.5	脱圈/二次压针后

（4）设置机器速度 MSEC 🔧（见表 2-1-11）。

表 2-1-11　设置机器速度 MSEC

否		MSEC		m/s	说明[中文]
10		2	=	0.80	默认编织
11		0	=	1.20	默认 S0
12		1	=	0.70	默认翻针

（5）织物牵拉 WM 🔧。编织行使用 WMF1 取决于宽度的牵拉设置；模块中翻针行根据针板横移方向及翻针前后顺序分两段设置，可以使用直接牵拉指令如 WMF3，也可以使用取决于宽度的牵拉设置如 WMF4（见表 2-1-12）。

表 2-1-12　设置织物牵拉 WM

否		WM(N)	WMF	WM	WM最小	WM最大	N 最小	N 最大	WMI	WM^	WMC	WM+C	WMK+C
1		WMN	1	0.0	3.5	4.0	100	150	3	0	10	20	50
3		WM	3	2.0	0.0	0.0	0	0	0	20	10	10	10
20		WMN	4	0.0	0.0	2.0	0	0	0	0	10	10	10

（6）设置横移修正 VCI 🔧。为了改善绞花模块中线圈在针板横移位置移圈时织针受力变形，从而导致接圈不稳定而形成的掉套问题，在模块中使用了后针床超位横移设置（V+/-），以减小针杆变形。降低针板的横移速度（VV）也可以改

善移圈的稳定性。例如，将 VV=32 修改为 VV=8（见表 2-1-13）。

表 2-1-13　设置横移修正 VCI

否		VCI	VK	VV	V+/−	说明
37		?	0	32	3	Racking Cable 2 >
42		?	0	8	6	Racking Cable 4 <

步骤 4　花型参数翻针设置

（1）设置"多系统翻针"选项卡，使用 2 系统翻针选项，如图 2-1-62 所示。

图 2-1-62　2 系统翻针选项

（2）设置"周边组织翻针"选项卡，设置为针板横移大于或等于 3 针时将背面抽条线圈向前翻针，避免抽条位置的线圈在横移 4 针时被拉扯，如图 2-1-63 所示。

图 2-1-63　周边组织翻针选项

（3）设置"翻针顺序"选项卡，使用默认设置。如图 2-1-64 所示，向前和向后翻针同时应用翻针顺序定义。

图 2-1-64　翻针顺序选项

步骤 5　设置纱线区域

（1）排列纱嘴。通过纱线区域 工具打开纱线分配窗口，将纱嘴排列在导轨上，毛纱排列在居中的导轨上，辅助纱线分别排列在外侧的导轨上，如图 2-1-65 所示。

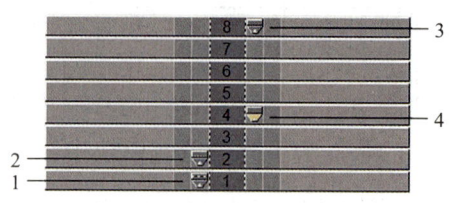

图 2-1-65　纱嘴排列
1—分离纱；2—牵拉梳橡筋；3—废纱；4—毛纱

（2）使用纱线分配区域默认设置。

步骤 6　处理上机程序，保存并导出

（1）运行程序，处理上机程序。

（2）保存花型，导出程序。

学习单元 3　制作 8 把纱嘴内的纬编嵌花组织的样片程序

掌握在专用软件（以岛精 SDS-ONE 制版系统为例）上制作 8 把纱嘴内的纬编嵌花组织样片的方法。

一、纬编七色嵌花组织制版软件的表示方法

1. 七色嵌花花型

一个横列中最大色段数是 7 个色段的花型称为七色嵌花，它需要使用 7 把纱嘴编织，如图 2-1-66 所示。

2. 嵌花绘制流程

嵌花图形描绘→填充嵌花色码→附加功能线→花样变换→组织花样描绘→出带（编译）。

3. 纱嘴使用规则

岛精制版系统电脑横机标配为左侧 9 个纱嘴，其中有 3 个纱嘴固定使用废纱、抽纱、起底纱，其余 6 个纱嘴可供灵活使用。当所需纱嘴超过 6 个时，需在左侧或右侧加装纱嘴，使纱嘴数量达到要求。纱嘴的使用顺序为先内侧后外侧，同一轨道上两个纱嘴间的最小距离应大于 5~8 in（根据具体机型而定）。

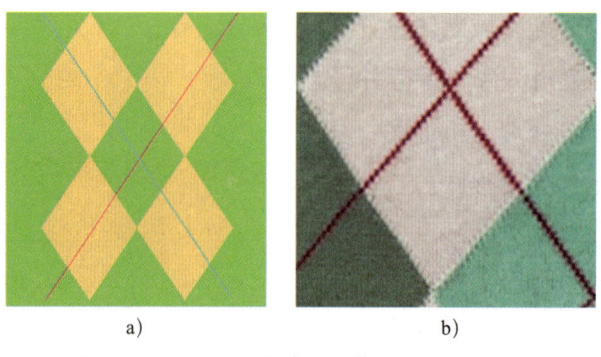

图2-1-66 七色嵌花花样正、反面示意图
a）嵌花织物正面 b）嵌花织物反面

4. 嵌花型纱嘴停放控制

嵌花型纱嘴（可摆动纱嘴）停放控制是指对纱嘴停放的状态与纱嘴停放位置进行控制。纱嘴停放的状态包括纱嘴打直停放与打斜停放两种方式，纱嘴停放位置是指纱嘴的停放点。

（1）纱嘴停放状态控制。使用可打斜纱嘴编织时，纱嘴自动停放点描绘有13、113两个色码，在描绘时结合实际情况使用。嵌花编织时纱嘴微调（纱嘴停放位置）常用3个控制页控制。

1）嵌花花样行编织时纱嘴停放控制。使用嵌花型纱嘴进行嵌花编织时，该编织行纱嘴在编织结束点外侧打斜停放，纱嘴停放值由"纱嘴微调"菜单中第1~3页（P1~P3）控制。

① P1：除8、18号纱嘴有微调值外，其余微调值均设定为0，纱嘴打斜停放。

② P2：控制纱嘴非嵌花编织行，如下摆、废纱封口编织段，有正常纱嘴微调值；此段纱嘴自动停放点可用113号色描绘，纱嘴打直停放，利于编织。

③ P3：控制固定程式编织行（起口段）、纱嘴带出行，有微调值。

2）普通花样行编织时纱嘴停放控制。

①普通花样行描绘13号色时，纱嘴微调由P1控制且纱嘴打斜停放，易勾住边上纱线。

②普通花样行描绘113号色时，纱嘴微调值由P2控制且纱嘴打直停放，防止勾纱。

③普通花样行描绘113号色时，在R8功能线填写53，则相应行的微调值改成由P3控制且纱嘴打直停放。

④普通花样行描绘13号色时，同时在L7功能线上填写14~17，则相应行分

别表示使用 P4~P7 控制。

⑤固定程式行普通花样描绘 113 号色时，纱嘴微调由 P3 控制，且纱嘴打直停放。

纱嘴微调控制页共有 7 页（P1~P7），嵌花机型（SIG）编织时纱嘴微调常用 3 页（P1~P3）控制，纱嘴微调值由 P1 控制，且纱嘴打斜停放。如在 L7 功能线填写 14~17 色号，则分别指定对应编织行使用 P4~P7 控制。

（2）纱嘴停放位置控制。岛精制版系统电脑横机根据不同的纱嘴类型控制其停放位置。选择机种后，在工具栏"调整编织"中"纱嘴微调"页设定。其中，纱嘴微调值即为纱嘴停放位置与编织区域边缘的距离，用针数表示，且不同机型数值不同。

1）初期设定。在"纱嘴微调"页中，点击"初期设定"，纱嘴微调数值设定为默认值。

①普通纱嘴微调值：普通纱嘴设定值的大小按 4、5、3、6、2、7、1、8 纱嘴号码顺序由小到大设置，如 7 针机的纱嘴距离布边依次为 4、6、8、10、12、14、16、18 针；纱嘴之间错位排列，编织频率高的优先使用数值小的纱嘴，如 4 号纱嘴。

②嵌花型纱嘴微调值：嵌花型纱嘴可以在任意位置停放，其纱嘴微调值为 0。

2）手动设定。根据不同的编织情况可以手动设定每一个纱嘴的停放位置及纱嘴微调值。

①在软件中设定：在工具栏"调整编织"中"纱嘴微调"页设定相应的数值，制作成 999 文件。

②在机器上设定：在机器"调整编织"菜单"纱嘴微调"中设定。

5. 花样展开设定

"花样展开"页可以设定纱嘴、衔接、浮线处理、纱嘴带进带出、纱嘴移动等参数。点击"花样展开"后，会弹出"编织调整"对话框，可以在"编织调整"对话框中设定纱嘴微调，操作步骤为：打开"编织调整"菜单→点击"初期设定"→点击"纱嘴微调"→勾选"引塔夏"→点击"初期设定"，设定嵌花纱嘴微调值为 0 即可，如图 2-1-67 所示。

（1）纱嘴设定。确定纱嘴类型、分离编织最大针数、禁止针数等。

1）纱嘴类型。设定机型后自动显示该机型的摆动纱嘴或直纱嘴类型，也可以直接设定，如图 2-1-68 所示。

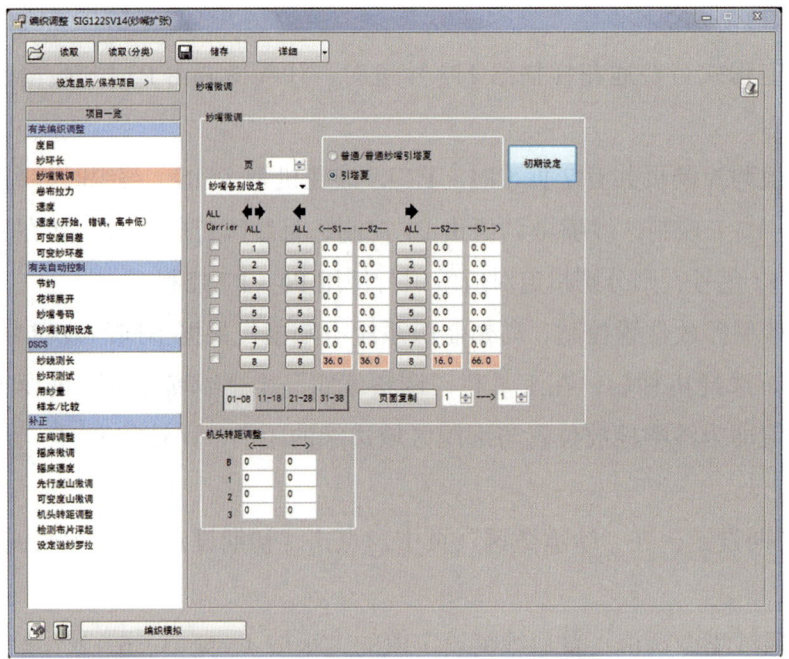

图 2-1-67 编织调整设定

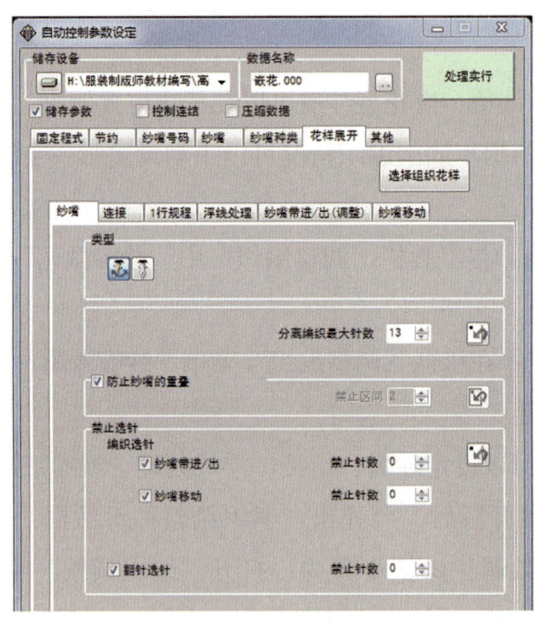

图 2-1-68 纱嘴页设定

2）防止纱嘴重叠设定，是为执行花样展开时正确判别纱嘴停放位置而设的功能。使用摆动式纱嘴编织引塔夏时，此处的微调不反映在纱嘴微调第1页，应按默认值设定禁止区间针数。

3)分离编织最大针数。防止误钩其他纱嘴的纱线,通常使用初期值(点回车默认值)。

4)禁止针数。使用普通纱嘴时才能使用。普通花样展开时,为防止纱嘴重叠,应将之错开停放。输入针数越大,则纱嘴错开距离越大,具体需根据编织效果进行设定,一般为默认值。

(2)连接设定。连接是指相邻两个色块之间采用相邻集圈(吊目)、隔针集圈的连接方式。连接设定包括连接方式、避免织入纱线、双面组织连接方式、两段度目使用等。

1)避免织入连接纱线。

①通常情况下,嵌花的连接吊目会比正常的位置偏离1针,只有设定了嵌花纱嘴后才有效,如图2-1-69所示。

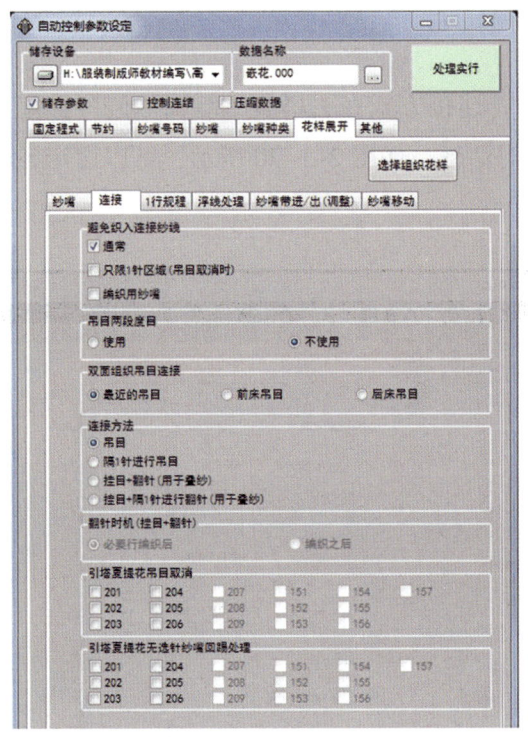

图2-1-69 自动控制参数设定示意图

②只限1针的区域(吊目取消时)。在只有1针的配色上执行的吊目会移开1针,适用于在菱形格纹花样中交叉线有1针配色的引塔夏花样中使用。

③编织用纱嘴。为了保持良好的编织效率而不执行1行规程处理时,有时连接吊目会被挂到相同的纱线上。勾选该项后,连接的吊目会挂到其他纱线上。

2）吊目两段度目。根据具体情况选择是否使用。

3）双面组织吊目连接。可以根据编织效果选择使用最近吊目、前床吊目、后床吊目。

4）连接方法。有吊目、隔1针吊目、挂目+翻针（用于叠纱）、挂目+隔1针翻针（用于叠纱）四种方式可选。

①吊目，是指在相邻色块第1针上进行相互集圈连接，其纹理细腻，适用斜线形等连接。

②隔1针吊目，是指在色块相邻处第2针后吊目，适用于直条形色块的连接。

③挂目+翻针（用于叠纱），是指先挂目再翻针的方式，适用于添纱类织物防止其反纱，连接漂亮但编织动作多，编织效率较低。

④挂目+隔1针翻针，适用于直条形添纱组织连接，连接漂亮但编织动作多。

在低版本软件中，连接方式在引塔夏"纱嘴号码"设定页中，点击"纱嘴带进/出"按钮，弹出对话框，如图2-1-70所示，可以设定各个纱嘴编织间的连接方式。

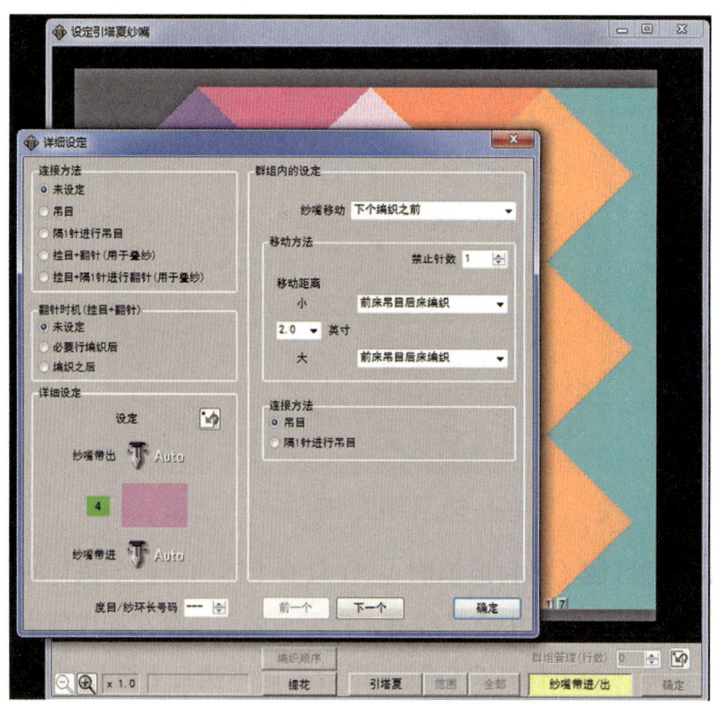

图2-1-70　低版本连接设定示意图

（3）1行规程设定。1行规程设定是花样前行的终点和下行花样开始点不在同一位置时使用，包含1行规程、双面吊目衔接。有不执行处理、吊目、交错吃针3个选项，如图2-1-71所示。

（4）衔接设定。低版本中设定了"衔接标签页"，包含1行规程、吊目针数、吊目两段度目、双面组织吊目衔接等，如图2-1-72所示。

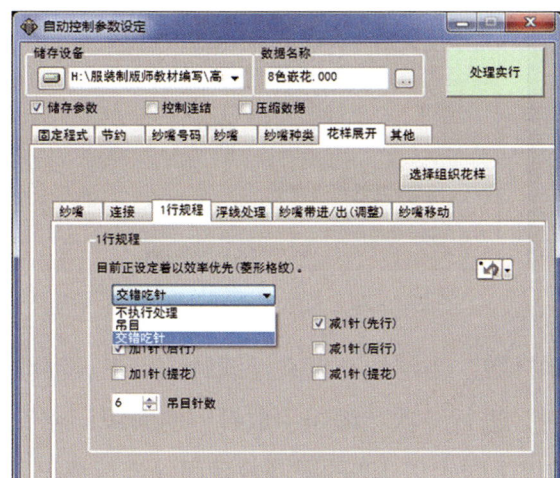
图2-1-71　1行规程设定示意图

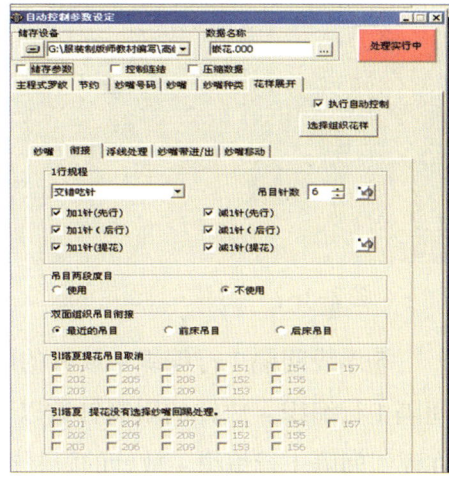
图2-1-72　低版本衔接设定示意图

1）吊目两段度目。设定相配色的衔接是否使用吊目两段度目。

2）双面组织吊目衔接。分为前床吊目、后床吊目、最近的吊目3种方式。

（5）浮线处理。当花样中的浮线大于1 in以上时自动做浮线处理编织。在"浮线针数"设定区间的间隔针数进行吊目处理，控制浮线长度在1 in以内。浮线类型分为不执行处理、吊目、编织＋放针3种方式，适用于不同花样的要求。

1）不执行处理，即对浮线方式不做处理。

2）吊目。有浮线过长时挂上吊目，放跳线编织。

①纱嘴类型是普通纱嘴时，在未对应浮线处理的编织＋放针情况下，使用吊目方式。

②浮线针数。在浮线长度大于设定区间针数以上时自动进行吊目处理，过后落掉挂目。选项如图2-1-73所示，低版本设定如图2-1-74所示。

③挂目间隔。设定吊目的间隔针数。根据设定的机型自动设定浮线与吊目间隔针数的初期值，机型不同初期值不同。

④编织＋放针。编织时利用空针进行吊目放跳线，过后落掉挂目。

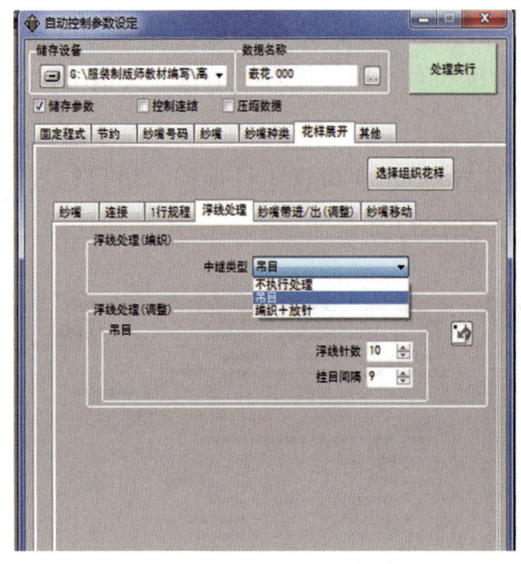 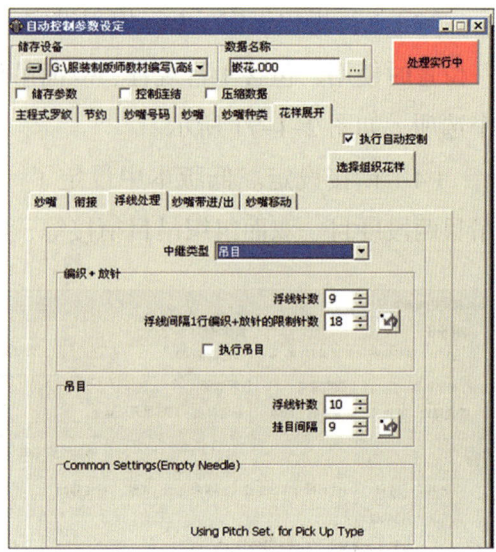

图 2-1-73 浮线处理设定示意图　　图 2-1-74 低版本浮线处理设定示意图

⑤浮线间隔 1 行编织 + 放针的限制针数。当浮线长度在浮线针数以上，浮线间隔 1 行编织 + 放针的限制针数以下时，进行一次"编织 + 放针"的编织；空针在浮线间隔 1 行编织 + 放针的限制针数以上时，以 1/2 的限制数量间隔进行编织 + 放针的处理。

（6）纱嘴带进 / 出。附加功能线指定 R7 填 3 号色或 R7 填 6 号色时进行设定，如图 2-1-75 所示。

1）附加功能线指定 R7 填写 3 号色时。

①度目 / 纱环长号码，是指设定背挂目用的度目段号，用于控制挂目。

②挂目间隔，是指前床吊目、后床编织（背挂目）的间隔行数。

③放针前的编织行数，是指后床编织（背挂目）后，设定编织几行之后放出的行数。

④前床吊目 / 后床编织（前：后 =）设为 1 时，对前吊目 1 设定后编织（背挂目）的数值。

2）附加功能线指定 R7 填写 6 号色时，禁止针数小于设定值的位置不进行纱嘴移动，其他项相同。

（7）纱嘴移动。纱嘴移动时的各种设定，如图 2-1-76 所示。

1）禁止针数，是指设定数值以下位置不进行纱嘴移动。

2）度目 / 纱环长号码，是指设定背挂目用的度目段号。

3）挂目间隔，是指前床吊目、后床编织（背挂目）的间隔针数。

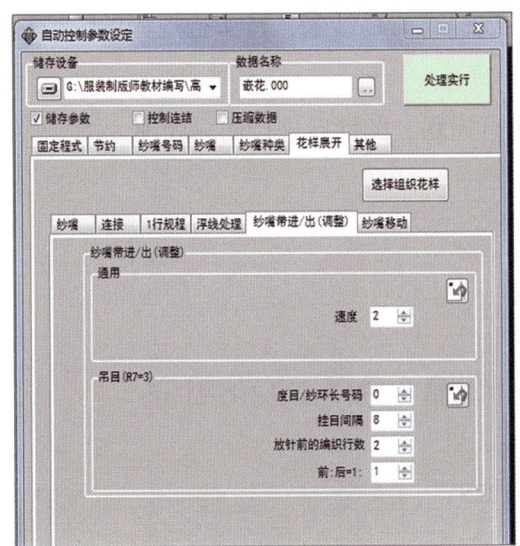
图 2-1-75　纱嘴带进/出设定示意图

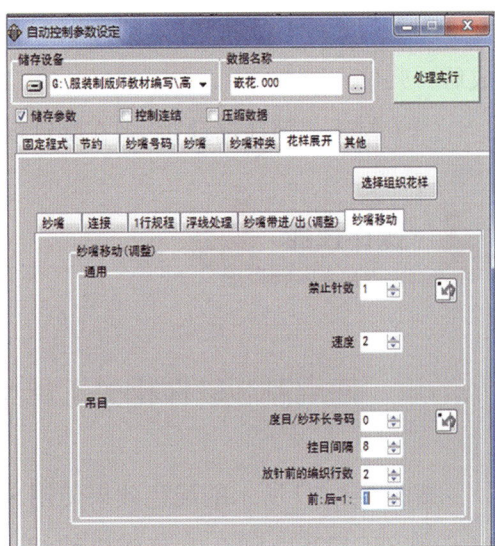
图 2-1-76　纱嘴移动设定示意图

4）放针前的编织行数，是指后床编织（背挂目）后，设定放出（落布）的行数。

以上设定为按系统默认值进行的设定，实际中的各种设定应根据试样效果再进行调整。

二、安全针数的计算方法和回踢纱嘴

1. 安全针数的计算方法

（1）SIG 机型，其同一导轨两个纱嘴的最小距离为 5 in。该机型安全针数的计算方法如下。

1）机号 E14 的机型：安全针数＝5 in×14 针/in＝70 针。

2）机号 E7 的机型：安全针数＝5 in×7 针/in＝35 针。

（2）SES SI 机型，其同一导轨两个纱嘴的最小距离为 6 in。该机型安全针数的计算方法如下。

1）机号 E14 的机型：安全针数＝6 in×14 针/in＝84 针。

2）机号 E7 的机型：安全针数＝6 in×7 针/in＝42 针。

2. 回踢纱嘴

（1）勾选"纱嘴带进／出"，则在带纱进或带纱出前进行返踢，带纱进或带纱出后进行回踢处理。

（2）勾选"纱嘴移动"，则在纱嘴移动前进行返踢，纱嘴移动后进行回踢处理。

（3）勾选"1行规程"，则在编织1行规程之前踢纱嘴，待1行规程的编织完成后再归位。

（4）勾选"翻针选针"，则在翻针前进行返踢，翻针后进行回踢处理。

操作技能

使用制版软件相关工具绘制纬编8色以下嵌花组织

按图2-1-77所示的配色效果使用SIG122SV 14 G或SSG122SV 14 G电脑横机编织一块尺寸为30 cm×40 cm大身纬平针的嵌花试样，下摆为1×1罗纹8转，废纱8转封口。

步骤1　确定针转数、颜色数量

（1）确定试样的针数与转数。设计试样为30 cm×40 cm，按14 G电脑横机通常密度横密为7.2针/cm、纵密为4转/cm计算开针数与转数。

图2-1-77　嵌花花样

1）开针数＝30 cm×7.2针/cm＝216针，修正为215针。

2）大身转数＝40 cm×4转/cm＝160转。

（2）试样颜色、花样设计。按图设计为菱形花样，选用14针时，考虑同轨道两个纱嘴相距最少70针，设计菱形宽71针，菱形高142横列。下摆使用1×1罗纹8转。如果使用单侧纱嘴，一个轨道上只有一个纱嘴时则图形大小没有限制。配色图中在最多色块位置画一条辅助线进行分析，自左向右为5个色块，还有2根斜线，对应需使用7把纱嘴进行编织。

步骤2　使用嵌花色码绘制8色内嵌花组织

嵌花花样图为纬平针组织，使用101~106色码进行描绘，色码可以重复使用，线条编织宽度为1针，用提花色码（200号以上色码）进行描绘。

（1）试样尺寸描绘。点击"图形"图标→选择四方形→勾选"指定中心"→输入宽度210、高度320→点击101色码并拖放到工作区。

（2）菱形描绘。点击"图形"图标→选择菱形格纹→选择103号色→选择线条色号201、202→输入尺寸：X针数1、Y针数2、宽度71、高度142、个数2→拖放到四方形正中。

点击"左/右"图标→选择"左右中心"→选择"花样范围"→点击"原图"→点击"确定"→点击"左/右"图标→原图出现中心线→打开"图形"图标，点击菱形格纹→拖动到正中心线放置，如图2-1-78所示。

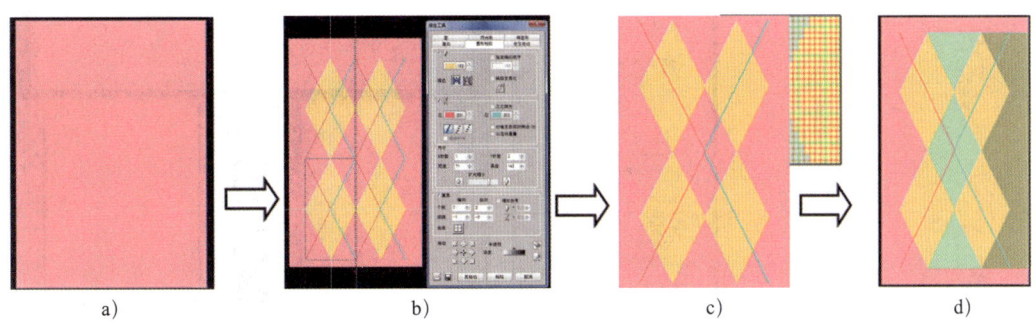

图 2-1-78 嵌花花样原图描绘过程示意图

a）试样矩形图　b）菱形与线条色码设定图　c）菱形描绘图　d）嵌花领域划分图

（3）嵌花领域划分描绘。

1）去除斜线。本例的斜线如图样所示为两条交叉的斜线，使用画直线的方法将多余的线条去除。用201号色描绘左边的斜折线，202号色描绘右边斜折线。

2）领域划分。

①采用左侧光照投影法，将103号色菱形之间的101号色的菱形改为102号色，102号色上、下菱形顶点之间用102号色码连通。

②上、下两个三角形与菱形顶点平齐，用102号色封口并填充。

③右侧投影部分用104号色描绘，如图2-1-78所示。

（4）附加功能线。选定"花样范围"→点击原图→点击"确定"→点击"功能线"图标→勾选"自动描绘"→勾选"引塔夏"→勾选"1×1"→勾选"描画废纱编织"→勾选"单面组织"。输入开始编织针数（本例输入121，试样宜在中间偏左侧编织，衣片宜在正中编织），如图2-1-79所示。

（5）花样变换。嵌花编译需要用到嵌花领域图和花样图，将描绘的嵌花领域图进行转换处理，其中将111～116、141～146、161～166、171～176、121～126、131～136描绘的区域自动转换成反针、四平、集圈等组织。点击"范围图标"→勾选"组织花样"→点击原图→点击"确定"。点击"EDIT"→点击"引塔夏，提花"→点击"花样变换"→点击空白处出现两个图形,如图 2-1-80 所示。本例转换成纬平针正针。

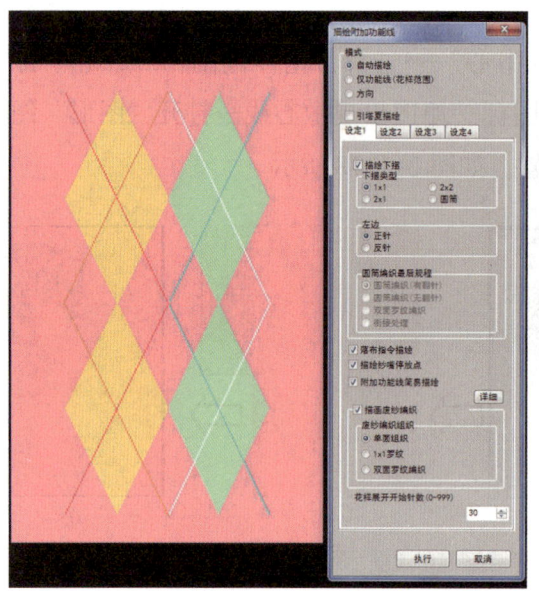

图 2-1-79 附加功能线描绘

图 2-1-80 花样变换

步骤 3 设置

(1) 功能线设置。

1) 设定罗纹纱嘴。将 R3 功能线上的 6 号色改为常用的 4 号色,R8 功能线上的 31 号色改为 0 号色,其他不变,如图 2-1-81 所示。

图 2-1-81 功能线示意图

2）R4功能线设置。在嵌花花样段（嵌花色码描绘段）使用SIG122SV 14G时填写5号色（类型1、嵌花纱嘴），使用SSG、SSR机型时改填10号色（类型2、普通纱嘴）。

3）R7功能线填写。在嵌花花样段（嵌花色码描绘段）填写3号色，纱嘴带进带出使用前床吊目、后床编织+落布方式。

（2）嵌花纱嘴的规划。嵌花纱嘴使用规划如图2-1-82所示，色块分为5个区域，线条共有2条，一共7个区域，对应使用7个纱嘴。

图2-1-82 嵌花纱嘴规划与使用示意图

1—纱嘴1编织线条；2—纱嘴2编织区域；3—纱嘴3编织区域；4—纱嘴4编织区域；5—纱嘴5编织线条；6—纱嘴6编织区域；7—纱嘴7编织区域

步骤4 编译检查并重点检查纱嘴回踢位置

（1）嵌花纱嘴SIG机型的编译处理

1）自动控制设定。点击"自动控制"图标→设定机种"SIG122SV 14G"→在"纱嘴附加功能"中勾选"扩张"→起底花样为"类型2"→带纱进类型勾选"无废纱"→勾选"自动控制花样展开"，如图2-1-83所示。

2）自动控制参数设定。点击"自动控制执行"，弹出范围对话框，点击领域图（原图）并确定→点击花样图并确定→弹出"自动控制参数设定"对话框，如图2-1-84所示。

①设定文件存储路径文件名。保存到指定路径或U盘根目录下，文件名为"linxing.000"。

②固定程式页设定。

a.纱嘴资料设定：起底纱嘴设为与罗纹同号码，输入"4"（图2-1-84中显示"40000000"，"0"为软件位置预设值，不计数，下同），废纱输入"7"。

b.其他默认：图2-1-84中默认显示"纱嘴带进/出"为"两者"，"编织结束位置"为"普通","抽纱"为"1行"。

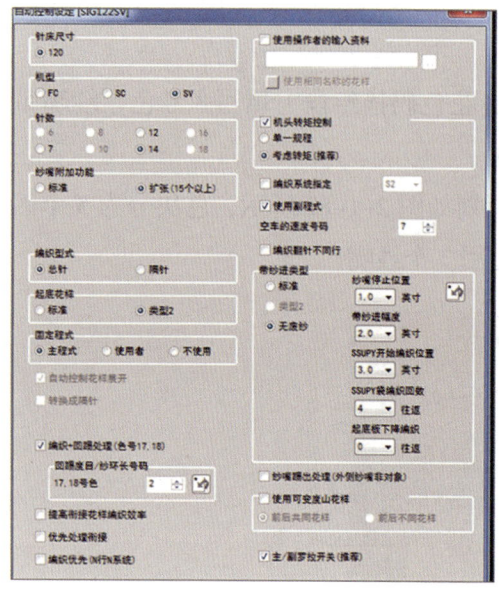

图 2-1-83　自动控制设定示意图　　　　图 2-1-84　自动控制参数设定示意图

③节约页设定。按要求罗纹转数 8 转，节约数输入"7"；废纱 8 转，节约数输入"6"。

④纱嘴号码设定。在纱嘴号码页，纱嘴号码 4 输入"4"表示该段采用 4 号纱嘴编织，纱嘴号码 7 输入"7"表示废纱段纱嘴号码，如图 2-1-85 所示。点击"引塔夏"按钮，弹出引塔夏纱嘴号码设定输入框，如图 2-1-86 所示。

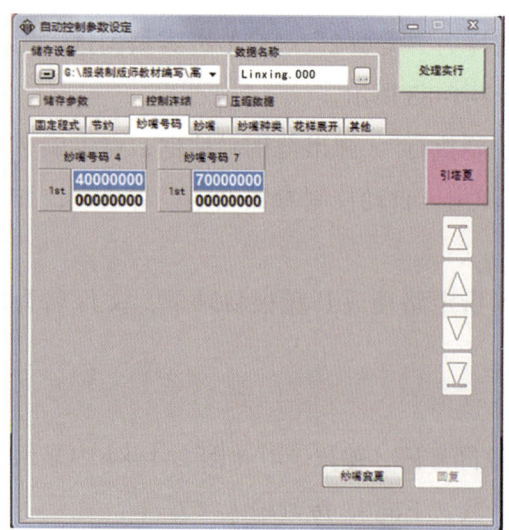 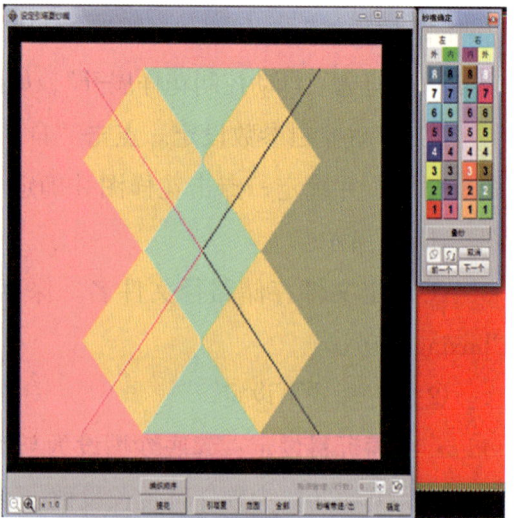

图 2-1-85　纱嘴号码设定示意图　　　　图 2-1-86　引塔夏纱嘴号码设定示意图

a. 设定提花纱嘴号码。在纱嘴号码选择框中，共有左右四列纱嘴号码，使用提花纱嘴时应遵循先内侧后外侧的原则。提花纱嘴按照纱嘴规划方案依次从左向右输入"1""2"两个纱嘴号码，完成后点击"确定"即可，如图2-1-87所示。

b. 设定色块嵌花纱嘴号码。在弹出的第二个纱嘴选择框里依次自左向右选择："左/内"下方选择"4、3、5、6"，"右/内"下方选择"3"，共五个纱嘴。设定完成后点击"确定"，如图2-1-88所示。

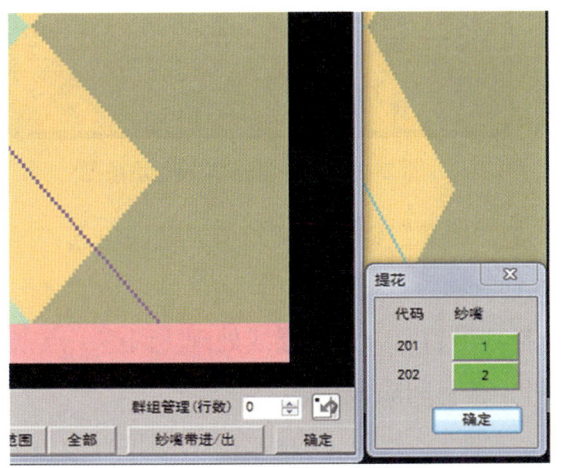
图2-1-87 提花纱嘴号码设定示意图

图2-1-88 嵌花纱嘴号码设定示意图

⑤纱嘴页设定。点击"纱嘴"标签页，设定纱嘴启用和位置，如图2-1-89所示。关闭纱嘴位置即将方块颜色由白色变成灰色，7号纱嘴白色在内侧，两侧均选用内侧号码。

⑥纱嘴种类设定。两侧7个纱嘴全部选择"KSW1""总针"。8号纱嘴为"S"，其种类设置为"DY"，如图2-1-90所示。

⑦花样展开设定。点击"花样展开"，弹出"调整编织"对话框，先设定纱嘴微调选项，勾选"引塔夏"，点击初期设定，表中1~7号纱嘴微调数值均为0。

a. 纱嘴设定。确认纱嘴类型为摆动型，勾选"防止纱嘴重叠"，并勾选"禁止选针"中的"纱嘴带进带出""纱嘴移动""翻针选针"，点击"回车"键选择初始值为0。

b. 连接设定。其中，设定"避免织入连接纱线"应勾选"通常""只限1针区域""编织用纱线"。设定"吊目两段度目"应勾选"不使用"。设定"双面组织吊目连接"，本例为纬平针，不起作用，默认"最近吊目"。设定"连接方法"，本例为菱形花样，色块之间为斜线，勾选"吊目"。

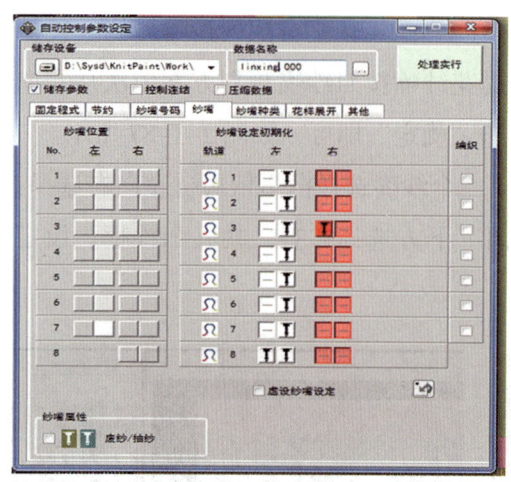
图2-1-89　纱嘴启用、位置设定示意图

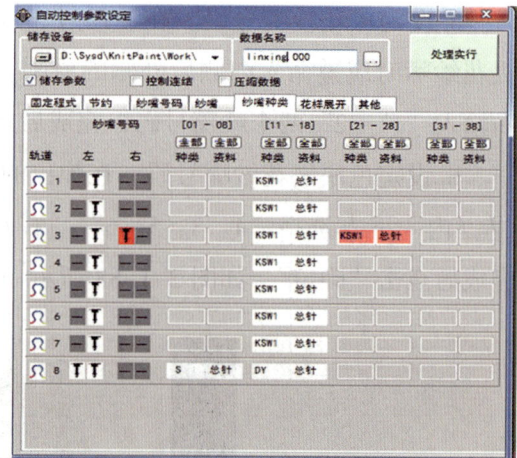
图2-1-90　纱嘴种类设定示意图

c.一行规程。选择"交错翻针",点击"回车"键选择初始值,默认勾选"加1针后行""减1针先行",吊目针数为6针。

d.浮线处理。浮线处理(编织)选择"吊目"方式,浮线处理(调整)点击"回车"键选择初始值,浮线针数为10针,挂目间隔为9针。

e.纱嘴带进带出(调整)设定,点击"回车"键设定为初始值,速度设为第2段。本例R7填写为3号色,度目号码设为0,挂目间隔设为8,放针前的编织行数设为2,前后比例设为1:1。

f.纱嘴移动设定,在"通用"设定中,禁止针数设为1,速度设为第2段。在"吊目"设定中,度目号码设为0,挂目间隔设为8,放针前的编织行数设为2,前后比例设为1:1。

点击"处理实行"键,系统进行编译。模拟编织后"没有发现错误",查看编织助手,出现无"编织助手信息",则出带(编译)成功。

3)查看编织细节。点击"确认"后,系统自动生成纱嘴位置图、编织模拟图、花板图。

①确认纱嘴带进带出模式。如图2-1-91所示,在花样第37、38行中,纱嘴15、16带进采用了前床吊目+后床编织(隔7针)隔2行落布的方式。其他纱嘴带进带出行均使用相同方式。

②确认连接方式。色块的连接采用了相邻织针吊目连接的方式,如图2-1-92中白色箭头所指的"吊目"编织处。

③其他。一行规程如图2-1-91所示,第834、835花样行为采用交错吃针的

编织方式。斜线编织方式如图 2-1-92 所示,11 号纱嘴采用色块浮线、线条单针编织方式。

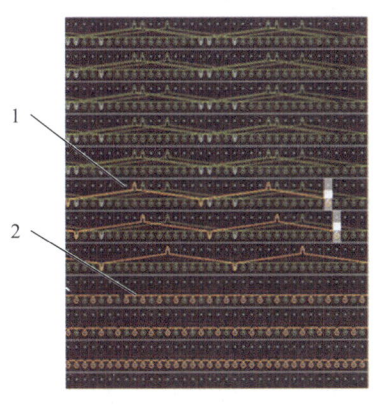
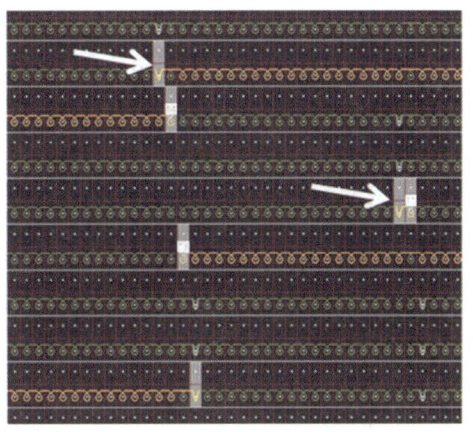

图 2-1-91 纱嘴带进示意图　　　　　图 2-1-92 吊目连接示意图
1—纱嘴带进；2—交错吃针

（2）普通纱嘴机型的编译处理

普通纱嘴机型（直纱嘴类型）的编织方式称为嵌花类型 2 编织。附加功能线时在功能线 R4 上填 10 号色,一行中的各色段编织时按前后顺序进行,色段之间连接编织比摆动纱嘴编织美观。以合成法为例,其操作步骤如下。

1）花样描绘。在新建空白文件描绘区,按设计的针数、转数用 1 号色描绘花样图（组织图）,使用描绘工具描绘花型图（配色图）,使用嵌花领域划分法选用 101～106 色码描绘嵌花纱嘴领域图（领域图）,如图 2-1-93 所示。

图 2-1-93 花样描绘示意图

2）新建文件。在新建页面输入文件名、存储路径,并选择机种,制作类型为不做成型,输入模式为 S Paint 输入,如图 2-1-94 所示。

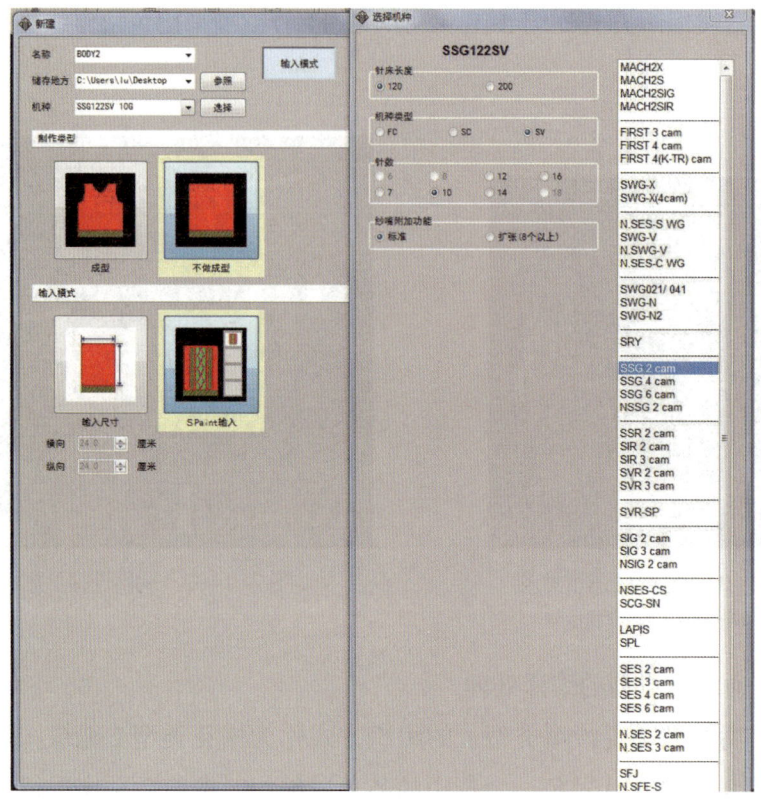

图 2-1-94　新建文件示意图

点击"下一页",会弹出"输入 S Paint 花样时要读取的花样中不要包含固定程式下摆、废纱"对话框,点击"OK",会弹出花样选择框,如图 2-1-95 所示。

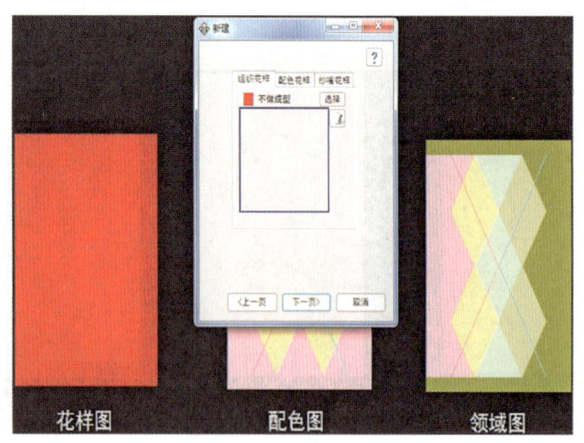

图 2-1-95　花样选择示意图

3)花样选择。依次点击选择组织花样、配色花样、纱嘴花样,选定后点击"下一页",会弹出"输入针距"对话框,可在此设定身片的针距和下摆的针距等参数，如图 2-1-96 所示。同时弹出合成图自动设定流程框，点击"下一页"，会弹出"线条设定"对话框，如图 2-1-97 所示。直接点击"下一页"，会弹出"分配设定"对话框。

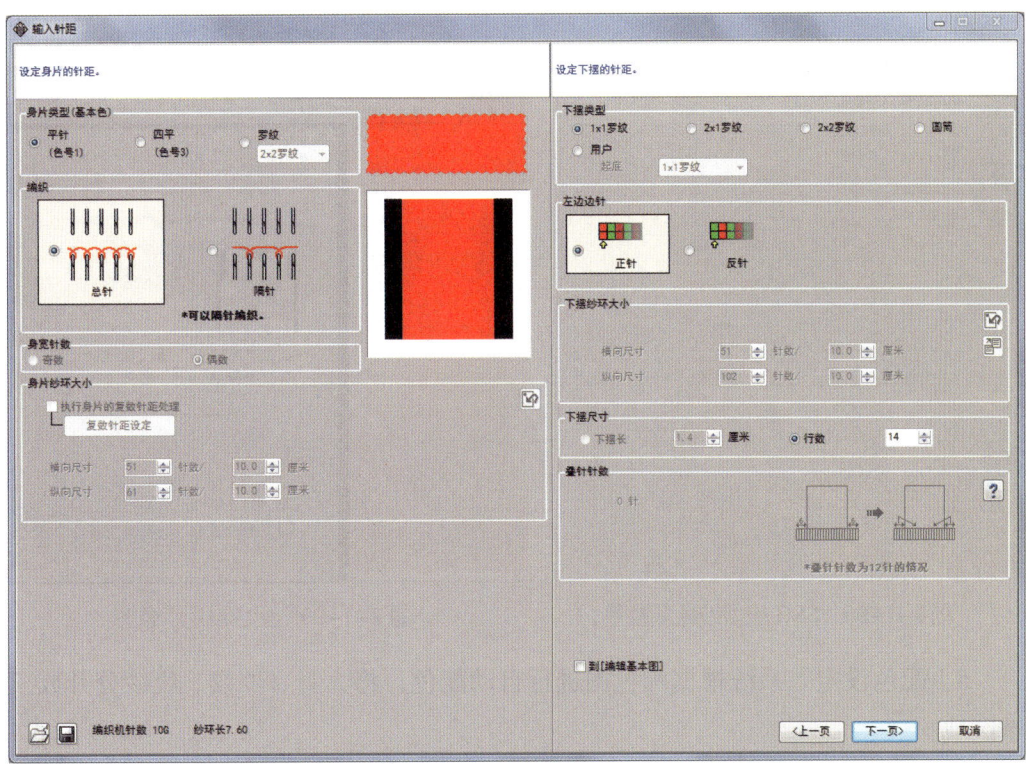

图 2-1-96 输入针距设定示意图

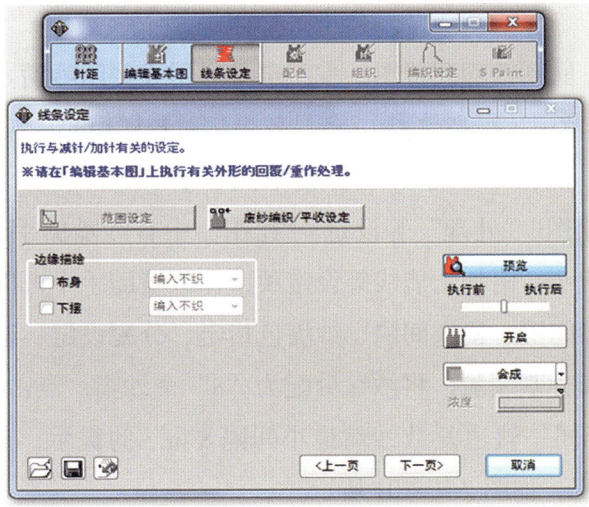

图 2-1-97 线条设定示意图

4）纱嘴分配设定。图 2-1-98 所示为 SSG 机型的纱嘴扩张的纱嘴配置图，图中显示该机型有 14 个纱嘴可供使用，点击"使用纱嘴优先顺序"，设定纱嘴的使用排序。设定完成后，点击"下一页"，会弹出"配色"设定对话框，如图 2-1-99 所示。

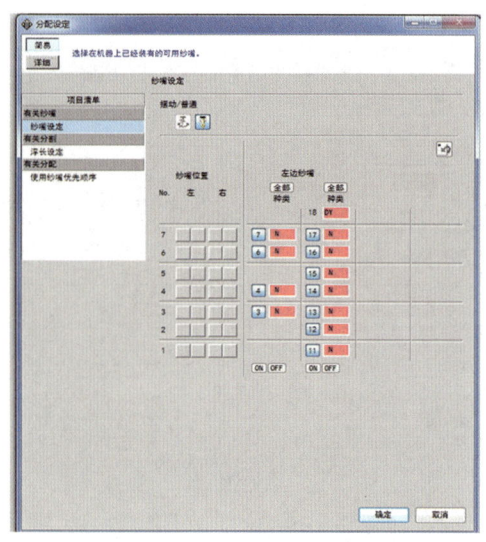
图 2-1-98　SSG 机型纱嘴配置图

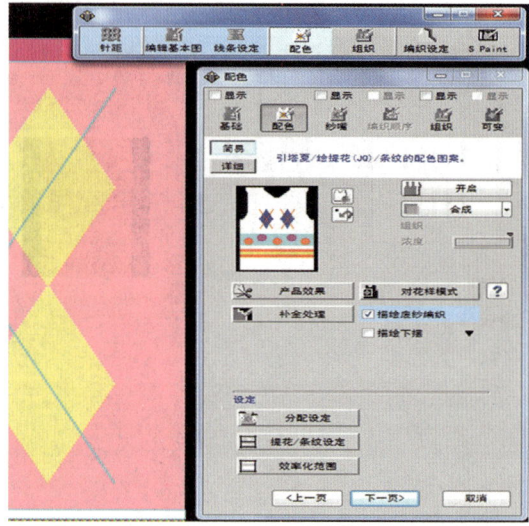
图 2-1-99　配色设定示意图

5）配色设定。系统根据配色图进行自动配色，将大身、罗纹、废纱分开成三个区域。

①重新配色。在图中可以直接修改花型或重新描绘花型意匠图，获得满意的配色方案。勾选"描绘下摆"，可以将罗纹的配色修改为与大身相同，以减少纱嘴的使用数量。

②分配设定。回到纱嘴配置图，重新定义启用或关闭纱嘴。其他项可设定提花/条纹、效率化范围（提高效率）、产品效果、对花样模式、补全处理等。

③纱嘴设定。点击"纱嘴"，会弹出如图 2-1-100 所示的"纱嘴"设定对话框，可以进行"绘图""处理"等设定。"绘图"中有纱嘴助手、确认纱嘴前后、描绘不织以减少线头、附加功能线等设定项，在纱嘴助手中可以查看纱嘴使用状况、同一轨道纱嘴间隔、检查间隔、纱嘴色指定、分配设定、纱嘴分配等。点击"纱嘴分配"，重新分割领域，将纱嘴分配为"8"个纱嘴。点击"下一页"，会弹出"纱嘴个数 8，同一轨道复数纱嘴最小间隔 8 in"的提示，点"OK"，会弹出"组织"设定对话框，如图 2-1-101 所示。

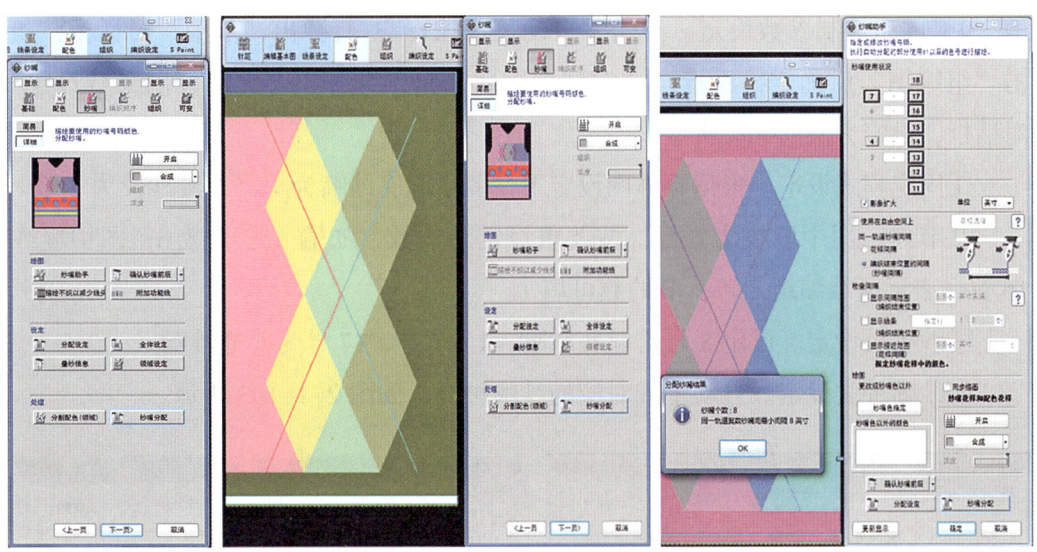

图 2-1-100　纱嘴设定示意图

6）组织设定。在本页可以对产品效果、花样模式进行修改，重新描绘或拷贝组织花样，如正反针、集圈、挑孔、绞花等组织，修改完成点击"下一页"，系统经过计算自动生成合成图，如图 2-1-102 所示。

7）合成图。合成图中包含组织、领域、配色、纱嘴号码的图形以及穿纱图。显示编织类型为类型 2、纱嘴个数为 8，穿纱图中显示了与配色相关的穿纱信息。

8）自动控制执行（编译）。在"自动控制"页面设定机种为 SSG122SV 14G，勾选"纱嘴扩张"，起底类型为类型 2，带纱进类型勾选"无废纱"，勾选"自动控制花样展开"。

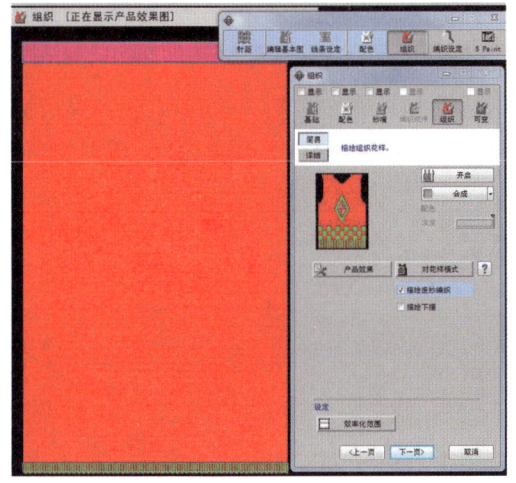

图 2-1-101　组织设定示意图

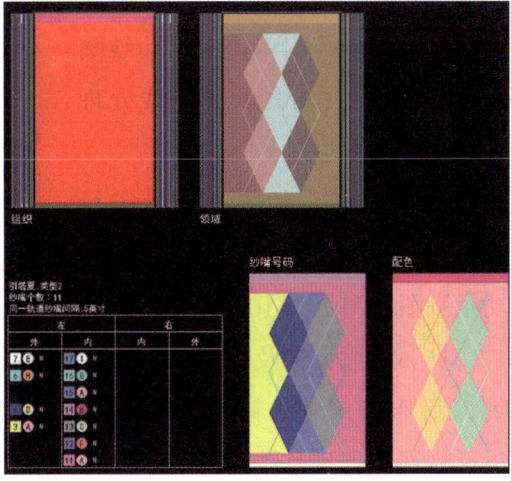

图 2-1-102　合成图形示意图

9)自动控制参数设定。点击"自动控制执行",会弹出"范围"对话框,点击"组织图"后确定,再点击"领域图"后确定,会弹出"自动控制参数设定"对话框,设定方法同 SIG 机型。

①固定程式设定。根据穿纱图设定下摆罗纹起底纱嘴为 1 号,废纱设为 7 号。

②节约。图中罗纹为 6 行,按要求设定节约数,如输入节约数 6;图中废纱 16 行,表示废纱编织 8 转,节约数可填 1。

③纱嘴页设定。设定 8 号为起底纱嘴,1~7 号、17 号为普通纱嘴。

④纱嘴种类设定。自动生成对应的纱嘴种类,如图 2-1-103 所示。

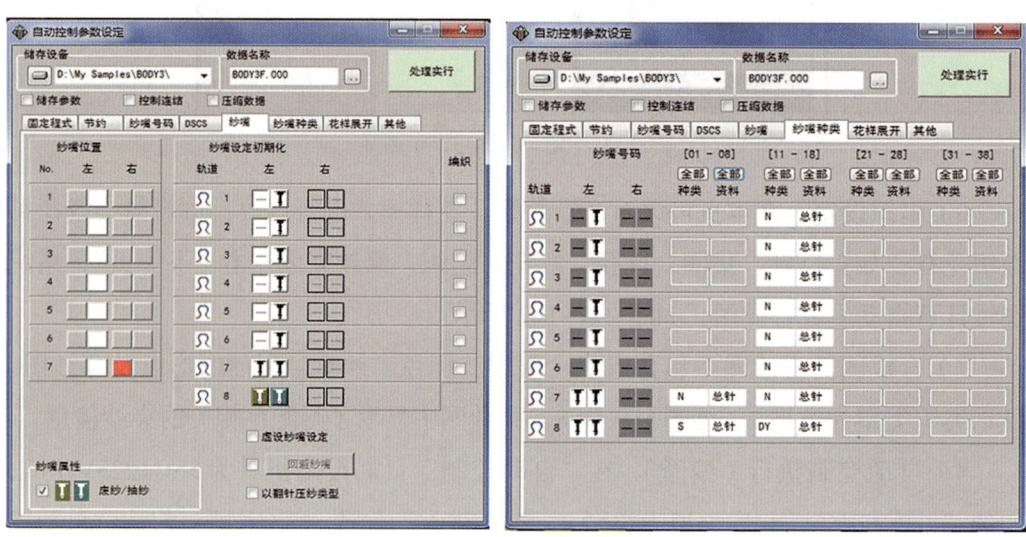

图 2-1-103 纱嘴种类设定示意图

⑤花样展开设定。设定纱嘴、停止的纱嘴、纱嘴带进带出、纱嘴移动、连接、1 行规程、浮线处理等项,设定方法同上所述。

10)编译。点击"处理实行中",系统进行自动编译,编译成功示意图如图 2-1-104 所示。

11)纱嘴带进及回踢处理。纱嘴以后床编织+放针带进方式带进后做回踢处理。纱嘴带进轨迹如图 2-1-105 所示,线条编织处的纱

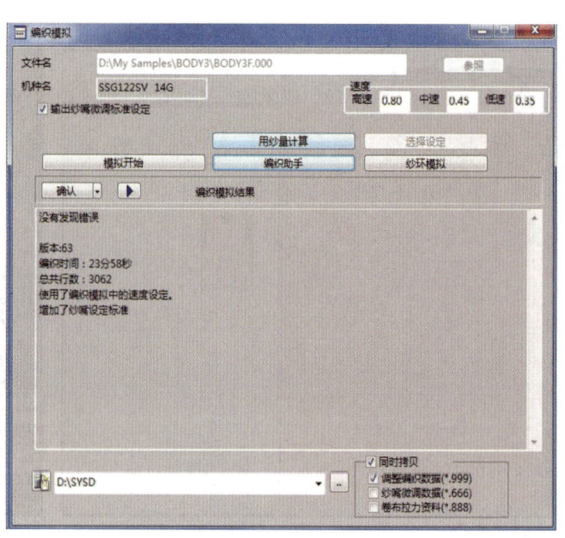

图 2-1-104 编译成功示意图

嘴回踢轨迹如图 2-1-106 所示，线条交叉处纱嘴回踢轨迹如图 2-1-107 所示，菱形顶点纱嘴避让轨迹如图 2-1-108 所示。

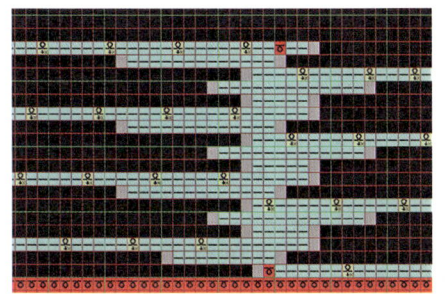

图 2-1-105 纱嘴带进示意图

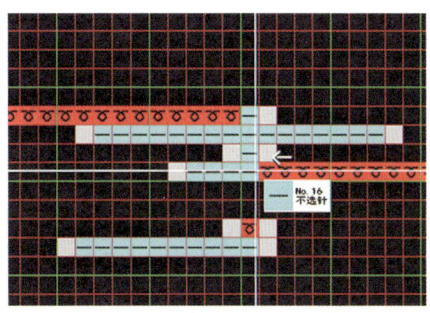

图 2-1-106 线条编织处的纱嘴回踢示意图

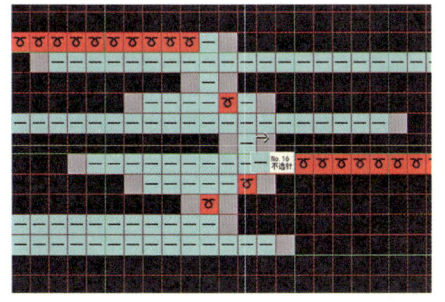

图 2-1-107 线条交叉处的纱嘴回踢示意图

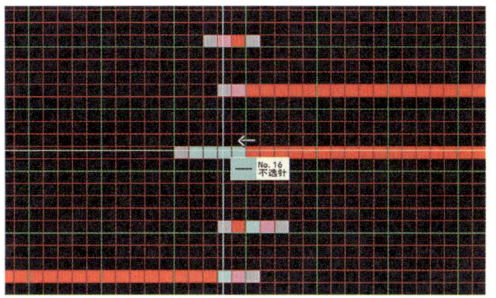

图 2-1-108 菱形顶点纱嘴避让示意图

步骤 5　导出文件，保存花型，存档

（1）导出文件。在"自动控制参数设定"对话框中，设定存储路径为 U 盘根目录下，输入文件名"linxing"，在"自动控制执行"后自动在 U 盘中生成名为 linxing.000 的编织文件。不指定时则从文件夹中拷贝。

（2）保存花型。点击"文件"，选择"保存成新的群组"，输入路径文件名后点击"确定"，文件自动以 linxing.grp、linxing.DAT、linxing001.DAT、linxing002.DAT 及其 FIF、PID 格式和编译文件 linxing.000、linxing.666、linxing.QFD、linxing.999 存入一个文件夹。

1）linxing.DAT 为合成的图形文件。

2）linxing 001.DAT 为编译后的花样展开图形文件即编织图。

3）linxing 002.DAT 为编译时的纱嘴图形文件即领域图。

4）linxing.000 为自动控制处理数据即上机文件。

5）linxing.666 为纱嘴微调数据。

6）linxing.QFD 为自动控制设定数据，即自动控制设定参数的数据，便于下次编译应用。

7）linxing.999 为编织工艺参数文件，用于保存"编织调整"菜单中设定的各项工艺参数。

（3）存档。按指定要求将群组文件夹存入指定的档案文件夹中。

学习单元 4　制作纬编并针组织的样片程序

掌握在专用软件（以睿能 KDS 软件制版系统为例）上制作纬编并针组织样片程序的方法。

制作纬编并针组织的样片程序，需要先掌握纬编并针组织的软件表示方法（色码）。

一、自动并针

功能线 230 第一列设置 8 表示自动处理并针，软件系统会根据实际并针数平均计算并针位。如图 2-1-109a 所示，左右各需要并 4 针，功能线第一列给出自动并针指令，执行后如图 2-1-109b 所示。

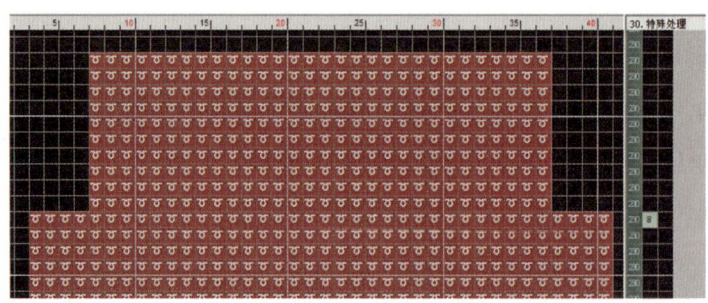

a)

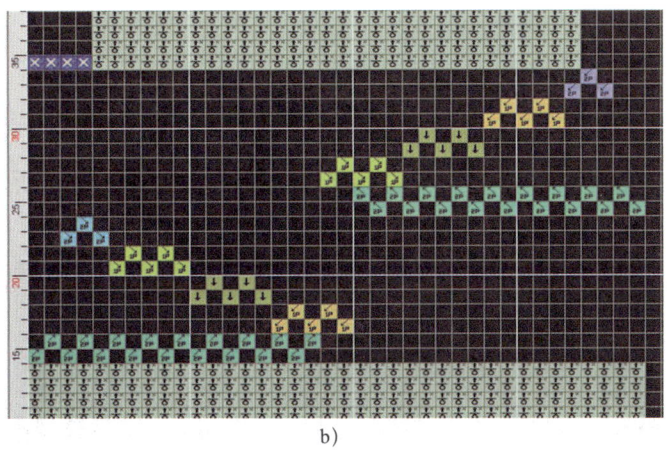

图 2-1-109 自动并针
a) 自动并针设置 b) 自动并针拆分

二、并针色码

色码 189 ◤、190 ◣ 用于左侧，向右并针；色码 199 ◥、200 ◢ 用于右侧，向左并针。左右两侧的并针色码必须连续使用，并且色码 189（或 200）的个数必须是色码 190（或 199）个数的整数倍。在功能线 230 设置并针色码，如图 2-1-110 所示。

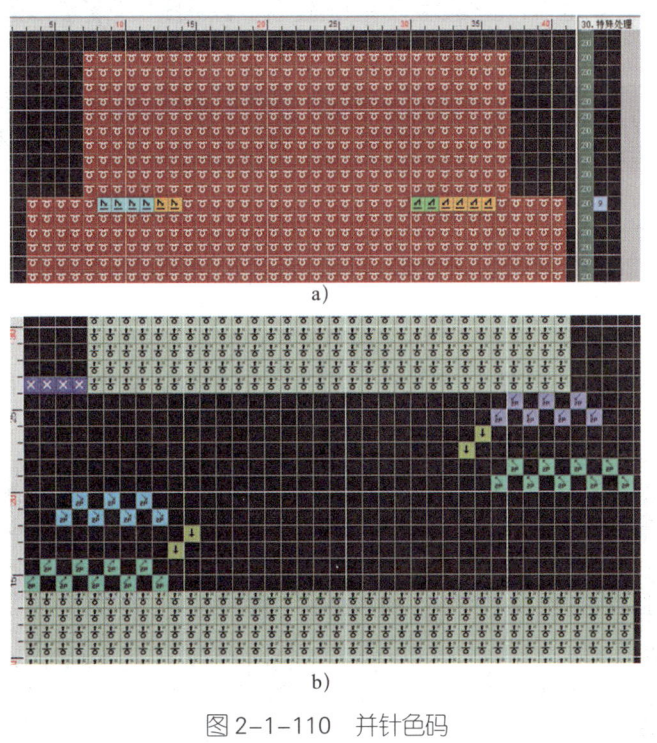

图 2-1-110 并针色码
a) 并针设置 b) 并针拆分

三、并针模式

1. 并针模式1

功能线230第一列设置9,并针位置依次叠加,如图2-1-111所示。

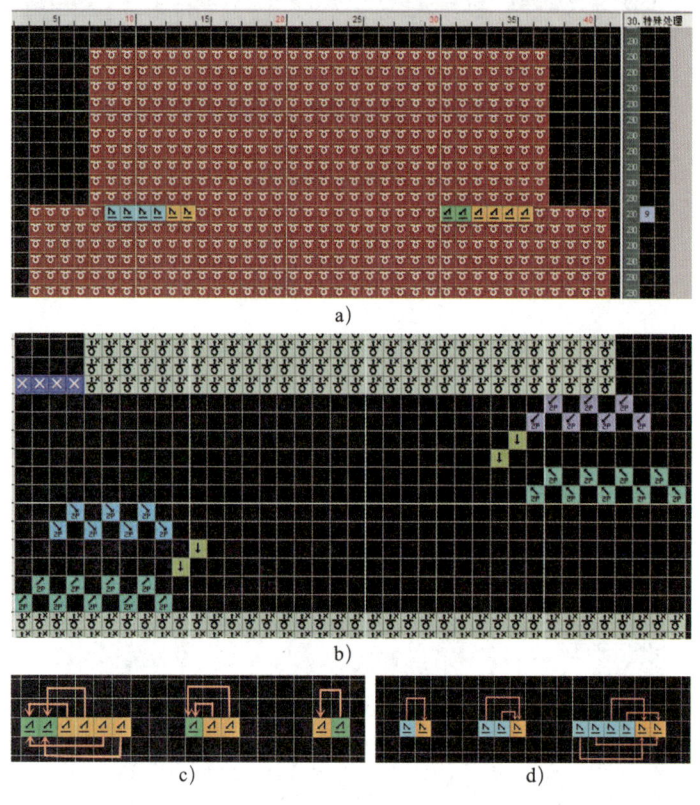

图2-1-111 并针模式1

a)并针模式1设置 b)并针模式1拆分 c)向左并针规则 d)向右并针规则

2. 并针模式2

功能线230第一列设置11,并针位置折叠式叠加,如图2-1-112所示。

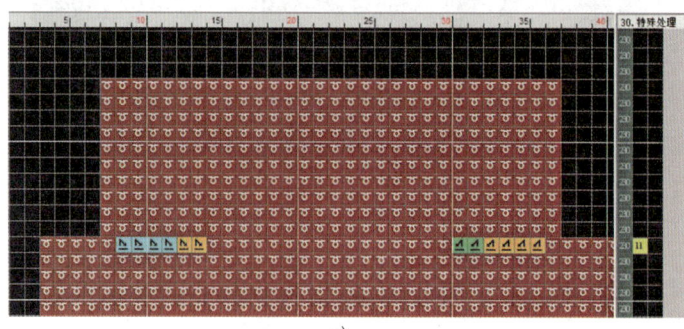

a)

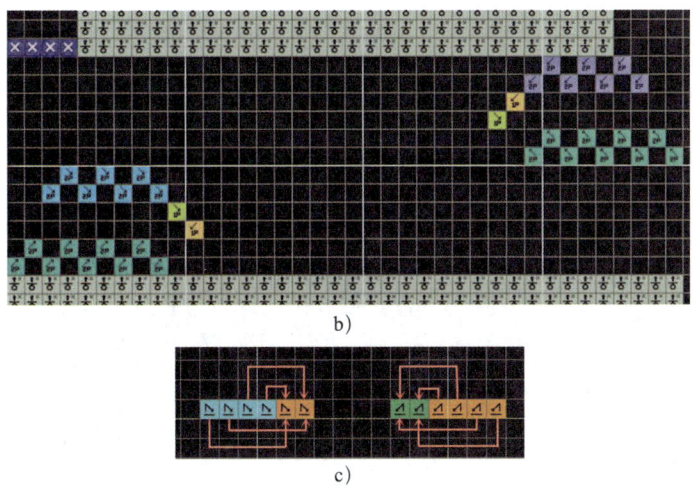

图 2-1-112 并针模式 2

a) 并针模式 2 设置　b) 并针模式 2 拆分　c) 并针规则

3. 罗纹并针

若并针行上有非前编织的动作色码 (如后编织、索股色码或罗纹等) 时,将并针色码单独绘制一行,并设置标识,并针行仍按模式设置,如图 2-1-113 所示。

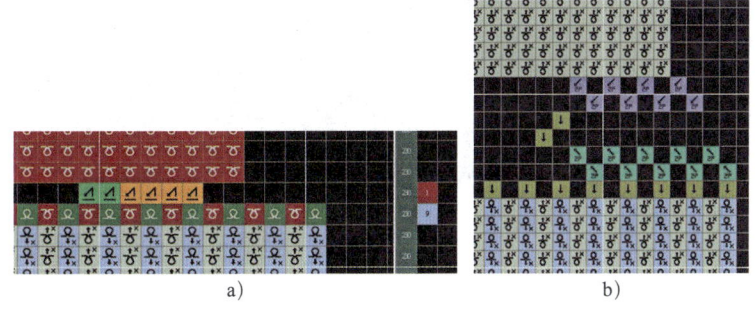

图 2-1-113 罗纹并针

a) 罗纹并针设置　b) 罗纹并针拆分

使用制版软件相关工具绘制纬编并针组织

步骤 1　确定并针针数

打开花样,通过圈选工具确定并针针数为左右各 25 针,如图 2-1-114 所示。

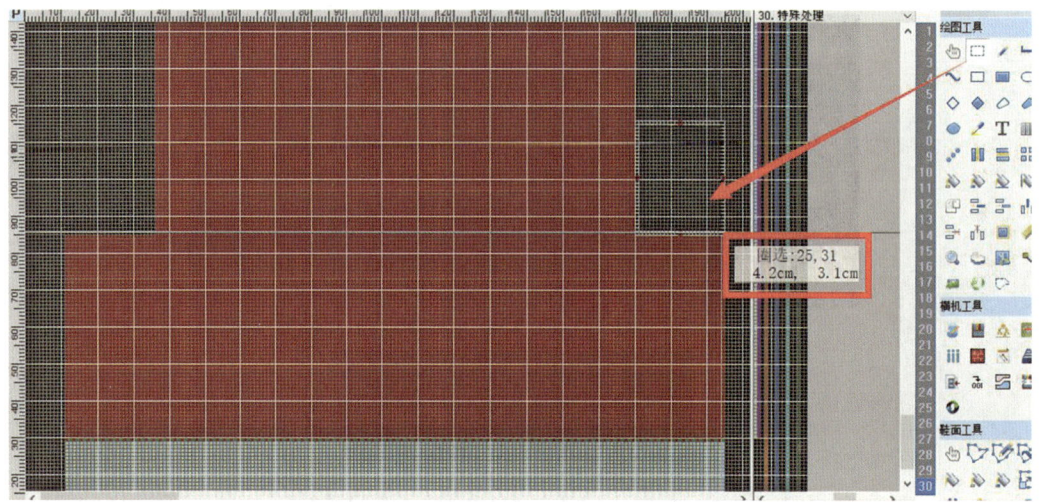

图 2-1-114 确定并针针数

步骤 2 绘制并针色码

绘制并针色码，并针针数合计左右各 25 针，如图 2-1-115 所示。

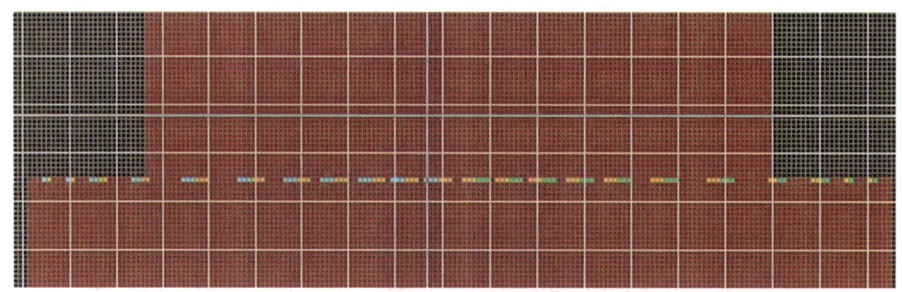

图 2-1-115 绘制并针色码

步骤 3 功能线并针方式设置

在功能线 230 第一列设置并针方式为折叠模式，如图 2-1-116 所示。

图 2-1-116 设置并针方式

步骤 4 编译

保存并编译花样，如图 2-1-117 所示。

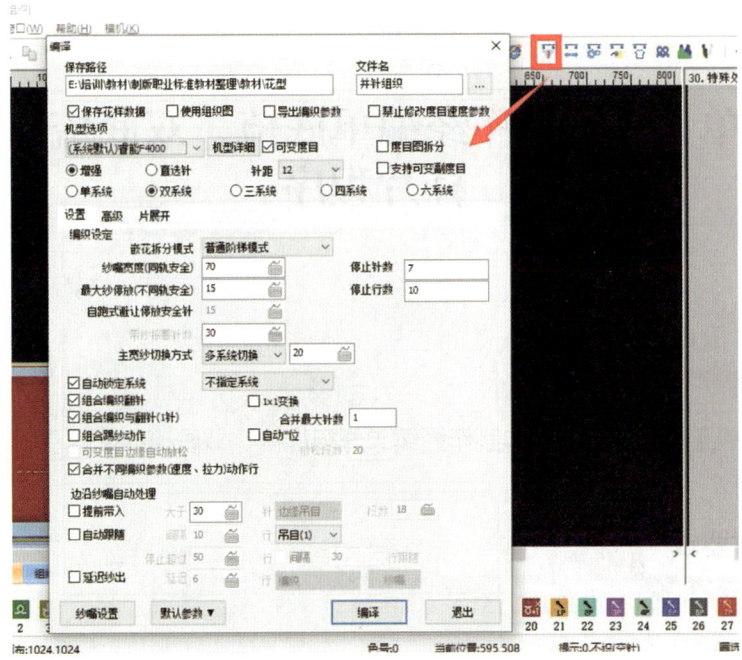

图 2-1-117　编译

步骤 5　查看结果文件

查看编译结果文件并发送文件到 U 盘，如图 2-1-118 所示。

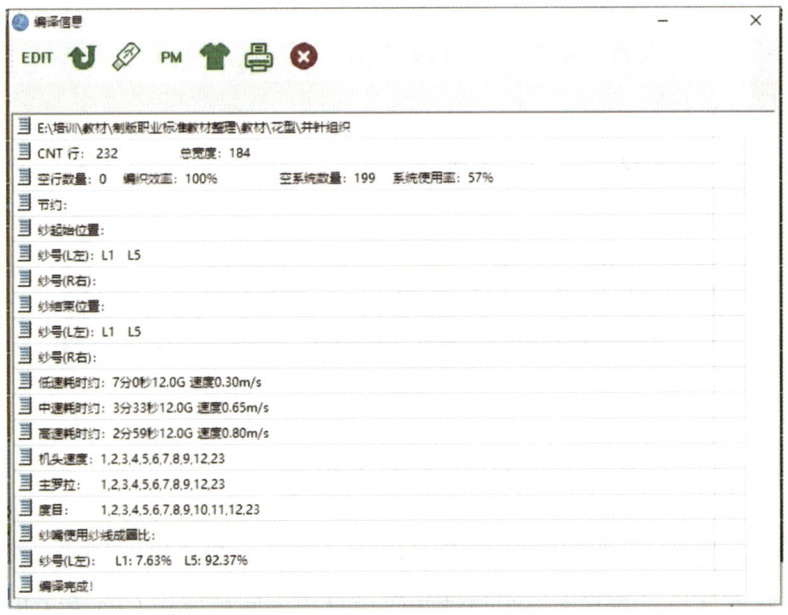

图 2-1-118　查看结果文件

学习单元5 制作经编单底梳、双底梳组织的样片程序

掌握在经编 WKCAD 软件中制作经编单底梳样片、双底梳样片程序的方法。

一、经编贾卡同向单底梳基本组织设定

在经编 WKCAD 软件中,设置经编贾卡同向单底梳基本组织参数。选择主菜单栏中的"工艺"→"垫纱数码",将单底梳成圈基本组织垫纱数码信息填入底梳梳栉 GB1 和 GB4,同时检查同向贾卡梳栉基本组织垫纱数码信息,确认无误后,点击"确定",保存设置,如图 2-1-119 所示。

图 2-1-119 单底梳基本组织设定

二、经编贾卡同向双底梳基本组织设定

设置经编贾卡同向双底梳基本组织参数。选择主菜单栏中的"工艺"→"垫纱数码",将双底梳衬纬基本组织垫纱数码信息填入底梳梳栉 GB1 和 GB6,原单底梳成圈基本组织梳栉为 GB2 和 GB5,同时检查同向贾卡梳栉基本组织垫纱数码信息,确认无误后,点击"确定",保存设置,如图 2-1-120 所示。

图 2-1-120 双底梳基本组织设定

制作经编贾卡同向单底梳、双底梳组织样片

步骤 1 单底梳工艺设定

（1）打开 WKCAD 软件，新建一个贾卡同向单底梳文件，在"花型参数设定"对话框中选择 RDPJ4/2 机型，输入工艺参数并确定，即可完成新建，如图 2-1-121 所示。

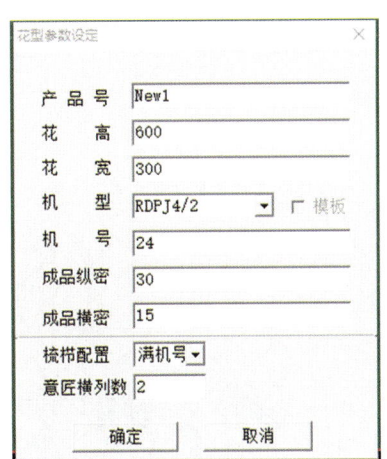

图 2-1-121 单底梳花型参数设定

（2）选择主菜单栏中的"工艺"→"垫纱数码"，输入单底梳垫纱数码信息和同向贾卡基本组织信息，点击"确定"保存设置。

（3）选择主菜单栏中的"工艺"→"穿经"，设定样片纱线根数和纱线种类，如图 2-1-122 所示。

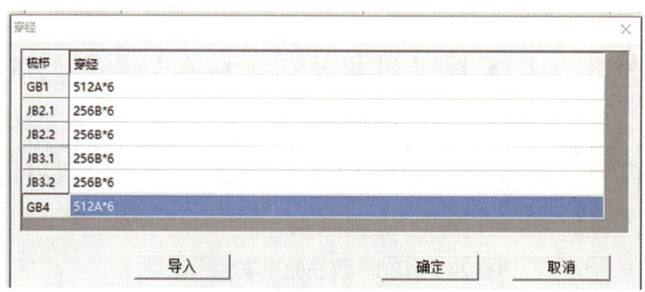

图 2-1-122 穿经参数设定

（4）选择主菜单栏中的"工艺"→"原料"，设定纱线颜色和细度等参数，如图 2-1-123 所示。

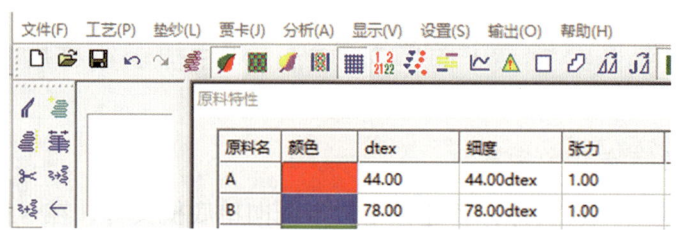

图 2-1-123 原料设定

（5）点击标准工具栏中的织物仿真图标 ▨ ，检查经编贾卡同向单底梳前针床的线圈结构仿真图，如图 2-1-124 所示。其中，红色为单底梳的开口编链线圈，蓝色为贾卡梳的二针闭口经编线圈。

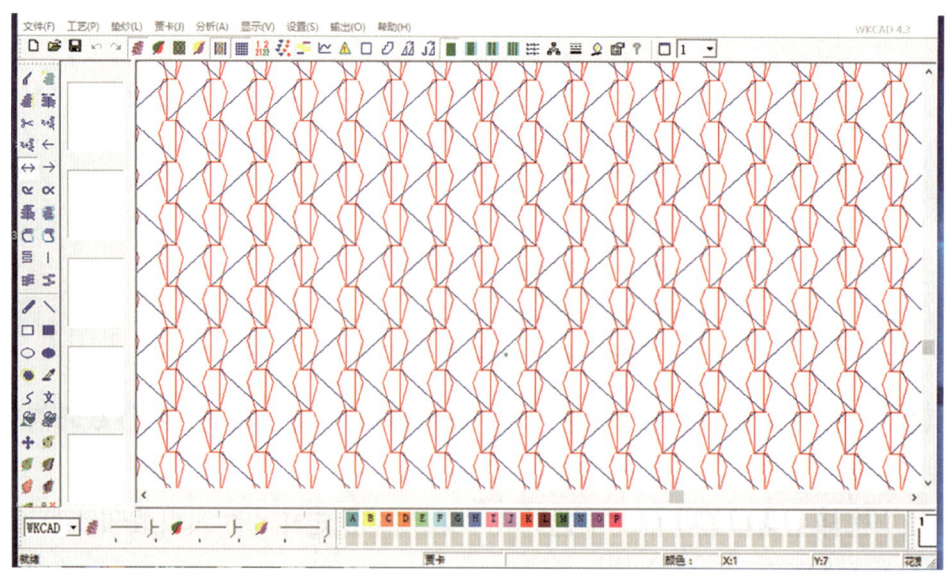

图 2-1-124 线圈结构仿真图

步骤 2 双底梳工艺设定

（1）新建贾卡同向双底梳文件，在"花型参数设定"对话框中选择 RDPJ6/2 机型，输入工艺参数并确定，即可完成新建，如图 2-1-125 所示。

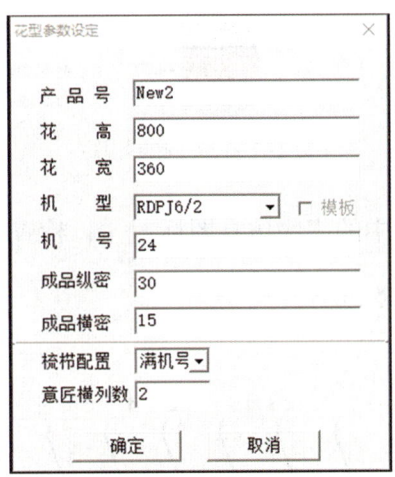

图 2-1-125 双底梳花型参数设定

（2）选择主菜单栏中的"工艺"→"垫纱数码"，输入双底梳垫纱数码信息和同向贾卡基本组织信息，点击"确定"保存设置。

（3）选择主菜单栏中的"工艺"→"穿经"，设定样片纱线根数和纱线种类，如图 2-1-126 所示。

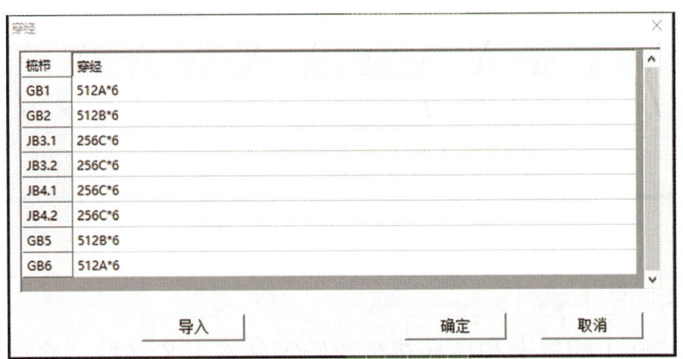

图 2-1-126 穿经设定

（4）选择主菜单栏中的"工艺"→"原料"，设定纱线颜色和细度等参数，如图 2-1-127 所示。

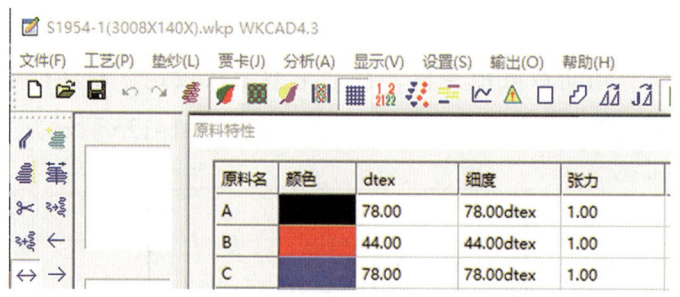

图 2-1-127 原料设定

(5) 点击标准工具栏中的织物仿真图标 ▦，检查经编贾卡同向双底梳线圈结构仿真图，如图 2-1-128 所示。

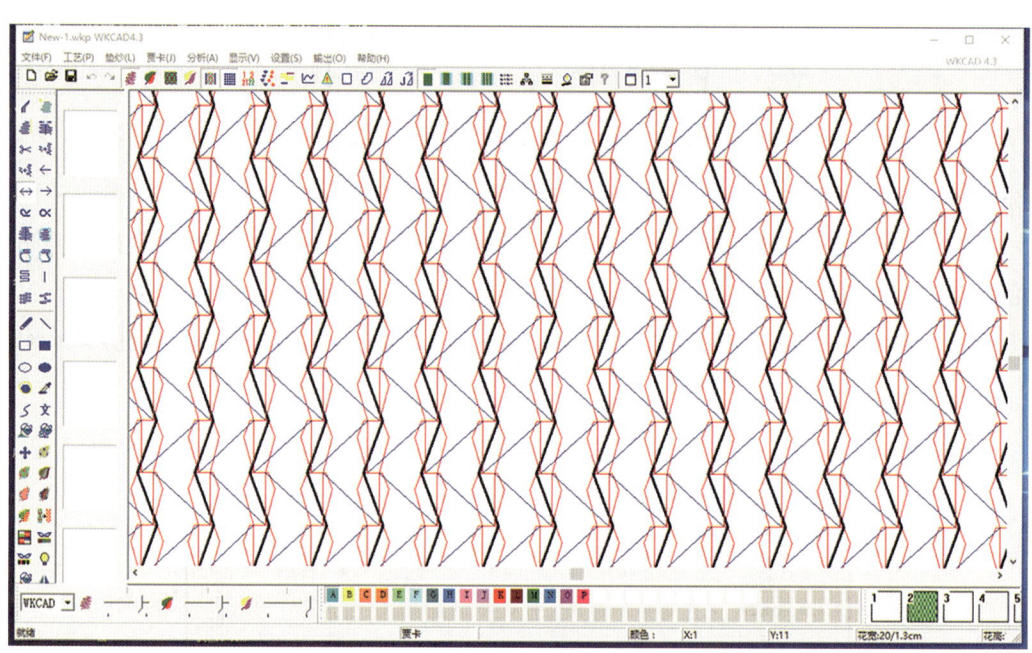

图 2-1-128 线圈结构仿真图

步骤 3 绘制贾卡组织

(1) 按照步骤 1 的贾卡和梳栉垫纱数码等基本工艺参数，检查线圈垫纱效应后，点击标准工具栏中的贾卡设计图标 ▦，进入贾卡意匠图界面。

(2) 使用贾卡组织定义色号。在第 1 贾卡界面即在织物前片上绘制贾卡组织意匠图区域，绘制贾卡薄组织（4 号色）或网孔组织（12 号色），如图 2-1-129 所示，可以根据来样实物进行分析，也可以自行设计贾卡组织图形。

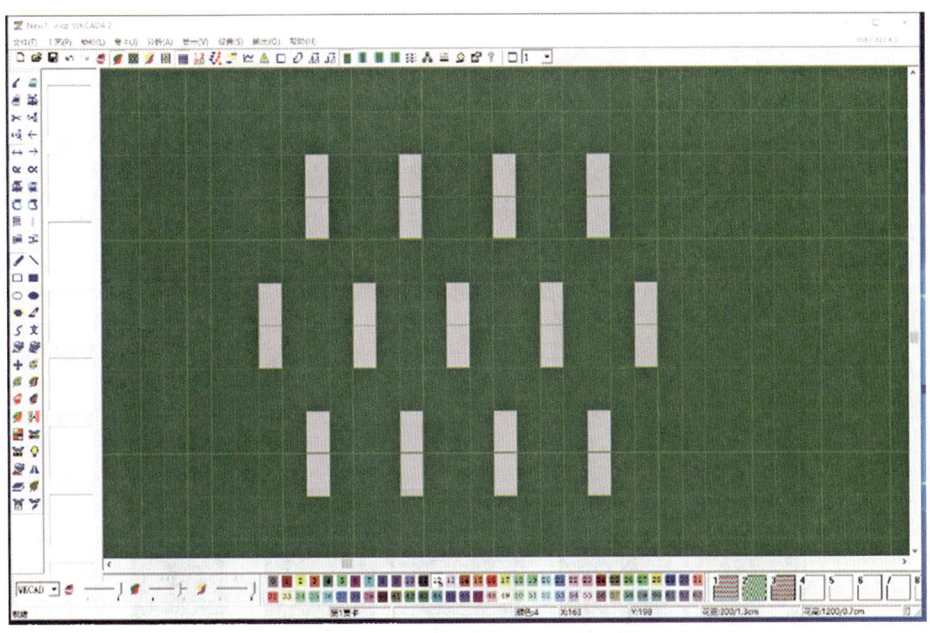

图 2-1-129 贾卡意匠图绘制界面

（3）绘制好贾卡图形后，点击软件界面左侧垫纱和贾卡工具栏中垫纱效应图标 ![图标]，即可在意匠图界面显示并查看贾卡梳栉横移垫纱运动情况，绿色贾卡薄组织（4号色）区域纱线横移为1针距，白色网孔组织（12号色）区域纱线横移为0针距，如图 2-1-130 所示。

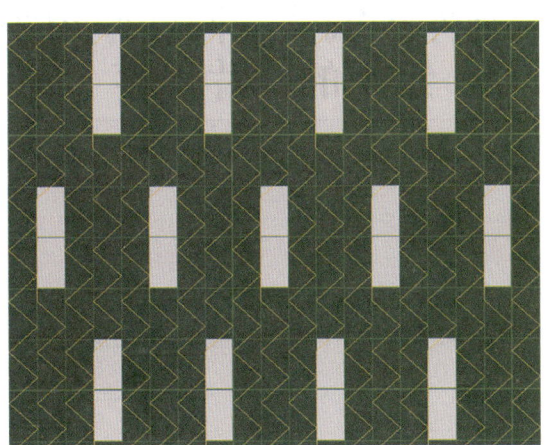

图 2-1-130 意匠图界面显示贾卡横移垫纱

（4）绘制好贾卡组织循环后，点击标准工具栏中的矩形图标 ▢，框选绘制好的贾卡组织循环区域，再单击鼠标右键弹出组织工具栏，点击"组织入库"后，输入组织名称，如图 2-1-131 所示，点击"确定"即可存储到软件的贾卡组织库中。

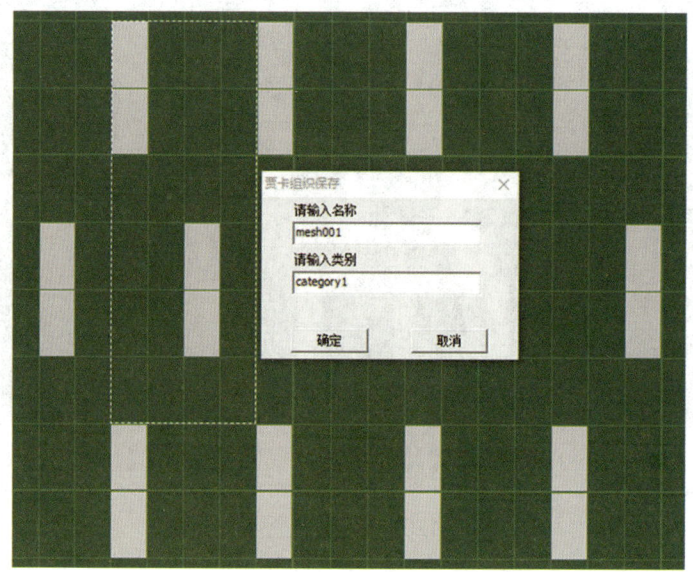

图 2-1-131　保存入库

学习单元 6　制作经编贾卡同向厚组织、厚缝合等组织的样片程序

掌握使用专用软件制作经编贾卡同向厚组织、厚连边组织和厚缝合组织的样片程序。

在经编 WKCAD 软件中，经编贾卡同向厚组织、厚连边组织和厚缝合组织的颜色定义如图 2-1-132 所示。其中，深红色在软件色板中定义为 1 号色，属厚组

织；橘色在软件色板中定义为 15 号色，属纵向侧面接缝处厚连边组织；玫粉色在软件色板中定义为 23 号色，属前后片厚缝合组织。

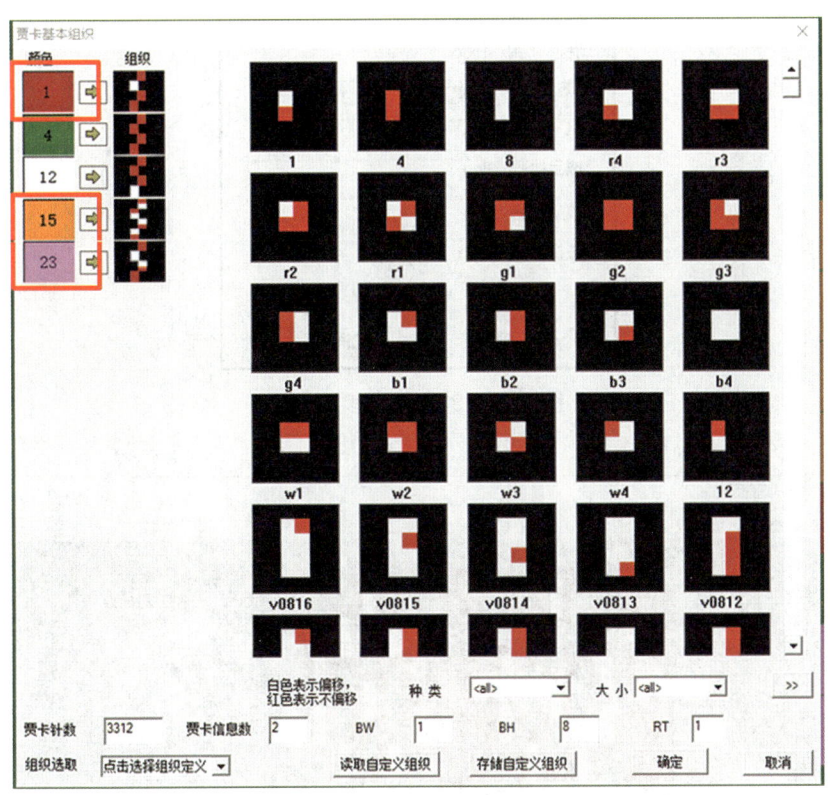

图 2-1-132　贾卡厚组织、厚连边组织及厚缝合组织色号

步骤 1　打开软件，新建文件

点击新建图标 ▯，建立一个新的 .wkp 空白文件，并在弹出的"花型参数设定"对话框中输入相关参数，如图 2-1-133 所示。

步骤 2　绘制贾卡同向厚组织

（1）绘制贾卡同向厚组织区域。使用软件界面左侧工具栏中的绘图工具，在设计区域绘制组织，可以结合薄组织和网孔组织设计带循环的几何图案，先在第 1 贾卡状态绘制，如图 2-1-134 所示。

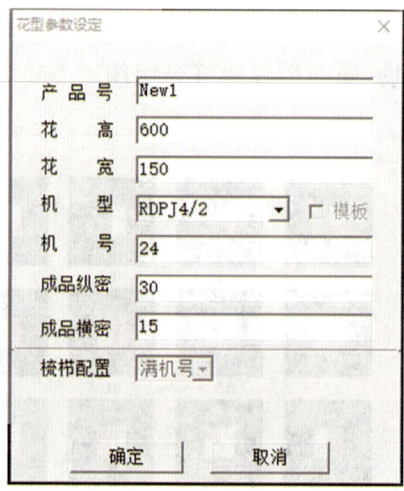

图 2-1-133　花型参数设定

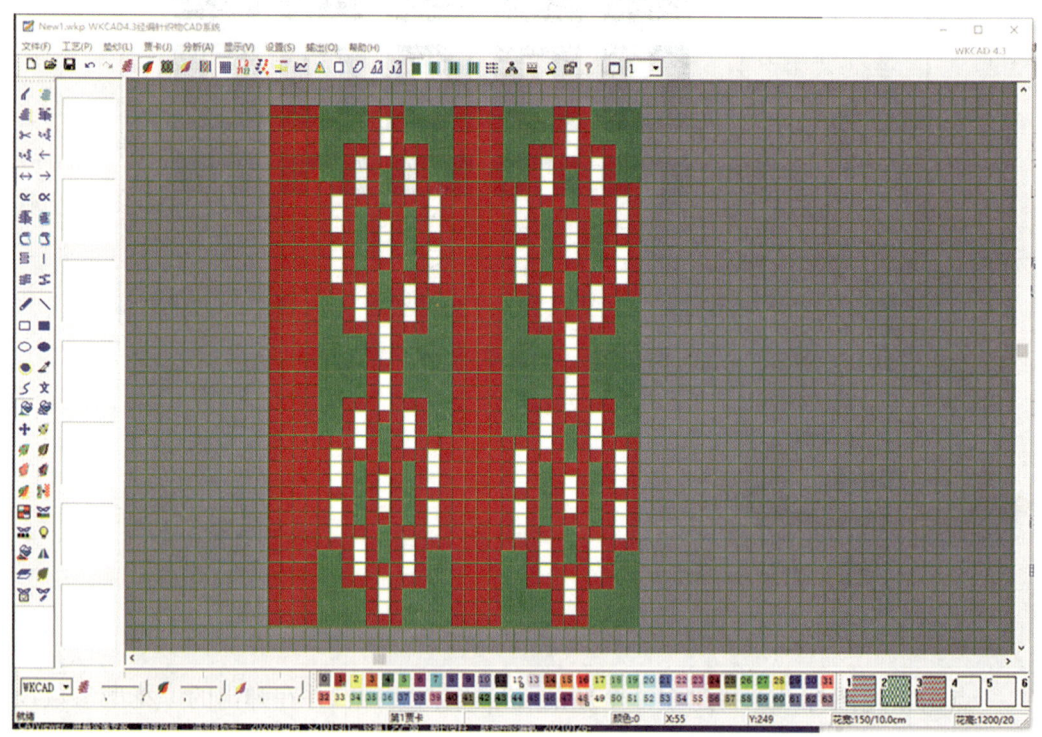

图 2-1-134　第 1 贾卡绘制界面

（2）绘制好贾卡组织区域后，点击标准工具栏中的"矩形区域"图标 □ ，框选绘制好的贾卡组织区域，再单击鼠标右键弹出组织工具栏，点击"组织入库"后，输入组织名称，如图 2-1-135 所示，点击"确定"即可将其存储到软件的贾卡组织库中。

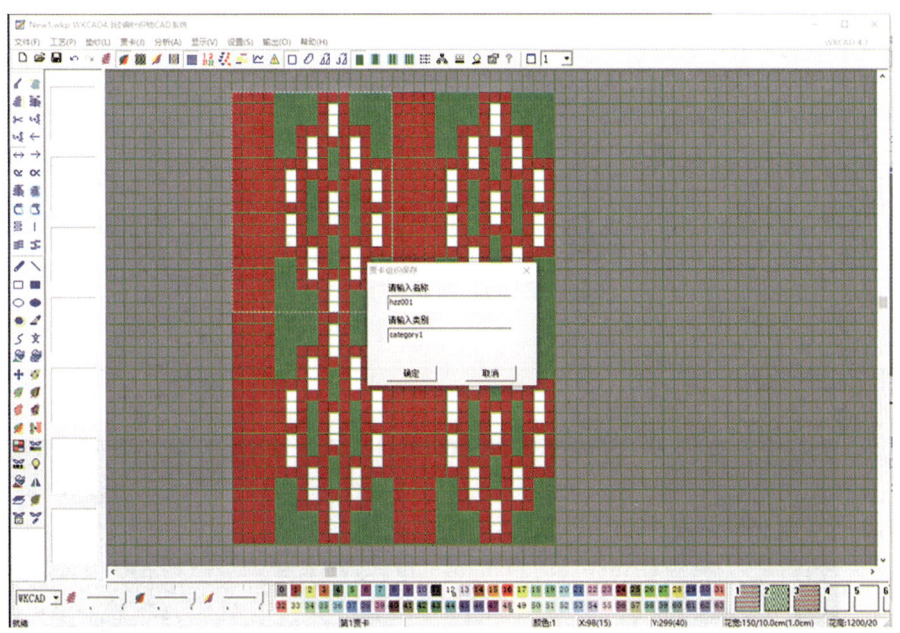

图 2-1-135　保存入库

（3）在左侧垫纱贾卡工具栏中点击填色图标 ，从软件界面下方的贾卡色块区选择第二排无定义颜色，如 48 号色 48 ，对整个第 1 贾卡区域进行填充。在完成填充后，单击鼠标右键弹出组织工具栏，点击"组织覆盖"，弹出贾卡组织覆盖工具栏，如图 2-1-136 所示。选择贾卡组织图案至对应颜色框的组织栏中，并

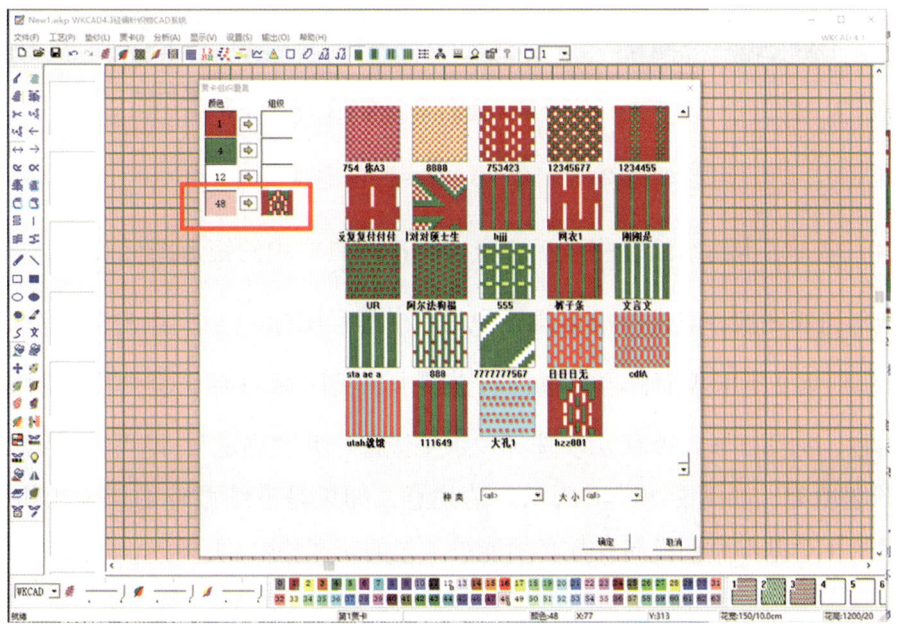

图 2-1-136　贾卡组织覆盖工具栏

确定，通过弹出的移动工具栏，如图 2-1-137 所示，完成第 1 贾卡组织图案填充，如图 2-1-138 所示。

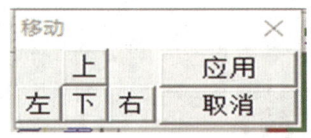

图 2-1-137　贾卡移动工具栏

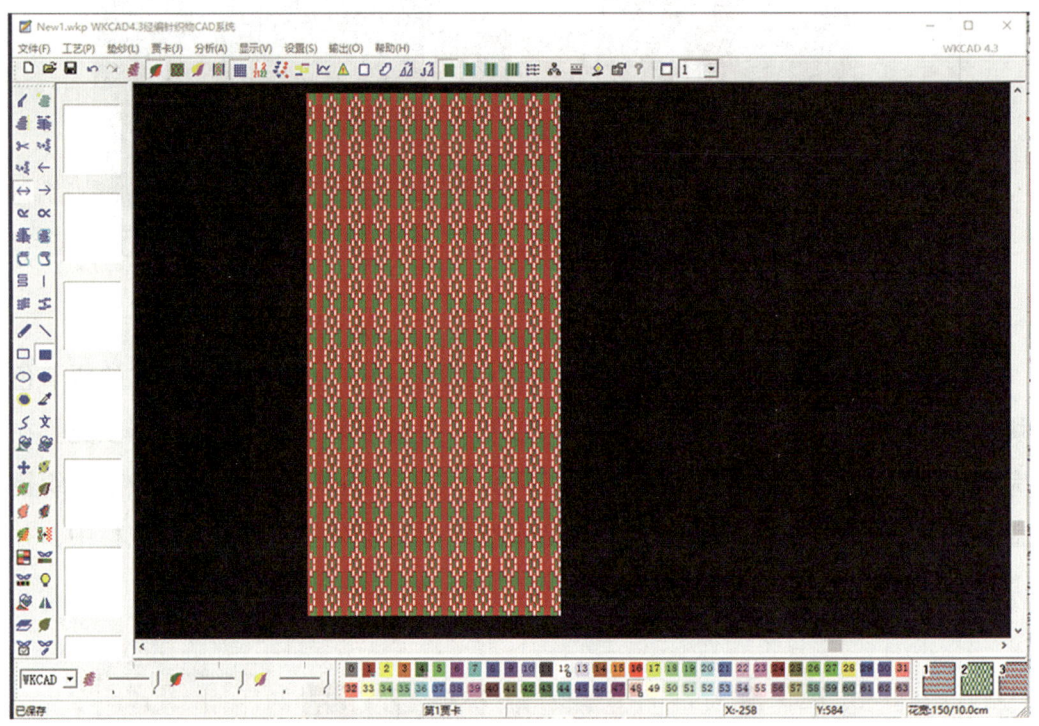

图 2-1-138　第 1 贾卡组织图案填充

（4）第 1 贾卡组织绘制完成后，点击标准工具栏中的矩形图标 ▫，框选第 1 贾卡全部组织图案，点击标准工具栏中的贾卡拷贝图标 ♫ 后，点击贾卡设计图标 ▨ 切换到第 2 贾卡界面，再用鼠标右击贾卡拷贝图标 ♫ 后，会弹出复制镜像方式工具栏，如图 2-1-139 所示。选择"水平镜像"并"确定"，即可完成第 2 贾卡组织图案填充，如图 2-1-140 所示。请注意，如果是连续循环的贾卡组织图案，该图案的 1 个基本循环横向针数必须能被工艺的花宽整除。

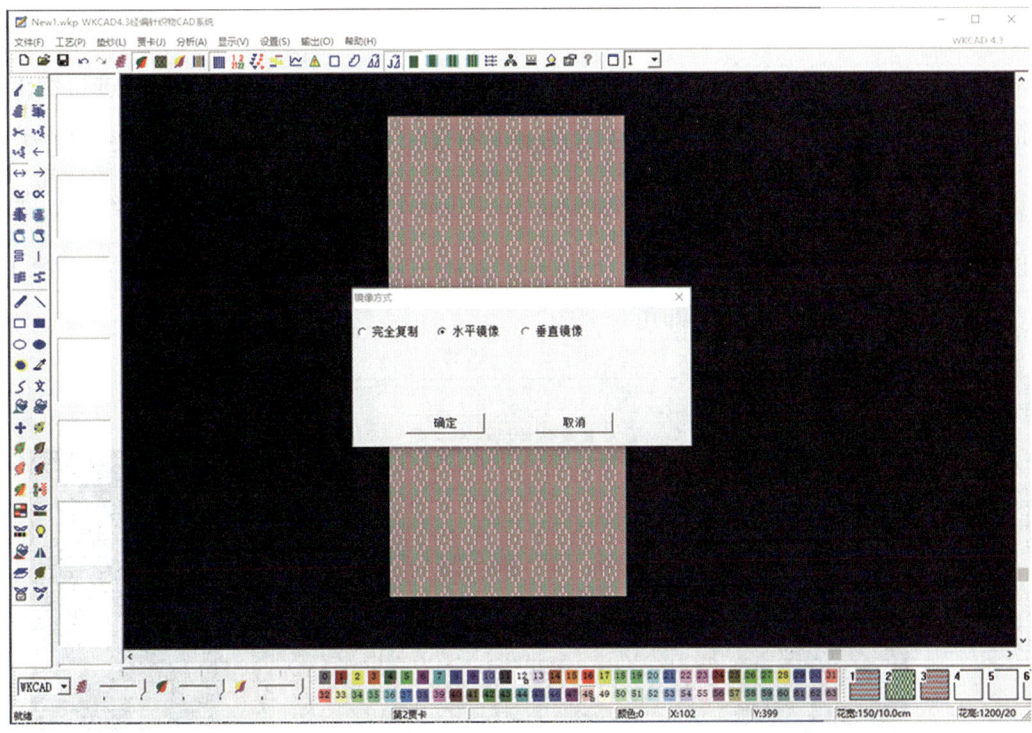

图 2-1-139　第 2 贾卡组织图案复制

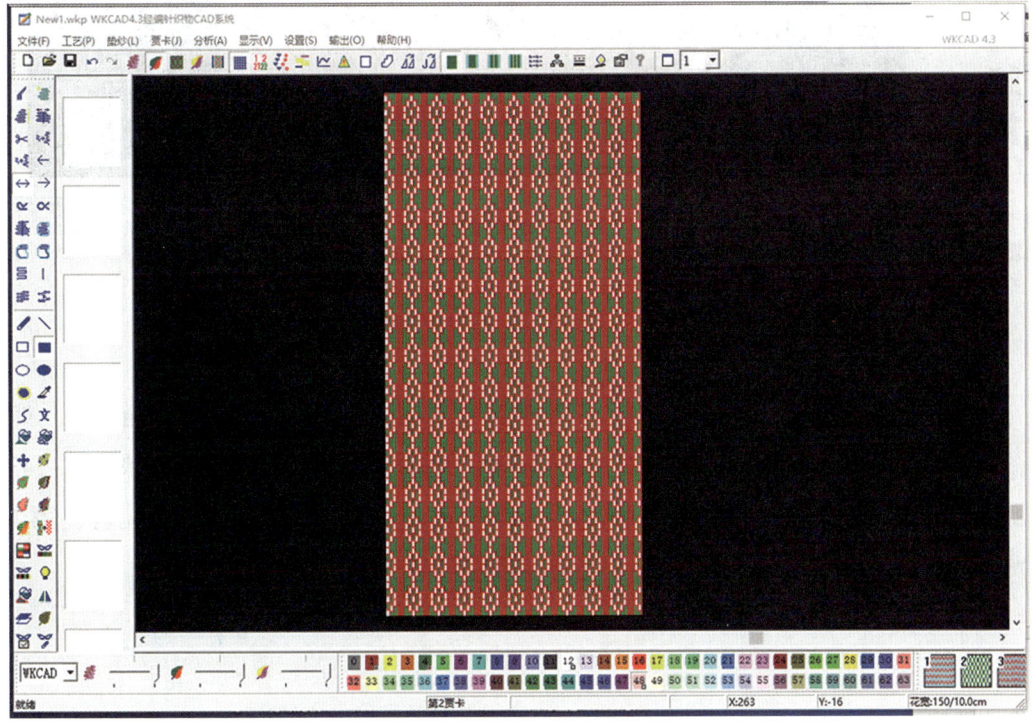

图 2-1-140　第 2 贾卡组织图案填充

步骤3 绘制贾卡厚缝合组织

切换到第1贾卡,在左侧垫纱贾卡工具栏中点击实心矩形图标 ■ ,进行贾卡厚组织色块绘制,再从软件界面下方的贾卡色块区选择23号色 23 即厚缝合组织,点击左侧垫纱贾卡工具栏中的曲线图标 S ,进行贾卡厚缝合组织的曲线绘制,如图2-1-141所示。如左右对称缝合曲线可绘制一半,另一半直接复制即可。第1贾卡完成后复制至第2贾卡即可。

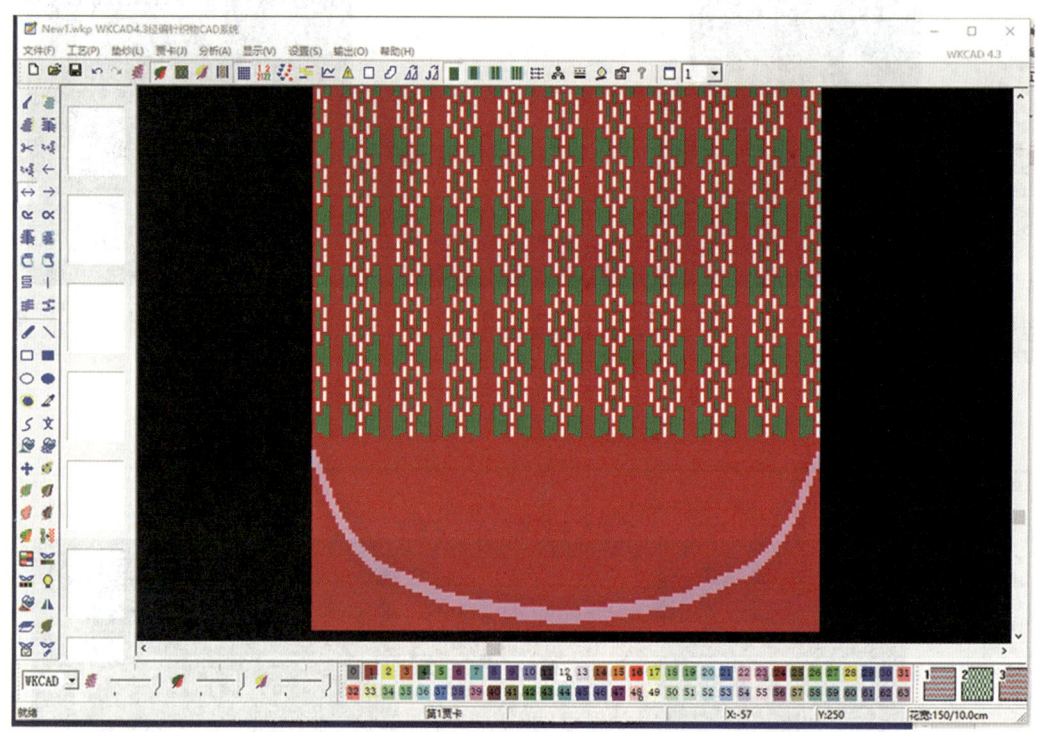

图2-1-141 第1贾卡厚缝合组织

步骤4 设置厚连边组织

在贾卡绘制主界面单击鼠标右键弹出组织工具栏,选择"自动连边",如图2-1-142所示,弹出中缝连边终止横列选框,输入相应参数并确定,如图2-1-143所示,即可完成侧缝自动连边。图2-1-144中黄色箭头所指之处为连边位置,第1贾卡连边在最右侧纵行,第2贾卡连边在最左侧纵行。

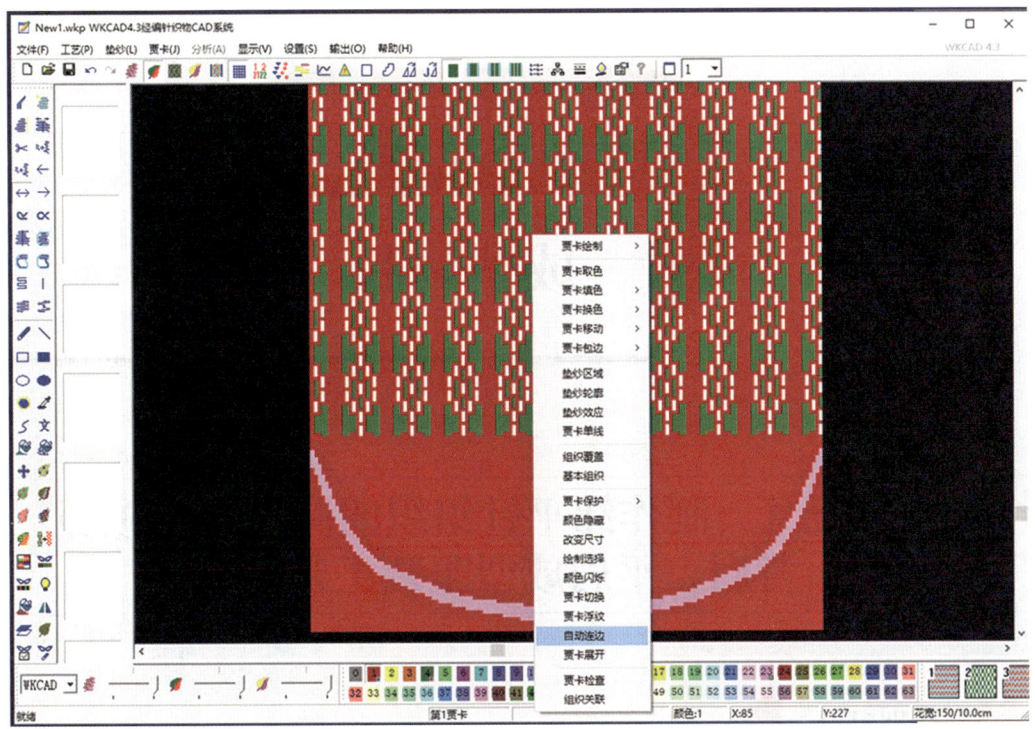

图 2-1-142　第 1 贾卡自动连动功能

图 2-1-143　中缝连边终止横列选框

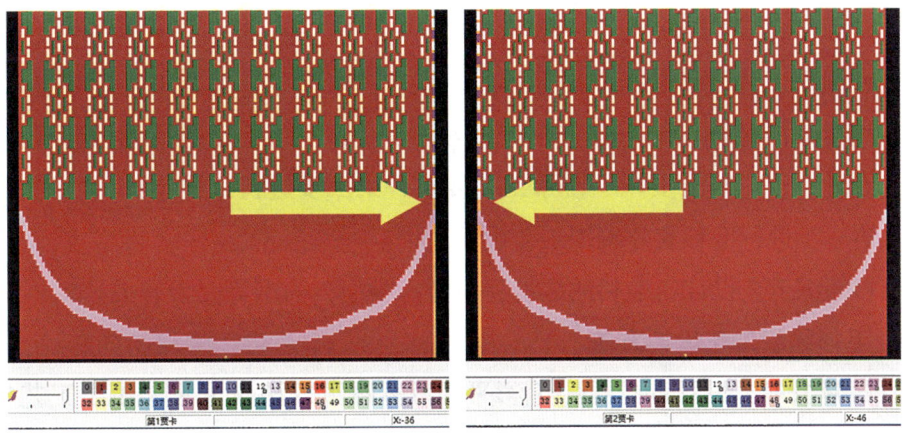

图 2-1-144　第 1 贾卡和第 2 贾卡连边位置

培训课程 2

成型制版

学习单元1 制作纬平针组织的圆领、V领等背肩、平肩成型服装工艺单

掌握制作纬平针组织的圆领、V领等背肩、平肩成型服装工艺单的方法。

一、毛衫编织工艺设计

毛衫编织工艺设计是指依据毛衫的款型、规格尺寸、编织工艺参数进行成型衣片编织设计的过程。编织工艺设计分为三个步骤：第一步进行毛衫套缝和后整理工艺设计，得出缝合要求、洗水工艺要求；第二步进行试样制作得出编织工艺参数；第三步进行毛衫衣片编织工艺设计。

毛衫编织工艺设计与毛衫的领型、肩型、腰型、袖型等因素有关。

1. 毛衫编织工艺设计方法

毛衫编织工艺设计的依据是毛衫平面款式图、规格尺寸表、编织工艺参数，在设计过程中需要将毛衫平面款式图进行结构分解，分解成有一定廓形的各个衣片及附件，配以相应的各部位尺寸，使用编织工艺参数计算出各部位的针数和转

数，设计成编织工艺步骤。

（1）尺寸设计法。尺寸设计法适用于传统款型、简单款型的毛衫。对于这两类毛衫，由于衣片结构简单，可以根据各部位尺寸和工艺参数直接进行计算与设计，最后汇总为编织工艺单。

（2）样板设计法。样板设计法适用于款式较为复杂的毛衫。时尚毛衫款式复杂多变，需要使用服装制图法、立体裁剪法将毛衫效果图或平面图转换成各衣片的样板，再根据样板和工艺参数进行计算和设计。

2. 毛衫设计中的基本知识

（1）毛衫的设计和计算一般以衣片为对称进行数据编写，因此工艺单中是衣片一侧外轮廓的数据；当衣片不对称时则分开编写。

（2）毛衫前片宽度一般大于后片宽度，以利于毛衫侧缝的整烫。全成型则前、后宽相同。

（3）胸宽、下摆、腰部、袖宽等部位需要度量其尺寸，这些部位应设计3～5 cm 高度的平摇段，以便于度量尺寸。

（4）在袖笼点、裤裆部位，为了穿着舒适，应该设计平收段，一般平收长度取1～3 cm。

（5）衣片编织设计顺序为后片、前片、袖片、附件。工艺计算一般先设计和计算横向最宽处、纵向最长处，按顺序类推。

（6）设计顺序一般遵循编织顺序，即自下而上。编织工艺计算中的横密、纵密是指毛衫衣片成品的横向、纵向密度。袖横密、袖纵密是指袖子成品的横向、纵向密度。

3. 衣片收放针设计原理、原则和方法

（1）收放针设计原理

收放针的设计就是将衣片的曲线分解为多段折线，对折线的水平与垂直方向长度进行针数与转数转换，换算成转数与针数配合的编织步骤的过程。毛衫外廓线分解后分为3种类型，分别为水平线、垂直线、斜线。如果线段为水平线则视为平收针；如果线段为垂直线则视为平摇；如果是向内倾斜线则视为收针，向外倾斜线则视为放针。每个线段都有长度，水平线和垂直线可以通过横密或纵密转换成针数或转数；斜线可以做水平和垂直辅助线成为一个三角形，其中的水平线长可转换成针数，垂直线长可转换成转数，针数与转数的比值则为收针规律。

例如，如图2-2-1所示，左图表示挂肩的曲线，其中 *AB* 段为挂肩长度，*BC*

段为挂肩高度。中间图表示将曲线 AB 分解为 AD、DE、EF、FG、GB 五段线段组成的折线 ADEFGB，其中 AD 段为水平线，BG 段为垂线，其他均为斜度不同的斜线。右图中将斜线 GF 进行水平和垂直分解，形成直角△GFH，在三角形中，HF 代表该段的收针数，GH 代表该段收针转数。在整个衣片设计中，任何曲线均可以按本例方法分成若干段线段，再分解成若干个直角三角形进行针数与转数设计。

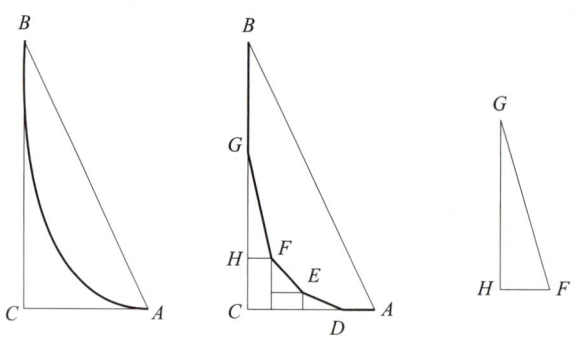

图 2-2-1　挂肩收针曲线分解

放针时将相当于收针的直角三角形倒过来，设计方法同收针设计。

（2）收放针设计原则

1）设计时应根据收放针部位、机号及外观要求设计每次收针的针数。

2）收放针的针数均为整数，收放针的转数为整数或 0.5 转的整数倍。

3）有夹花收针时，每次收针的针数应尽量相同，否则夹花不匀，影响美观。

4）在不影响衣片外观形状的情况下，收放针的规律应越少越好，从而确保较高的生产效率。

（3）收放针设计方法

收放针设计方法主要有直接分配法和方程式法两种。

1）直接分配法。直接分配法又称拼凑搭配法，是将收针针数和放针转数根据实践经验进行直接分配，得出分配结果为一段或多段式的收放针规律，写为：$n_1 \pm n_2 \times n_3$。

2）方程式法。方程式法即按工艺要求将收针或放针的分配方式用含有未知数的式子表示，然后再根据所需收针或放针的针数、转数列出多元一次方程式，并通过解方程式得出未知数的值，再将这些未知数的值代入含这些未知数的分配式中，得到实际收针或放针针数或转数。此法适用于每次收针或放针转数相近的分配情况。

（4）收放针方法说明

1）每次收放针针数（即 n_2 的值）的设计。每次收放针针数的设计以加放或收减宽度 0.5 cm 为依据，根据具体机型确定针数。

①腰节上、下部收放针及袖片放针：收放针的转数比收放针的针数大很多，每次收放针针数一般设计为 1 针，曲线细腻；细针机收针时，为了提高效率常设计为 2 针。

②挂肩部位每次收针针数：粗针机一般为 1 针，E7～E11 一般为 2 针，E12 及以上一般为 2～3 针。每次收针针数要考虑生产速度、夹花效果、操作难度等因素。

③领部收针针数一般根据领型弧度和机号而定，通常设为 1～3 针。每次收针针数太多会造成收针困难，也会使织物出现一个皱结。避免收多针出现皱结的方法是该段采用持圈收针。

④由于肩线斜度比较平坦，斜肩肩部收针针数较多，因此，一般采用持圈收针法。

2）确定循环数（n_3）。根据确定的每次收针针数，将该线段内应收的总针数除以每次收针针数可以得到循环数的值，即 n_3＝该线段内应收针的针数 $\div n_2$。循环数应为整数，如果出现小数时，可转换成多段收放针。

3）确定每次收放针的转数（n_1）。n_1＝该线段内的转数 $\div n_3$。

①当 n_3 为整数时，该段线段的收放针的规律可以直接写为：$n_1 \pm n_2 \times n_3$。

②当 n_3 为除不尽的数值时，则分成两段收放针。

二、衣片编织工艺设计

编织工艺以衣片各部位为模块进行设计，衣片分为下摆罗纹、下摆平摇、腰节收针、腰节平摇、腰节以上放针、挂肩以下平摇、挂肩收针、挂肩平摇、收肩、前后领开领等模块。毛衫衣片各部位形状与名称如图 2-2-2 所示。

1. 衣片各部位编织工艺设计

（1）下摆开针与罗纹编织设计

下摆罗纹是衣片编织的开始部分，罗纹编织完成后翻针即成为大身部分（双面类不用翻针），其交界线上的织针数即为大身下摆的起针数，这种做法简单、方便。下摆罗纹编织要求下摆罗纹与下摆宽度差异小，需要下摆罗纹开针数多，翻针后经过缩针成为大身针数。下摆罗纹常用的组织结构为 1×1 罗纹、2×1 罗纹、2×2 罗纹、圆筒，编织工艺设计时以成衣下摆尺寸、大身组织的横密计算出下摆总针数，再换算成罗纹的排针数。

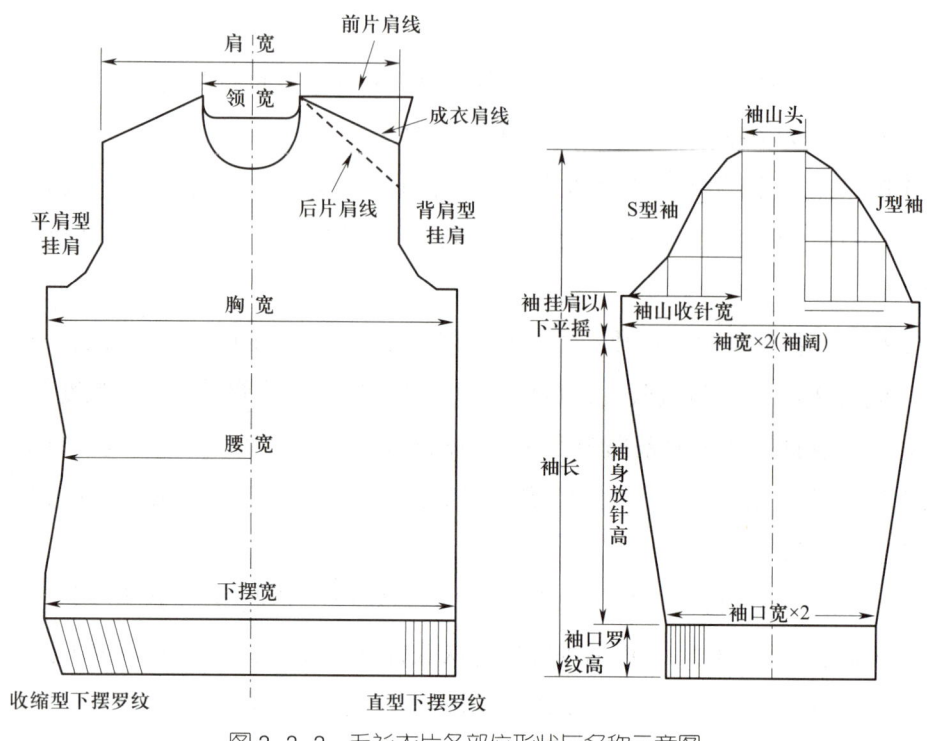

图 2-2-2 毛衫衣片各部位形状与名称示意图

1）下摆 1×1 罗纹组织的编织设计。

下摆开针数＝下摆宽度 × 毛坯横密 ×（1+回缩率）+缝耗针数 ×2

（采用毛坯密度时）

下摆开针数＝下摆罗纹宽度 × 大身横密 × 加放率+缝耗针数 ×2

（采用罗纹宽度时）

下摆开针数＝下摆宽度 × 大身横密 + 缝耗针数 ×2 （采用成品密度时）

其中，毛坯横密是指衣片下机经揉缩等简单回缩处理后所得相对稳定的衣坯密度。横密、纵密是指成品横向、纵向密度，是经过全工艺洗水、缩绒处理后得到的成品稳定密度。回缩率是指毛坯至成品所需的回缩程度，不同的原料、组织、编织密度的回缩率有较大差异。加放率是指下摆尺寸采用下摆罗纹的尺寸、罗纹排针采用直接转换法时，下摆罗纹尺寸转换至大身下摆尺寸所需的加放度。不同的原料、下摆组织、编织密度、下摆罗纹高度和加弹与否均会导致加放度产生较大的差异。回缩率、加放率在设计中以经验取值。

1×1 罗纹循环数为 2 针，下摆开针数应根据编织的习惯、织物组织和缝合要求进行修正。排针方式有面包底、底包面、斜角等，其中正面针床排针比反面针床排针多一针即为面包底。下摆开针数大多修正为奇数，这样容易计算工艺。

1×1罗纹组织面包底排针如图2-2-3所示。

①直接换算法，即下摆罗纹的开针数等于大身下摆的针数。

②快放针法。快放针又称连放针、跑马针。在编织套衫时，为获得较好的下摆或袖口式样，罗纹排针数可以比大身少排4～6针，即每边快放针数为2～4针。快放针在翻针后常采用1转放1针，连放2～4次的方法，具体应根据成衣工艺方法与坯布结构而定。为使产品穿着舒适或下摆收缩感强烈，常用快放针法快速增大下摆尺寸。此时的下摆罗纹排针数计算方法如下：

下摆罗纹排针数＝下摆宽度 × 横密＋缝耗针数 ×2－快放针数 ×2

③缩针法。下摆罗纹除圆筒组织外，罗纹组织编织后都会发生收缩，缩率大时会使下摆皱缩、两侧凸出，影响美观。下摆编织采用罗纹多开针，翻针后向内均匀缩针，可以达到罗纹与大片宽度平直的效果。

2）下摆2×1罗纹组织的编织设计。

下摆排针数＝下摆宽度 × 横密＋缝耗针数 ×2

2×1罗纹为2隔1排针，循环数为3，开针数的计算值应修正为3的整数倍，以使条数完整。2×1罗纹组织面包底排针方式如图2-2-4所示。2×1下摆罗纹快放时取值与1×1罗纹基本相同。

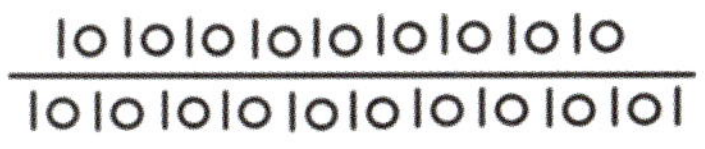

图2-2-3　1×1罗纹组织面包底排针示意图 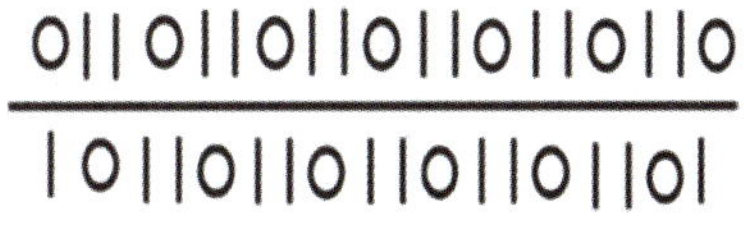　　图2-2-4　2×1罗纹组织面包底排针示意图

3）下摆2×2罗纹组织的编织设计。

下摆排针数＝下摆宽度 × 横密＋缝耗针数 ×2

2×2罗纹为2隔2排针，循环数为4，前、后针床罗纹条数＝开针数 ÷4，因此开针数应做修正，其值应为4的整数倍，或正、反面进行排针配合。2×2罗纹组织面包底排针如图2-2-5所示。

4）圆筒下摆的编织设计。成型服装除了用罗纹下摆以外，女装产品常用圆筒组织做下摆，圆筒下摆高度一般为1～3 cm。排针使用针对针（针槽相对）或斜角（针槽相错）的方式。针槽相对排针如图2-2-6所示。

下摆开针数＝下摆罗纹开针数＝下摆宽度 × 横密＋缝耗针数 ×2－
　　快放针数 ×2

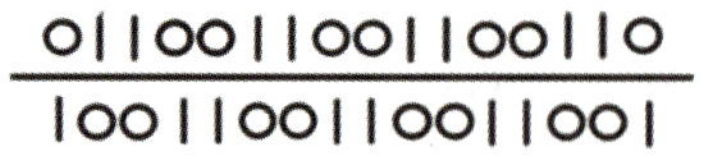

图 2-2-5 2×2罗纹组织面包底排针示意图 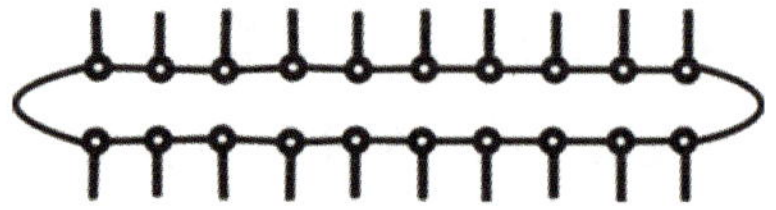   图 2-2-6 圆筒组织针槽相对排针示意图

5）空转设计。为了使罗纹下摆边缘饱满、圆顺、光洁、美观又有弹性，可在起底横列编织后进行起底空转设计，主要形式有0.5、1、1.5、2、2.5转等。细针机多采用1.5转，粗针机常采用1转。如空转1.5转时，织物正面多织0.5转，边口略微凸起，使其视觉饱满。下摆罗纹常用排针方式与编织要求见表2-2-1。

表2-2-1 下摆罗纹常用排针方式与编织要求

组织名称	机型	用途	循环数	排针方式	排针示意图	空转织法	密度
1×1罗纹	粗针机	下摆	2	正板多1针	正板 |O|O|O| 反板 |O|O|	正1转或正1.5转	正面略松
		不翻口袖口		正板多1针	正板 |O|O|O| 反板 |O|O|	正1转或正1.5转	正面略松
		翻口袖口		反板多1针	正板 |O|O| 反板 |O|O|O|	反1转或反1.5转	反面略松
	细针机	下摆		正板多2针	正板 ||O|O|O|| 反板 |O|O|	正2.5转或正1.5转	正面略松
		不翻口袖口		正板多2针	正板 ||O|O|O|| 反板 |O|O|	正2.5转或正1.5转	正面略松
		翻口袖口		反板多2针	正板 |O|O| 反板 ||O|O|O||	反2.5转或反1.5转	反面略松
2×1排针	粗、细针机	下摆	3	底包面	正板 O|O|O|O|O|O|O| 反板 |O|O|O|O|O|O|O|	正1转或正1.5转	正面略松
		不翻口袖口		底包面	正板 O|O|O|O|O|O|O| 反板 |O|O|O|O|O|O|O|	正1转或正1.5转	正面略松
		翻口袖口		面包底	正板 |O|O|O|O|O|O|O| 反板 O|O|O|O|O|O|O|	反1转或反1.5转	反面略松
2×2排针	粗、细针机	下摆	4	底包面	正板 O||OO||OO||O 反板 |OO||OO||OO||	正1转或正1.5转	正面略松
		不翻口袖口		底包面	正板 O||OO||OO||O 反板 |OO||OO||OO||	正1转或正1.5转	正面略松
		翻口袖口		面包底	正板 |OO||OO||OO|| 反板 O||OO||OO||O	反1转或反1.5转	反面略松
圆筒	粗、细针机	下摆、袖口	1		正板 ||||| 反板 |||||		反面略紧

6)下摆罗纹转数计算。

下摆罗纹转数＝罗纹长度 × 罗纹纵密

圆筒下摆转数＝罗纹长度 × 圆筒纵密 ×2

（2）下摆平摇设计

下摆平摇转数＝下摆平摇高度 × 纵密

（3）腰节以下收针设计

收针方式设计方法适用于收腰型、放摆型的款式。

1）腰节以下每侧收针数计算。

腰节以下每侧收针数＝（下摆针数－腰宽针数）÷2

2）每次收针针数设计。为考虑收针效率与编织效果，通常按每次收针为 0.5 cm 计算，并按机型换算为针数。收针规律记为：n_1-n_2×n_3；其中"n_1"为每次收针转数，"n_2"为每次收针针数，"n_3"为循环次数，"-"意为收针，"×"意为循环。

腰节以下收针段一般收针转数较多、收针针数较少，可设为每次收 1 针，即 $n_2=1$，记为：n_1-1×n_3。细针机编织时也可设为每次收 2 针，以减少收针次数从而高编织效率。

3）腰节以下收针次数（n_3）。

n_3＝腰节以下每侧收针数 ÷ 每次收针针数

4）每次收针的转数（n_1）。n_1 不是整数时按两段法收针，此处按人体曲线特征，收针规律为先陡后平（先缓后急）。

n_1＝腰节以下收针转数 ÷（腰节以下收针次数 –1）

需要注意，此处为下摆平摇后的收针，收针方式为先收针后摇转。例如，如图 2-2-7 所示，设收针规律为 n_1-1×n_3，则收针针数、转数计算如下：

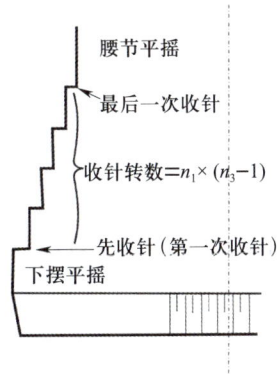

图 2-2-7　收针转数计算示意图

$$收针针数 = 1 \times n_3$$

$$收针转数 = n_1 \times (n_3 - 1)$$

（4）腰节部位平摇设计

$$腰节部位平摇转数 = 腰节平摇高度 \times 纵密$$

（5）腰节以上放针设计

放针方式设计方法适用于收腰型、收摆型的款式，收摆型放针自下摆至挂肩下平摇段。

$$腰节以上放针针数 = （胸宽针数 - 腰宽针数）\div 2$$

腰节以上放针次数根据机器的编织特点，设每次放针数为 1 针。

$$放针次数\ n_3 = 腰节以下每侧放针针数 \div 1$$

$$每次放针转数\ n_1 = 腰节以上放针转数 \div 腰节以上放针次数$$

注意，此处为腰节平摇后的放针，放针方式为先放针后摇转，记为 $n_1 + 1 \times n_3$。

（6）挂肩（夹圈）以下平摇转数计算

$$挂肩以下平摇转数 = 挂肩以下平摇高度 \times 纵密$$

（7）平肩/背肩型挂肩部位收针设计

平肩/背肩型挂肩部位收针情况如图 2-2-8 所示，AD 段为平收针，$DEFG$ 段为分段斜收针，GB 为挂肩无放针时的平摇，GK 段为挂肩有放针设计时的平摇，KB' 段为放针段。

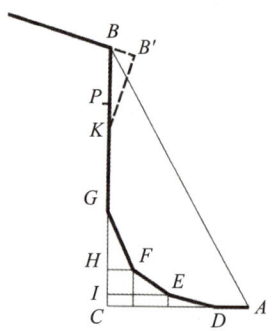

图 2-2-8 挂肩收针示意图

1）挂肩平收针设计。为了穿着舒适，应尽量使夹圈的圆弧度接近 U 形曲线，袖窿底部设计一段平收针，图中 AD 段为平收针长度，每边取值范围为 1～3 cm，可根据不同款式和规格尺寸来定。对于某些服装，考虑到款式的效果可不做平收针处理。

$$挂肩平收针针数 = 平收针长度 \times 横密$$

2）挂肩斜收针设计。在工艺设计中一般先设计后片的收针规律，再在此基础上设计前片。前片尺寸一般大于后片（有后折宽时），两者肩宽针数相等、挂肩收针数不等。

3）后片挂肩收针转数设计。

$$挂肩收针转数＝挂肩收针高度×纵密$$

后片挂肩收针高度取值设计有如下三种方法。

①比例设计法。

$$收针高度＝收针长度×挂肩收针比例系数$$

挂肩收针比例系数是指挂肩收针高度与收针长度的比例，用以保证挂肩收针曲线的适当性。

$$收针长度＝（胸宽－肩宽×肩宽修正系数）÷2$$

②三分设计法。根据服装袖窿结构特点，收针高度设计为挂肩高度的1/3左右，即图2-2-8中的 G 点在挂肩高 BC 的1/3处。根据不同版型可以适当向下调整 $0\sim2$ cm。

③经验取值法。收针高度可以按经验取值，一般男衫为 $7\sim9$ cm，女衫为 $6\sim8$ cm，童衫为 $5\sim7$ cm，具体需根据产品号型取值。

4）后片挂肩收针针数计算。

$$后片挂肩收针针数＝（胸宽针数－肩宽针数）÷2$$

5）后片挂肩收斜针次数计算。

$$后片挂肩收斜针次数＝（后片挂肩收针针数－挂肩平收针数）÷每次收针针数$$

6）每次收针针数设计。挂肩收针段曲线下平上陡，曲线较平处每次收针针数多，曲线较陡处每次收针针数少。典型设计时挂肩处有夹花收针，因此设计为每次收针针数相同，或与两端不夹花收针数不同的组合。每次收针针数的设计要根据机号、收针速度（效率）和外观要求确定，尽量取一个定值，方便操作。如粗针机每次收1针，中型机号每次收2针，12针及以上每次收2针或3针。

7）后片挂肩每次收针转数。

①无平收针设计时，挂肩处的收针采用先收针的方法，故后片挂肩收针次数应减去1。

$$后片挂肩每次收针转数＝后片挂肩收针转数÷（后片挂肩收针次数－1）$$

②有平收针设计时，为先摇转再收针。

$$后片挂肩每次收针转数＝后片挂肩收针转数÷后片挂肩收针次数$$

8）收针规律设计。收针规律的设计方法有作图法和比例折线法两种。

①作图法。按服装制图法在纸上以1∶1的比例画出袖窿收针高度与收针宽度，做出收针曲线图，在收针曲线上作2～3个点，将曲线分成3～4段折线。过点做水平、垂直辅助线，形成多个直角三角形。在图中直接量取各三角形高和宽的尺寸，转换成针数与转数，解出各段的收针规律，按先后顺序以先平后陡的轨迹排列，即得出收针规律。

②比例折线法。比例折线法又分为二三四法和三七法。二三四法是将 GD 曲线分成三段折线，如图2-2-8所示，取 CG 收针转数按 $CI∶IH∶HG=2∶3∶4$ 的比例划分，将针数分为三份，形成三个直角三角形，转换成针数与转数后，解出 DE、EF、FG 的收针规律，按先平后陡的原则汇总合并成收针规律。三七法是将 GD 曲线分成两段折线，取纵向两段比例为3∶7，横向比例为1∶1，组成两个三角形，可以快速解出3～4个收针规律，略作调整即可。

9）前片的挂肩收针设计。通常做法是在后片的基础上按上述方法进行收针次数调整，不再单独设计。

前片由于后折的关系比后片多1～2 cm的针数。前片比后片多出的针数，设计在挂肩收针规律的第一段、第二段中增加收针次数，将多余的针数收完。其他剩余的部分规律如挂肩以上平摇、收肩，可以设计成与后片相同。当有精细要求时，挂肩收针规律可以参照后片的计算方法进行重新设计。前片比后片多织几次收针的转数，约折合为0.5～1 cm，合肩后使肩缝线可以折后整烫。在特殊情况下，也可以前、后片挂肩收针转数相同。

（8）挂肩以上平摇设计

1）挂肩以上无放针设计。挂肩收针结束后进行平摇编织，直到外肩点。平摇段较长，既可以提高编织速度，又符合针织组织结构的延伸性特点。由于袖子的拉力，平摇段形成的直线在装袖后会使肩部变宽，视觉上会形成劈势的弧线。

$$挂肩平摇转数 = 挂肩总转数 - 挂肩收针转数$$

2）挂肩以上有放针设计。如果采用无袖型、肩带加固型或有上胸宽设计时，则在挂肩高度的上部1/2～1/3段 K 点处开始放针处理，放针速率为每次放1针。放针结束后至少平摇2转，以保证放针的稳定性，如图2-2-9所示。

（9）挂肩缝合记号点设计

为使上袖准确，应在挂肩的平摇段至少设计一个记号点，用来与袖子对位。平肩/背肩型的袖子为平袖型，即袖山顶部有平位，与袖山的收针段之间有一个明显点，可利用此点进行上袖对位，如图2-2-10所示。衣片编织到图2-2-10中的P点位置时，在最边缘的2个线圈做1绞1处理或做一个拉线，称为记号点。P点位置转数计算如下：

$$BP 的转数 = 袖山头宽度 \div 2 \times 纵密$$

$$GP 的转数 = 挂肩平摇转数 - BP 的转数$$

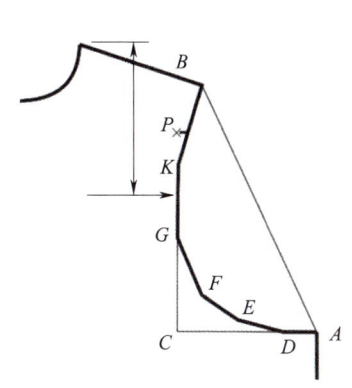

图2-2-9 挂肩放针设计示意图

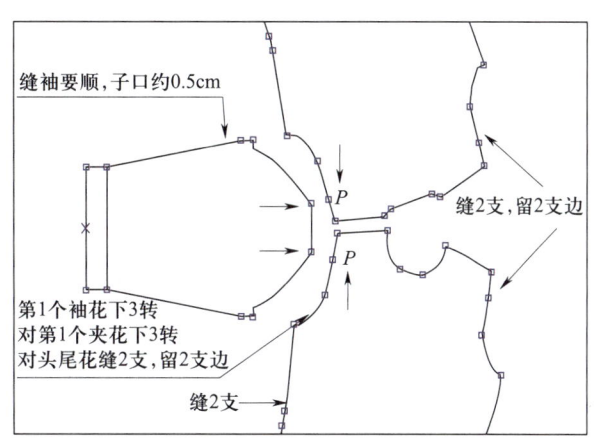

图2-2-10 缝合记号点示意图

（10）肩部收针设计

肩部收针设计是指计算肩部收针针数、收针转数、收针次数及收针编织规律。

1）肩部收针针数。

$$肩部收针针数 = (肩宽针数 - 领宽针数) \div 2$$

2）肩部收针转数。

$$肩部收针转数 = 肩斜高 \times 纵密 = 单肩宽 \times 肩斜系数 \times 纵密$$

3）肩部收针次数。

$$平肩型肩部收针次数 = 肩部收针针数 \div 每次收针转数$$

$$背肩型肩部收针次数 = 肩部收针转数 \div 每次收针针数$$

4）肩部收针编织规律。

①平肩型肩部收针编织规律。肩部收针针数相对收针转数较多，通常采用每转收一次，即：

$$每次收针针数 = 肩部收针针数 \div 收针转数$$
$$= (肩宽针数 - 领宽针数) \div 收针转数$$

当不能整除时，按照方程式法分成较为接近的两段式收针。

②背肩型肩部收针编织规律。背肩型前片肩部为水平线状，结束时直接采用

废纱封口。后片的肩斜较陡,收针时先根据机型和收花效果确定每次收针针数,然后采用无边或有边方式收针。

$$收针次数 = 挂肩收针针数 \div 每次收针针数$$

$$每次收针转数 = 挂肩收针转数 \div 收针次数$$

当转数不能整除时,按照方程式法分成较为接近的两段式收针,两段收针应先陡后平。

(11)前开领编织工艺设计

领子编织工艺设计的主要元素是领宽、领深和领型,设计内容主要包括典型的圆领、V 领及其他类型领等。

1)前领深转数。

①圆领。具体的领深尺寸要根据平面款式图标示的测量方法确定。

不含罗纹测量时:

$$前领深转数 = (前领深尺寸 - 领缝耗宽) \times 纵密$$

含罗纹测量时:

$$前领深转数 = [前领深尺寸 + (领罗纹宽 - 领缝耗宽) \times 2] \times 纵密$$

②V 领。

$$领深转数 = (领深尺寸 - 领缝耗宽) \times 纵密$$

2)前片圆领收针设计。圆领根据领深的变化分为浅圆领、正圆领、U 型领。领深尺寸约等于 1/2 领宽时称为正圆领;领深尺寸大于领宽的一半时称为 U 型领,高出部分设计为平摇;领深尺寸小于领宽的一半时称为浅圆领。

图 2-2-11 为圆领收针取点示意图,AA' 为领宽,AB 为领深,OB 为半领宽的对角线,OO' 为领对称线。圆领的领弧线与对角线相交于 C 点(圆领的凹势点);挖领领型 BC 长取为 $1/4\ OB$;翻领领型 BC 长取为 $1/3\ OB$,易于翻领。

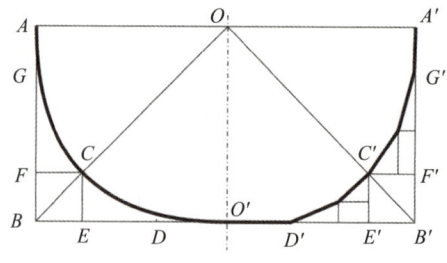

图 2-2-11 圆领收针取点示意图

图 2-2-11 左半边弧线为制图的领弧曲线,右半边为多段不同编织规律形成

折线组成的领弧线。如图左半边所示,领弧线大致由三段组成:领底弧形平坦段、倾斜段、垂直段。领底弧形平坦段可视为平收针段;倾斜段可视为三段或多段不同斜度的线段组队,称为斜收针;垂直段可视为平摇段。在弧形上至少有 D、C、G 三个特殊点,才能组成相应的领弧线。

①领底平收针设计。在弧形较平处取 D 点,DO' 即为领底平收针段,正圆领领型取值约为 $1/3 BO'$,或根据领型状而定。

②取特殊点 C、G。取对角线 OB 上的 C 点为特殊点,过 C 点作水平、垂直辅助线交 AB 于 F 点,交 BO' 于 E 点;取 G 点,使 GA 为领深 AB 的 $1/4$ 左右;连接 CD、CG,组成 $\triangle DEC$ 与 $\triangle CFG$。若想要领弧更加圆顺贴合领弧线,则如图 2-2-11 右半边表示,在左侧弧线上取多个点,过点作水平、垂直辅助线可组成多个三角形,从而解出多段编织规律。

③计算各段的转数与针数。OB 为角平分线,C 点位于 OB 的 $1/4$ 处,即 $BF=AB \div 4$、$BE=BO' \div 4$,根据纵密、横密计算 BF、FG、GA、BE、ED、DD' 段的转数与针数。

应根据 $\triangle DEC$ 与 $\triangle CFG$ 进行收针设计。例如 $\triangle DEC$ 中,DE 的长度表示为针数,EC 的长度表示为转数,每段可以采用方程式法分配成一或二段式收针,整体再进行统一修正得到收针规律,至少能得到 4 段收针规律。精确要求时可在领弧形上设定 2~3 个点,如图 2-2-11 右半边所示,作各点的水平、垂直辅助线得出多个三角形,解出各段收针规律,再进行修正。

3)翻领领型特殊点 C 取为 $1/3$ 点、挖领领型则取为 $1/4$ 点。

4)V 领领型开领收针设计。如图 2-2-12 所示,V 领领型可以视作一个 $\triangle OAB$,领弧线 BA 为一条直线。根据服装特点,领弧线 BA 下端 $1/3$ 处的 E 点应有一个凹势,取值范围为 $0.5~1$ cm;领子上端有 DF 平摇段,取为领深 $3~5$ cm。根据 E 点的位置可求出线段 BE、EF 的针数和转数,采用方程式法设计二段式收针,开领规律排列按先平后陡(先急后缓)。

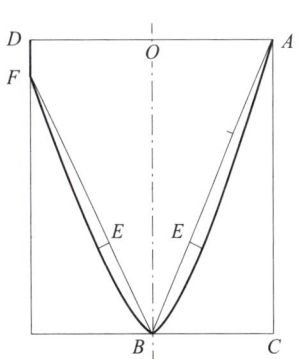

图 2-2-12 V 领收针示意图

(12)后领开领编织工艺设计

后领开领领深较小,一般为 2~2.5 cm,后领领深较大时可应用前圆领开领方法。后领开领领底平位较宽,开领领弧较平坦,使得领圈受力均衡,如图 2-2-13

所示。为了提高编织效率,通常采用持圈收针法(铲针),收针后废纱封口落布开领。

图 2-2-13 后领收针示意图
1—平摇段;2—斜收针段;3—领底平收针段

1)后领宽针数设计。

$$后领宽针数 = 领宽针数$$

2)后领深转数。

$$后领深转数 = 后领深尺寸 \times 纵密$$

3)后领开领收针设计。

①后领平位收针针数设计。

$$后领平位收针针数 = 后领宽针数 \times 后领平收针系数$$

由于后领收针曲线比较平坦,因此后领平收针系数设计为后领宽针数的 70%~80%。

②收针设计。平位收针后,剩余针数的一半即为后领每侧的收针针数。设计时为分段斜收和一段平摇。平摇的转数一般先取 1~3 转,具体需根据机型、后领深而定。

$$后领收针转数 = 领深转数 - 平摇转数$$
$$每次收针转数 = 后领收针转数 \div 收针针数$$

设计多段收针时,可以根据领弧线分段取点进行设计,或按经验直接进行多段斜收针设计。

(13)衣片校对

衣片设计结束后需要进行各部位的数据校对,尤其是衣长总转数的核对。衣片各部位的转数相加应该等于衣长总转数,若不相符则需要进行分段检查核对。

2. 袖片编织工艺设计

典型的毛衫袖型分为平袖型与插肩型,平袖型的形态如图 2-2-14 所示。

(1)袖长转数计算

1)平袖型袖子袖长转数计算。

$$袖长转数 = (袖长 - 袖口罗纹高) \times 袖长修正系数 \times 纵密 + 上袖缝耗$$

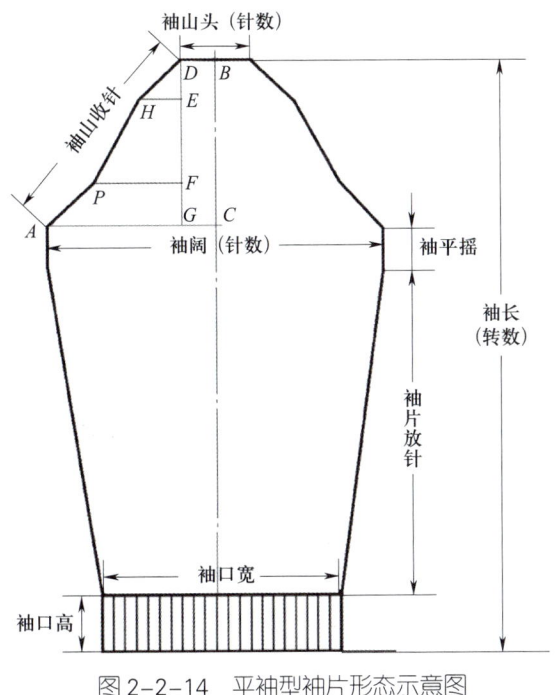

图2-2-14 平袖型袖片形态示意图

袖片编织时的排针数较身片少,所用横机的型号、纱线原料以及横机的弯纱深度都相同。在编织过程中,袖片所受的牵拉力使袖片纵向变形较大,再加上在缝合、缩绒等工序中,袖子所受到的还是纵向拉力,最终使得袖子成品产生"横紧、直松"现象,即袖子的横密比身片横密大1%~5%,纵密比身片纵密小2%~8%。为了使袖子满足成品规格的要求,在袖片工艺计算中,常取袖子横密比身片的横密大1%~5%,而袖子纵密比身片的纵密小2%~5%进行设计与计算。或者使用与大身相同的密度,在尺寸上进行修正,即将袖宽加大1%~5%,袖长减少2%~8%进行设计。上袖缝耗取1~2转。

2)斜袖型袖子袖长转数计算。

①袖长尺寸从袖口边量至后领口中心时:

袖长转数=(袖长尺寸 − 袖口罗纹长度 − 1/2 领宽 − 领边宽)× 袖子纵密 + 上袖缝耗

②袖长尺寸从袖口边量至领口缝缝时:

袖长转数=(袖长尺寸 − 袖口罗纹长度)× 袖长修正系数 × 袖子纵密 + 上袖缝耗

(2)袖口针数设计

确定袖口尺寸的方法有设计法和成衣测量法,两种方法有较大区别。

1）设计法。设计法是指在袖罗纹与袖片交接处测量袖口尺寸的方法，其尺寸为从大拇指骨第二节处绕掌一周的数值，再将此尺寸转换成袖口针数。

袖口针数＝袖口尺寸 ×2× 袖口修正系数 × 横密 + 袖边缝耗 ×2

袖口修正系数取值范围为 1.1~1.25。也可以用快放针（跑马针）设计。袖边缝耗是指袖片在袖宽处两侧缝合时的缝耗。

2）成衣测量法。成衣测量法是指成衣后由于罗纹的收缩，袖口尺寸难以在罗纹与大身交界处准确测定，因此以罗纹口或在罗纹中段测定袖口宽，再将所得的尺寸按经验系数（袖口修正系数）放大后得到袖口尺寸，再将此尺寸转换成袖口针数。

袖口针数＝袖口尺寸 ×2× 袖口修正系数 × 横密 + 袖边缝耗 ×2

袖口修正系数受到大身组织、袖口罗纹类型、弹力丝等因素影响，取值范围为 1.25~1.35。

（3）袖口罗纹转数计算

袖口罗纹转数＝袖口罗纹长度 × 成品罗纹纵密

（4）袖挂肩以下平摇设计

袖挂肩以下为保持袖子的肥度和度量的要求，需要设一定的平摇高度，通常平摇高度设为 3~5cm，具体数值需根据具体尺寸、款式确定。

袖挂肩以下平摇转数＝袖挂肩以下平摇高度 × 纵密

（5）袖山收针设计

袖山的收针设计要依据袖型来定。以平肩平袖型为例，袖山收针的设计需要考虑袖山高、收针针数、每次收针针数、上袖效果等因素。

1）袖山高设计。

①袖型分析。编织时，袖山圆弧的顶部弧度小，收针转数少，收针针数多，根据纬编线圈的长度可转移性，可将普通装袖型的袖山顶部设计成平顶，称为袖山头。

a. 裁剪类。图 2-2-15 所示为裁剪类服装袖山廓形，裁剪可使袖山曲线光滑、连续。

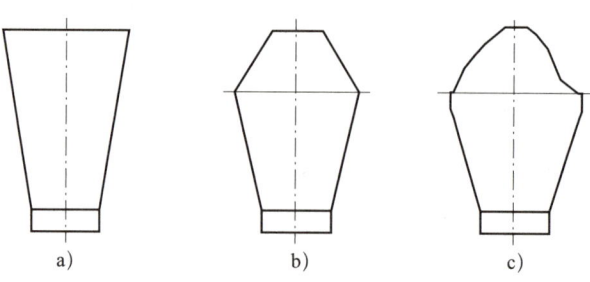

图 2-2-15　各袖型袖山示意图

a）直夹袖型　b）入夹袖型　c）弯夹袖型

b. 成型类。随着技术的进步，袖山的成型由直夹袖、入夹袖逐渐向弯夹袖（J型袖、S型袖）演变。

②袖山缝合对位分析。袖山与大身缝合关系如图2-2-16所示，将袖山头两侧的拐点（P'）作为一个对位点与大身P点对位缝合，图中PB等于袖山头宽度的一半。如图2-2-17所示，P点越低，则袖山头越宽，袖山越低，编织规律越简单，编织速度越快，但袖子上抬，贴体性较差，如图中位置3所示。反之，袖山头变窄，袖山增高，编织规律变得复杂，编织速度就减慢，而袖子中线下倾，袖型贴体性趋好，如图中位置2、1所示。

图2-2-16　袖子缝合关系图　　图2-2-17　袖与大片的对位示意图

③袖山高计算。袖山高以挂肩、袖宽、袖山组成的直角三角形进行计算。

$$袖山高 = \sqrt{挂肩^2 - 袖宽^2}$$

2）袖山头宽度设计。袖山头宽度需根据人体肩膀厚度、编织效率、袖山收针要求等进行设计，成人服装取值范围为7～9 cm，其他根据号型进行适当调整。袖山头宽度通常用挂肩高 × 缝合系数表示。缝合系数一般取值为35%～45%，表示为袖山头与挂肩的缝合度，具体需根据不同的实际情况设计。袖山头针数计算公式如下（两个公式均可）：

袖山头针数＝袖山头宽度 × 横密 + 袖边缝耗 × 2

袖山头针数＝挂肩高 × 缝合系数 × 横密 + 袖边缝耗 × 2

3）袖山收针转数计算。

袖山收针转数＝收针高度 × 纵密＝（袖山高 + 修正系数）× 纵密

修正系数取值范围为1～2 cm。

4）袖山收针针数计算。

每侧袖山收针针数＝（袖宽针数 − 袖山头针数）÷ 2

5）平袖型袖山收针设计。平袖型袖山收针包括一段直线收针（直夹袖）和多段折线收针（弯夹袖）。

①一段直线收针（直夹袖）。直线斜收是指袖上收针轨迹为直线收针，收针规律为一段式。图 2-2-16 所示的大身的 AG 段也为一段式收针，上袖成型后称为直夹袖。

②多段折线收针（弯夹袖）。多段折线收针是指袖山采用多段倾斜度不同的折线组合而成的收针轨迹。采用先平后陡再平的收针方式，根据其收针轨迹被称为 S 型袖山；采用先陡后平的收针方式，根据其收针轨迹被称为 J 型袖山。

a. S 型袖山收针设计。一般可以根据经验和试样的情况直接编写 S 型袖山收针规律，也可以按照正常服装袖子的样板进行选点分段计算编写。下面介绍 S 型袖山简便收针设计方法。首先按大身挂肩方法确定每次收针针数，需考虑大身与袖子的夹花效果相对应。然后如图 2-2-18a 所示，将每边袖挂肩收针针数、收针转数分为三段，横向三段收针针数的比例参考值为 $AK:KL:LB=3:2:3$，纵向三段收针转数的比例参考值为 $CG:GR:RB=2:3:2$。按比例计算针数、转数，修正为整数略作调整，各段针数、转数组成三个三角形 $\triangle NAK$、$\triangle MNH$、$\triangle CMG$。解出三个三角形的收针规律，按三段先平后陡再平的顺序汇总排列，即可得到 S 型袖山的收针规律。最后进行收针段调整。如有夹花收针要求时，需将下部、中间段设为有边收针，最高处调整 1~2 个较平的收针段，使袖山头削角收窄，这样上袖后平滑，袖山之处更为美观。调整段位于最上方，收针高度为 1~2cm，此段为无边收针。

b. J 型袖山收针设计。图 2-2-18b 所示为 J 型袖山，同 S 型袖山的收针方法，将横向 DE 段收针针数四等分，纵向 DF 段收针转数从下向上按比例 4:3:2:1 分为四段，各对应段组成四个三角形，逐个解出其收针规律，自下而上收针按先陡后平（先缓后急）的顺序进行汇总，在袖山头两侧调整收针规律，并进行削角处理即可。

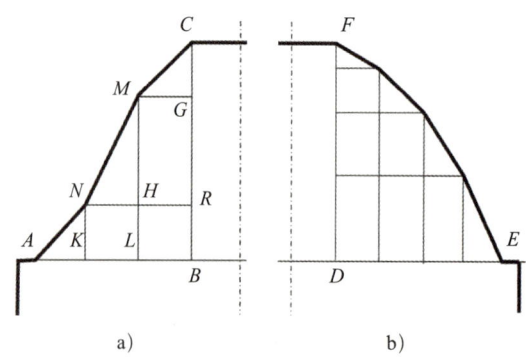

图 2-2-18 弯夹袖袖山收针示意图
a）S 型袖山　b）J 型袖山

平袖型袖挂肩收针结束后需要平摇 2 转，废纱封口，在废纱上袖中对位挑孔做记号。

（6）袖身放针设计

袖身是指袖口罗纹以上至袖挂肩以下平摇段之间的部段。

1）袖片放针针数计算。

$$袖片放针针数＝（袖宽针数－袖口针数）÷2$$

2）每次放针针数设计。由于袖片的放针转数比放针针数大很多，而在横机编织中同时放 2 针或多针比较困难，因此在普通放针部段多采用每次放 1 针的方法。

3）放针次数计算。袖口放针有三种方式，分别为快放针、普通放针（先放）、普通放针（先摇）。其中，快放针是指罗纹结束后织袖身时先 1 转放 1 针，并连续 2~3 次的操作方法。剩余针数与转数按普通放针的方法计算放针规律。

$$放针次数＝[（袖宽针数－袖口针数）÷2－每边快放针数]÷每次放针针数$$

4）袖身放针转数计算。

$$袖身放针转数＝袖长总转数－袖山收针转数－袖挂肩以下平摇转数－快放针转数$$

5）袖身每次放针转数计算。

$$袖身每次放针转数＝袖身放针转数÷袖身放针次数$$

以上公式除不尽时则分为两段式放针，放针轨迹先平后陡（先急后缓）。

三、大类产品附件设计

附件包含领条、门襟、口袋、带子等，附件设计主要指开针数和转数的计算与编织设计。领条、门襟、口袋及嵌条一般为横用，有时为了提高效率，减少套口难度或由于长度的限制，在不影响美观的前提下也可以竖用。

1. 圆领领条工艺设计

领条的设计是指按领条长度、密度设计出领条针数、转数、起口、封口和缝合对位点等。

（1）圆领领条针数计算

$$圆领领条针数＝领周长×领条横密＋缝耗针数$$

圆领周长计算分为两种情况，即领深＜1/2 领宽和领深≥1/2 领宽。

1）领深＜1/2 领宽时领条长度计算。

领条长度＝领深尺寸 ×π+2×（领宽 ÷2– 领深）+ 领宽

2）领深≥1/2 领宽时领条长度计算。

领条长度＝领宽 ÷2×π+2×（领深 – 领宽 ÷2）+ 领宽

（2）领条记号设计

开衫的记号点设计在左、右肩缝及后领正中处，有接头时领条接头一般位于穿着时左肩接缝靠后 1.5～2 cm 处。背后装拉链的圆领记号点设计在左、右肩缝和前领领底平收针界点。套衫领条记号可以设计在前领领底平收针界点、斜收针段和左、右肩点或更多处。

2. V 领套衫领条工艺设计

（1）V 领套衫领条针数计算

V 领套衫领条针数＝（前领深 ×2+ 领宽）× 领条横密 + 缝耗针数

也可以按套口缝盘机号转换法进行设计。

（2）记号设计

可以在左、右肩缝点做记号，高档产品可以增设前领中间点，用拉线做记号。

3. 编织方法

起口后第一横列罗纹起底，空转 1 转，编织罗纹后放松半转，废纱封口，做挑孔记号。

4. 樽（翻）领领子工艺设计

（1）樽（翻）领针数计算

樽（翻）领针数＝领圈周长 × 樽（翻）领横密

（2）记号设计

可以在左、右肩缝点，前左、右领底平收针界点做记号。

以上领条的横密要根据不同的组织结构、套口方法进行设计，以使领子平整、圆顺、弹性好。

5. 袖边针数设计

（1）袖边针数计算

袖边针数＝（挂肩尺寸 ×2+ 凹势修正因素）× 袖边横密 + 缝耗针数

（2）记号设计

可以在肩缝点做记号。

6. V（圆）领开衫门襟工艺设计

（1）开衫门襟针数计算

开衫门襟针数＝开衫门襟长度 × 门襟横密

开衫门襟长度＝（片长 ×2+ 后领宽 + 门襟宽 + 领缝耗）×（1+ 门襟回缩率）

领子、门襟一般使用满针罗纹组织，横用。门襟回缩率取值为8%左右。

（2）记号设计

可以根据门襟的长度设计多个记号点。

7. 口袋针数及转数计算

袋口宽针数＝口袋宽 × 横密 + 缝耗针数×2

口袋深转数＝口袋深 × 纵密 + 缝耗

一、制作女圆领平肩收腰型长袖套衫成型服装工艺单

按女圆领平肩收腰型长袖套衫成型服装平面款式图（见图2-2-19）和对应的规格尺寸表（见表2-2-2）及制作要求，编写成型服装编织工艺单。要求：使用 28/2 N_m 羊绒纱线；E12 机型；领子、下摆及袖口组织 1×1 罗纹，大身组织纬平针；下摆及袖口罗纹加40D弹力丝；挂肩采用夹4支边收针；大身10转拉3.7 cm。

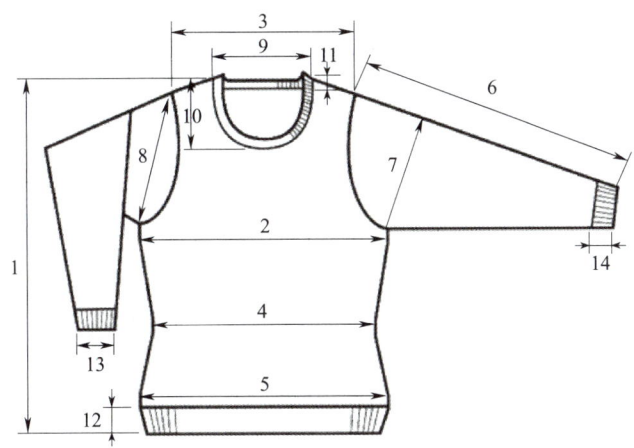

图2-2-19　女圆领平肩收腰型长袖套衫平面款式图

表 2-2-2　女圆领平肩收腰型长袖套衫规格尺寸表

序号	部位名称	尺寸/cm	序号	部位名称	尺寸/cm
1	衣长	60	8	挂肩	20.5
2	胸宽	48	9	领宽	20
3	肩宽	37	10	前领深	11
4	腰宽	45	11	后领深	2
5	下摆宽	48	12	下摆罗纹高	6
6	袖长	54	13	袖口罗纹宽	9
7	袖宽	16	14	袖口罗纹高	6

注：领条高为 3 cm，腰距为 36 cm。

步骤 1　确认样品或规格单

仔细阅读女圆领平肩收腰型长袖套衫的规格尺寸表，对照其平面款式图的尺寸标注，理解和掌握每一个部位尺寸的测量要求。

步骤 2　确认大片及领、袖、下摆组织及花型

确认成型服装的织物组织要求，即下摆罗纹、袖口罗纹、领罗纹为 1×1 罗纹，大身为纬平针组织。

步骤 3　确认织片密度

（1）试样制作

制作开针 150 针、罗纹 20 转、大身纬平针 100 转的试样，在 E12 机上试织样片，罗纹加弹力丝，使拉密值达到罗纹 10 转拉 3.7 cm，大身 10 转拉 3.7 cm。

（2）编织工艺参数测定

将整理后的试样成品放置在光滑的桌面上，纵、横方向不可拉伸，用直尺进行测量，得出：纬平针横密为 6.4 针/cm，纵密为 4.6 转/cm；罗纹纵密为 5.4 转/cm；领罗纹纵密为 5.8 转/cm。

步骤 4　计算前片、后片及袖片的开针数和转数

（1）款式分析与衣片结构分解

1）款式分析。本款成型服装为斜肩、收腰、装袖型，肩部有倾斜度，腰部为收腰结构，平袖长袖。

2）衣片结构分解。根据平面款式图的特征，将成衣分解为前片、后片、袖片、领条四个部件，如图 2-2-20 所示。在设计过程中应清晰了解衣片的外廓，从而有助于进行衣片编织工艺的设计。

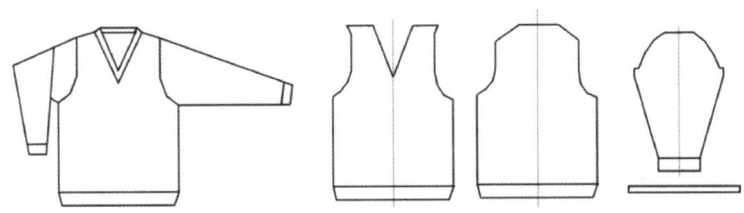

图 2-2-20 衣片结构分解示意图

（2）后片编织工艺设计

设衣片后折宽为 1 cm，边缝套口缝耗为 2 针，纵向缝耗为 1 转，肩宽修正系数为 0.93，领宽修正系数为 0.97，下摆平摇高、腰节平摇高、挂肩以下平摇高均为 3 cm。

1）计算胸宽针数。

$$\begin{aligned}胸宽针数 &= (胸宽 - 后折宽) \times 横密 + 缝耗 \times 2 \\ &= (48\ cm - 1\ cm) \times 6.4\ 针/cm + 2\ 针 \times 2 \\ &= 304.8\ 针\end{aligned}$$

考虑到本例下摆罗纹为 1×1 罗纹，按表 2-2-1 所列的排针方式，衣片各部段针数一般为奇数，因此，本例将胸宽针数修正为 305 针。

2）计算腰宽针数。

$$\begin{aligned}腰宽针数 &= 胸宽针数 - (胸宽 - 腰宽) \times 横密 \\ &= 305\ 针 - (48\ cm - 45\ cm) \times 6.4\ 针/cm \\ &= 285.8\ 针\end{aligned}$$

考虑到胸宽针数为奇数，为便于收放针针数的计算，将腰宽针数修正到最接近值的奇数，本例修正为 285 针。

3）计算下摆宽针数。

$$\begin{aligned}下摆宽针数 &= 胸宽针数 - (胸宽 - 下摆宽) \times 横密 \\ &= 305\ 针 - (48\ cm - 48\ cm) \times 6.4\ 针/cm \\ &= 305\ 针\end{aligned}$$

4）计算肩宽针数。

$$\begin{aligned}肩宽针数 &= 肩宽 \times 肩宽修正系数 \times 横密 \\ &= 37\ cm \times 0.93 \times 6.4\ 针/cm \\ &= 220.22\ 针\end{aligned}$$

取最接近值的奇数，为 221 针。

5）计算领宽针数。

$$领宽针数 = 领宽 \times 领宽修正系数 \times 横密 - 缝耗 \times 2$$
$$= 20\,cm \times 0.97 \times 6.4\,针/cm - 2\,针 \times 2$$
$$= 120.16\,针$$

取最接近值的奇数，为 121 针。

6）计算衣长总转数。

$$衣长总转数 = (衣长 - 下摆罗纹高) \times 纵密 + 纵向缝耗$$
$$= (60\,cm - 6\,cm) \times 4.6\,转/cm + 1\,转$$
$$= 249.4\,转$$

考虑到纵向容易拉伸，取 249 转。

7）下摆罗纹编织设计。

①罗纹针数设计。下摆罗纹采用下摆开针数直接转换法进行设计。

$$下摆开针数 = 下摆宽针数 = 305\,针$$

罗纹为 1×1 罗纹，针床针对针、面包底排针，前床 153 条、后床 152 条。

②空转设计。罗纹起底后设计空转 1.5 转，使罗纹边口饱满、光洁、美观。

③罗纹转数。

$$罗纹转数 = 下摆罗纹高 \times 罗纹纵密$$
$$= 6\,cm \times 5.4\,转/cm$$
$$\approx 32\,转$$

8）下摆平摇转数。

$$下摆平摇转数 = 下摆平摇高 \times 纵密$$
$$= 3\,cm \times 4.6\,转/cm$$
$$\approx 14\,转$$

9）腰节以下收针设计。

①收针针数。

$$收针针数 = (下摆宽针数 - 腰宽针数) \div 2$$
$$= (305\,针 - 285\,针) \div 2$$
$$= 10\,针$$

②收针转数。

$$收针转数 = (衣长 - 下摆罗纹高 - 腰距 - 腰节平摇高 \div 2 - 下摆平摇高) \times 纵密$$
$$= (60\,cm - 6\,cm - 36\,cm - 1.5\,cm - 3\,cm) \times 4.6\,转/cm$$

$$=13.5\text{ cm}\times 4.6\text{ 转}/\text{cm}$$
$$\approx 62\text{ 转}$$

③设腰节以下每次收针针数为 1 针。

$$\text{收针次数}=\text{收针针数}\div\text{每次收针针数}$$
$$=10\text{ 针}\div 1\text{ 针}/\text{次}$$
$$=10\text{ 次}$$

④每次收针转数。

$$\text{每次收针转数}=\text{收针转数}\div\text{收针次数}$$

此处收针方式为先收后摇，收针循环数需要减去 1 次。

$$\text{每次收针转数}=\text{收针转数}\div(\text{收针次数}-1)$$
$$=62\text{ 转}\div(10\text{ 次}-1\text{ 次})$$
$$\approx 6.89\text{ 转}/\text{次}$$

⑤收针规律设计。每次收针转数结果为 6.89 转，转数介于 6 与 7 之间，将之拆分为相邻的两段收针规律：

$$\begin{cases}6-1\times n_{31}\\7-1\times n_{32}\end{cases}\Rightarrow\begin{cases}n_{31}+n_{32}=10-1\\6n_{31}+7n_{32}=62\end{cases}\Rightarrow\begin{cases}n_{31}=1\\n_{32}=8\end{cases}\Rightarrow\begin{cases}6-1\times 1\\7-1\times 8\end{cases}$$

此处按先陡后平收针，得收针规律为：7–1×9（先收）、6–1×1。

10）计算腰节平摇转数。

$$\text{腰节平摇转数}=\text{腰节平摇高}\times\text{纵密}$$
$$=3\text{ cm}\times 4.6\text{ 转}/\text{cm}$$
$$\approx 14\text{ 转}$$

11）腰节以上放针设计。

①放针针数。

$$\text{放针针数}=(\text{胸宽针数}-\text{腰宽针数})\div 2$$
$$=(305\text{ 针}-285\text{ 针})\div 2$$
$$=10\text{ 针}$$

②放针转数。

$$\text{放针转数}=\text{放针高度}\times\text{纵密}$$
$$=(\text{腰距}-\text{肩斜高}-\text{挂肩高}-\text{挂肩以下平摇}-\text{腰节平摇高}\div 2)\times\text{纵密}$$

③肩斜高。

$$\text{肩斜高}=\text{单肩宽}\times 0.375$$

$$=（肩宽针数-领宽针数）÷2÷横密×0.375$$

$$=(221\text{ 针}-121\text{ 针})÷2÷6.4\text{ 针/cm}×0.375$$

$$≈2.93\text{ cm}$$

④挂肩高。

$$挂肩高=\sqrt{挂肩^2-[(胸宽-肩宽)÷2]^2}$$

$$=\sqrt{(20.5\text{ cm})^2-[(48\text{ cm}-37\text{ cm})÷2]^2}$$

$$≈19.75\text{ cm}$$

$$放针转数=(36\text{ cm}-3\text{ cm}-19.75\text{ cm}-2.93\text{ cm}-1.5\text{ cm})×4.6\text{ 转/cm}$$

$$≈40.57\text{ 转}$$

工艺计算中，转数值的小数只能为0.5，本次计算结果为40.57，其取值可在40、40.5、41三个数值中任取一值。为了便于计算，本例取40转，其偏差可在后续各段的计算中进行增补。后续计算过程中转数的取值方法与之相同。

⑤放针设计。此处是在腰节平摇后放针，因此放针方式为先放后摇，每次放1针。

$$每次放针转数=40\text{ 转}÷(10\text{ 次}-1\text{ 次})$$

$$≈4.44\text{ 转/次}$$

分解为两段放针：

$$\begin{cases}4+1×n_{31}\\5+1×n_{32}\end{cases}\Rightarrow\begin{cases}n_{31}+n_{32}=10-1\\4n_{31}+5n_{32}=40\end{cases}\Rightarrow\begin{cases}n_{31}=1\\n_{32}=8\end{cases}\Rightarrow\begin{cases}4+1×(5+1)\\5+1×4\end{cases}$$

此处按先平后陡放针，得放针规律为：4+1×6（先放）、5+1×4。

12）计算挂肩以下平摇转数。

$$挂肩以下平摇转数=平摇高×纵密$$

$$=3\text{ cm}×4.6\text{ 转/cm}$$

$$≈14\text{ 转}$$

13）挂肩收针设计。根据成型服装编织设计的基本原理，将挂肩设计为平收针、斜收针及平摇三段。如有上胸宽的要求则可设计为平收针、斜收针、平摇、放针四段。

①挂肩收针针数。

$$挂肩总收针针数=（胸宽针数-肩宽针数）÷2$$

$$=（305\text{ 针}-221\text{ 针}）÷2$$

$$=42\text{ 针}$$

②挂肩高转数。

$$挂肩高转数 = 挂肩高 \times 纵密$$
$$= 19.75 \text{ cm} \times 4.6 \text{ 转}/\text{cm}$$
$$\approx 91 \text{ 转}$$

③挂肩平收针。在挂肩底部设计 1.5 cm 的平收针段。

$$平收针数 = 平收针宽度 \times 横密$$
$$= 1.5 \text{ cm} \times 6.4 \text{ 针}/\text{cm}$$
$$\approx 10 \text{ 针}$$

④挂肩收针设计。

$$挂肩斜收针针数 = 挂肩总收针针数 - 平收针数$$
$$= 42 \text{ 针} - 10 \text{ 针}$$
$$= 32 \text{ 针}$$

$$挂肩收针转数 = 收针长度 \times 1.25 \times 纵密$$
$$= 收针针数 \div 横密 \times 1.25 \times 纵密$$
$$= 42 \text{ 针} \div 6.4 \text{ 针}/\text{cm} \times 1.25 \times 4.6 \text{ 转}/\text{cm}$$
$$\approx 38 \text{ 转}$$

⑤每次收针针数设计。本款在挂肩收针段做收针夹花（有边收针）效果，拟夹 4 支边收针。衣片采用 E12（细针距）机编织，设每次收针针数为 2 针。

细针机每次收 2 针时夹花大小适中，收 3 针时线圈移动距离大易断纱，制版时需要特殊处理。罗纹组织收针数一般按其最小循环数来定，如 1×1 罗纹每次收 2 针，2×1 罗纹则每次收 3 针，从而形成视觉美好的纹理感。

⑥收针设计。按比例法进行设计，拟分成 3 段收针，将 38 转数按 2：3：4 的比例大致分成 8 转、13 转、17 转三段，横向 32 针分为三份，分别为 10 针、12 针、10 针；三段得出三个三角形，针数不能均分时调整到中间段，尽量调整为每次收针针数的倍数，多余针数放到第一段或最后一段再调整。

第一段收 10 针、摇 8 转：

$$收针次数 = 收针数 \div 每次收针针数$$
$$= 10 \text{ 针} \div 2 \text{ 针}/\text{次}$$
$$= 5 \text{ 次}$$

$$每次收针转数 = 收针转数 \div 收针次数$$
$$= 8 \text{ 转} \div 5 \text{ 次}$$

$$=1.6 \text{ 转/次}$$

收针转数介于 1 与 2 之间，可分成两段收针，解得：1–2×2，2–2×3。

第二段收 12 针、摇 13 转：

$$\text{收针次数} = 12 \text{ 针} \div 2 \text{ 针/次}$$
$$= 6 \text{ 次}$$
$$\text{每次收针转数} = 13 \text{ 转} \div 6 \text{ 次}$$
$$\approx 2.17 \text{ 转/次}$$

收针转数介于 2 与 3 之间，可分成两段收针，解得：2–2×5，3–2×1。

第三段收 10 针、摇 17 转：

$$\text{收针次数} = 10 \text{ 针} \div 2 \text{ 针/次}$$
$$= 5 \text{ 次}$$
$$\text{每次收针转数} = 17 \text{ 转} \div 5 \text{ 次}$$
$$= 3.4 \text{ 转/次}$$

收针转数介于 3 与 4 之间，可分成两段收针，解得：3–2×3，4–2×2。按先平后陡的顺序将收针规律汇总得到四段收针规律为：平收 10 针，1–2×2，2–2×8，3–2×4，4–2×2。

14）挂肩以上平摇设计。本例为长袖款，上袖后外肩点会被袖子拉伸而外移，如图 2-2-8 所示，B 点将外移到 B' 位置上，成衣后自然形成袖窿弧线，因此有袖款毛衫挂肩以上不做放针设计，无袖款需进行放针设计。本例斜收针后平摇到外肩点。

$$\text{平摇转数} = \text{挂肩高转数} - \text{挂肩收针转数}$$
$$= 91 \text{ 转} - 38 \text{ 转}$$
$$= 53 \text{ 转}$$

15）上袖记号点设计。记号点位置距离外肩点的距离为袖山头宽度的一半。设缝合系数为 45%。

①记号点位置距离外肩点转数。

$$\text{记号点位置距离外肩点转数} = \text{袖山头宽度} \div 2 \times \text{纵密}$$
$$= \text{挂肩高} \times \text{缝合系数} \div 2 \times \text{纵密}$$
$$= 19.75 \text{ cm} \times 45\% \div 2 \times 4.6 \text{ 转/cm}$$
$$\approx 20 \text{ 转}$$

②记号点位置距离收针结束点转数。

记号点位置距离收针结束点转数＝挂肩以上平摇转数－记号点位置距离外肩点转数

$$=53 转 -20 转$$
$$=33 转$$

16）收肩设计。

①收肩针数。

$$收肩针数＝（肩宽针数－领宽针数）÷2$$
$$=（221 针 -121 针）÷2$$
$$=50 针$$

②收肩转数。

$$收肩转数＝肩斜高 \times 纵密$$
$$=2.93 \text{ cm} \times 4.6 转/\text{cm}$$
$$\approx 13.48 转$$

为便于计算，本例取 14 转。

③收针设计。肩部针数较多、转数较少，使用持圈收针法，每次收针转数为 1 转。收针时在挂肩平摇之后，采用先收针方式，收针结束后平摇 1 转。

$$每次收针针数＝收针针数 \div 收针转数$$
$$=50 针 \div 14 转$$
$$\approx 3.57 针/转$$

收针针数介于 3 与 4 之间，可分为两段收针，肩部收针规律解得：1-3×6（先收），1-4×8，平 1 转。此处收针先陡后平，符合肩部人体结构形状。

17）后领开领。

①领底平收针针数。

$$领底平收针针数＝领宽针数 \times 0.70$$
$$=121 针 \times 0.70$$
$$\approx 85 针$$

②领边收针针数。

$$领边收针针数＝（领宽针数－领底平收针针数）÷2$$
$$=（121 针 -85 针）÷2$$
$$=18 针$$

③开领转数。

$$开领转数 = 后领深 \times 纵密$$
$$= 2 \text{ cm} \times 4.6 \text{ 转/cm}$$
$$\approx 9 \text{ 转}$$

④收领规律设计。领底平收85针，1-3×2（先摇），1-2×6，平1转。

18）转数校验。

衣长总转数＝下摆平摇转数＋腰节以下收针转数＋腰节平摇转数＋腰节以上放针转数＋挂肩以下平摇转数＋挂肩收针转数＋挂肩以上平摇转数＋收肩转数＝14转+62转+14转+40转+14转+38转+53转+14转＝249转，与设计值相符。

（3）前片编织工艺设计

设衣片后折宽为1 cm，边缝套口缝耗为2针，纵向缝耗为1转，肩宽修正系数为0.93，领宽修正系数为0.97，下摆平摇高、腰节平摇高、挂肩以下平摇高均为3 cm。

1）计算胸宽针数。

$$胸宽针数 = (胸宽 + 后折宽) \times 横密 + 缝耗 \times 2$$
$$= (48 \text{ cm} + 1 \text{ cm}) \times 6.4 \text{ 针/cm} + 2 \text{ 针} \times 2$$
$$= 317.6 \text{ 针}$$

修正为奇数，取为317针。

2）计算腰宽针数。

$$腰宽针数 = 胸宽针数 - (胸宽 - 腰宽) \times 横密$$
$$= 317 \text{ 针} - (48 \text{ cm} - 45 \text{ cm}) \times 6.4 \text{ 针/cm}$$
$$= 297.8 \text{ 针}$$

修正为奇数，取为297针。

3）计算下摆宽针数。

$$下摆宽针数 = 胸宽针数 - (胸宽 - 下摆宽) \times 横密$$
$$= 317 \text{ 针} - (48 \text{ cm} - 48 \text{ cm}) \times 6.4 \text{ 针/cm}$$
$$= 317 \text{ 针}$$

已知下摆组织为1×1罗纹，按表2-2-1所列的罗纹排针法，1×1罗纹排针应为奇数，因此，本处取值符合罗纹的转换要求。

4）计算肩宽针数。

$$肩宽针数 = 后片肩宽针数 = 221 \text{ 针}$$

5) 计算领宽针数。

$$领宽针数=后片领宽针数=121 针$$

6) 衣长总转数。考虑肩缝整烫的需要,前片衣长应较后片衣长长 1 cm,因此前片的衣长总转数应在后片衣长总转数的基础上,加上 1 cm 的转数。

7) 下摆罗纹编织设计。

① 罗纹针数设计。下摆罗纹采用下摆针数直接转换法进行设计。

$$下摆开针数=下摆宽针数=317 针$$

罗纹为 1×1 罗纹,针床针对针、面包底排针,前床 159 条、后床 158 条。

② 空转设计。罗纹起底后设计空转 1.5 转,使罗纹边口饱满、光洁、美观。

③ 罗纹转数。

$$罗纹转数=下摆罗纹高 \times 罗纹纵密$$
$$=6 \text{ cm} \times 5.4 \text{ 转}/\text{cm}$$
$$\approx 32 \text{ 转}$$

8) 下摆平摇转数同后片,取 14 转。

9) 腰节以下收针规律同后片,即 7-1×9(先收)、6-1×1。

10) 腰节平摇转数同后片,取 14 转。

11) 腰节以上放针规律同后片,即 4+1×6(先放)、5+1×4。

12) 挂肩以下平摇转数同后片,取 14 转。

13) 挂肩收针设计方法同后片。

$$前片挂肩收针针数=(前胸宽针数-肩宽针数)\div 2$$
$$=(317 针-221 针)\div 2$$
$$=48 针$$

前片较后片每侧多 6 针,在后片收针规律基础上加上 3 次收针即可。同时增加了收针规律使得收针转数也相应增加,为了整烫时肩缝倒后,拟使前片挂肩以上转数比后片多 1 cm,即 4~5 转。应在第 1 次、第 2 次规律上增加收针的次数。

后片规律为:平收 10 针,1-2×3,2-2×6,3-2×5,4-2×2。

前片规律改为:平收 10 针,1-2×4,2-2×8,3-2×5,4-2×2。

14) 计算挂肩以上平摇转数。

$$挂肩以上平摇转数=后片转数=53 转$$

15) 计算记号点位置转数。

$$记号点位置转数=后片记号点高度转数=71 转$$

①挂肩收针结束至记号点高度转数。

$$挂肩收针结束至记号点高度转数=71 转 -（38 转 +5 转）$$
$$=28 转$$

②记号点以上平摇转数。

$$记号点以上平摇转数=后片记号点以上平摇转数 + 挂肩多收针转数$$
$$=20 转 +5 转$$
$$=25 转$$

16）收肩设计同后片，规律为：1-3×6（先收），1-4×8，平 1 转。

17）前开领设计。

①领宽针数。

$$领宽针数=后领宽针数=121 针$$

②领底平收针针数。

$$领底平收针针数=领宽针数 \div 3$$
$$=121 针 \div 3$$
$$\approx 40.33 针$$

修正为奇数，取为 41 针。

③每侧领收针针数。

$$每侧领收针针数=（领宽针数 - 领底平收针针数）\div 2$$
$$=（121 针 -41 针）\div 2$$
$$=40 针$$

④前领深转数。

$$前领深转数=前领深 \times 纵密 - 上领缝耗转数$$
$$=11 \text{ cm} \times 4.6 转 /\text{cm}-1 转$$
$$\approx 50 转$$

⑤收针设计。如图 2-2-11 所示，取 C' 为特殊点，本例为挖领领型，取凹势为 1/4 点。因此，$E'B'$ 为收针针数的 1/4，$B'F'$ 为前领深转数的 1/4，设 $A'G'$ 的转数为前领深转数的 1/4。

a. $\triangle G'F'C'$ 收针设计。

$$C'F' 收针针数=领宽针数 \div 2 \div 4$$
$$=121 针 \div 8$$
$$\approx 15 针$$

$G'F'$ 收针转数＝前领深转数 ÷2

$\qquad$ ＝50 转 ÷2

$\qquad$ ＝25 转

本段针数少于转数，设每次收 1 针。

$\qquad$ 每次收针转数＝收针转数 ÷ 收针次数

$\qquad$ ＝25 转 ÷15 次

$\qquad$ ≈1.67 转 / 次

收针转数介于 1 与 2 之间，可分两段收针，解得收针规律为：1–1×5，2–1×10。

b. △$C'E'D'$ 收针设计。

$\qquad$ $D'E'$ 收针针数＝每侧领收针针数 –$E'B'$ 收针针数

$\qquad$ ＝40 针 –15 针

$\qquad$ ＝25 针

$\qquad$ $C'E'$ 收针转数＝$B'F'$ 转数

$\qquad$ ＝50 转 ÷4

$\qquad$ ≈13 转

本段针数多于转数。

$\qquad$ 每次收针针数＝收针针数 ÷ 收针转数

$\qquad$ ＝25 针 ÷13 转

$\qquad$ ≈1.92 针 / 转

收针针数介于 1 与 2 之间，可分两段收针，解得收针规律为：1–2×12，1–1×1。

开领收针规律为：平收 41 针，1–2×12，1–1×6，2–1×10，平 12 转。

优化收针规律为：平收 41 针，1–2×10，1–1×15，2–1×5，平 15 转，无边收针。

18）转数校验。

衣长总转数＝下摆平摇转数 + 腰节以下收针转数 + 腰节平摇转数 + 腰节以上放针转数 + 挂肩以下平摇转数 + 挂肩收针转数 + 挂肩以上平摇转数 + 收肩转数＝14 转 +62 转 +14 转 +40 转 +14 转 +43 转 +53 转 +14 转＝254 转。多了 5 转，前片挂肩以上长了 1.09 cm，符合设计要求。

（4）袖子编织工艺设计

设边缝套口缝耗为 2 针，纵向缝耗为 1 转，袖挂肩以下平摇高均为 3 cm。袖长修正系数为 0.95，袖宽修正系数为 1.05，袖口修正系数为 1.35，袖山高修正值为 1.5 cm，缝合系数为 0.45。

1）计算袖宽针数。袖子开针数少，则卷取拉力相对较大，编织后易出现纵松横紧的现象。

$$袖宽针数 = 袖宽 \times 2 \times 袖宽修正系数 \times 横密 + 缝耗 \times 2$$
$$= 16\text{ cm} \times 2 \times 1.05 \times 6.4 \text{ 针}/\text{cm} + 2 \text{ 针} \times 2$$
$$\approx 219 \text{ 针}$$

2）计算袖口针数。根据平面款式图测量情况，袖口宽为罗纹口宽，需要进行修正。

$$袖口针数 = 袖口宽 \times 2 \times 袖口修正系数 \times 横密 + 缝耗 \times 2$$
$$= 9\text{ cm} \times 2 \times 1.35 \times 6.4 \text{ 针}/\text{cm} + 2 \text{ 针} \times 2$$
$$= 159.52 \text{ 针}$$

修正为奇数，取为 159 针。

3）计算袖山头针数。

$$袖山头针数 = 袖山宽度 \times 横密 + 缝耗 \times 2$$
$$= 挂肩高 \times 缝合系数 \times 横密 + 缝耗 \times 2$$
$$= 19.75\text{ cm} \times 0.45 \times 6.4 \text{ 针}/\text{cm} + 2 \text{ 针} \times 2$$
$$\approx 61 \text{ 针}$$

4）计算袖山高收针转数。

$$袖山高转数 = 袖山高 \times 纵密$$
$$袖山高收针转数 = (袖山高 + 袖山高修正值) \times 纵密$$
$$= (\sqrt{挂肩^2 - 袖宽^2} + 袖山高修正值) \times 纵密$$
$$= [\sqrt{(20.5\text{ cm})^2 - (16\text{ cm})^2} + 1.5\text{ cm}] \times 4.6 \text{ 转}/\text{cm}$$
$$= (12.82\text{ cm} + 1.5\text{ cm}) \times 4.6 \text{ 转}/\text{cm}$$
$$\approx 66 \text{ 转}$$

5）袖山收针设计。

①袖挂肩平收针设计。袖挂肩平收针针数与大身相同，取为 10 针。

②袖山收针针数。

$$袖山收针针数 = (袖宽针数 - 袖山头针数) \div 2$$
$$= (219 \text{ 针} - 61 \text{ 针}) \div 2$$
$$= 79 \text{ 针}$$

③每侧斜收针针数。

$$每侧斜收针针数 = 袖山收针针数 - 袖挂肩平收针针数$$

$$=79\text{ 针} -10\text{ 针}$$
$$=69\text{ 针}$$

④每侧收针转数。

$$\text{每侧收针转数} = \text{袖山高收针转数} = 66\text{ 转}$$

⑤收针设计。按图 2-2-19 所示，本款为女装，袖山采用 S 型袖的收针方式，更美观、贴体。

按图 2-2-18a 所示，将收针针数 69 针大致按 3∶2∶3 的比例分成 26 针、17 针、26 针三段，考虑夹花收针，将中间的奇数针调整，得 26 针、16 针、27 针三段；纵向转数大致按 2∶3∶2 的比例分成三段，考虑收针方式为先摇后收，最后平摇 1 转结束，转数分为 19 转、27 转、19 转。解出三个三角形的收针规律：第一段 18 转收 26 针，得 1-2×7、2-2×6；第二段 27 转收 16 针，得 3-2×5、4-2×3；第三段 19 转收 27 针，得 2-2×6、1-2×6、1-3×1。将三段收针规律按先平后陡再平的顺序汇总为：平收 10 针，1-2×7、2-2×6，3-2×3、4-2×3、3-2×2、2-2×6、1-2×6（无边）、1-3×1（无边），平 1 转，夹 4 支边收针。

6）袖挂肩以下平摇转数。

$$\text{袖挂肩以下平摇转数} = \text{平摇高} \times \text{纵密}$$
$$= 3\text{ cm} \times 4.6\text{ 转/cm}$$
$$\approx 14\text{ 转}$$

7）袖身放针设计。

①放针针数。

$$\text{放针针数} = (\text{袖宽针数} - \text{袖口针数}) \div 2$$
$$= (219\text{ 针} - 159\text{ 针}) \div 2$$
$$= 30\text{ 针}$$

②袖长转数。

$$\text{袖长转数} = (\text{袖长} - \text{袖口罗纹高}) \times \text{袖长修正系数} \times \text{纵密} + \text{上袖缝耗}$$
$$= (54\text{ cm} - 6\text{ cm}) \times 0.95 \times 4.6\text{ 转/cm} + 1\text{ 转}$$
$$\approx 211\text{ 转}$$

③放针转数。

$$\text{放针转数} = \text{袖长转数} - \text{袖山收针转数} - \text{袖挂肩以下平摇转数} - \text{袖山头缝耗}$$
$$= 211\text{ 转} - 66\text{ 转} - 14\text{ 转} - 1\text{ 转}$$
$$= 130\text{ 转}$$

④放针设计。袖放针采用袖口罗纹翻针后先放的方式,设每次放针针数为1针,按先平后陡放针。

$$放针次数 = 每侧放针针数 \div 每次放针针数$$
$$= 30 针 \div 1 针/次$$
$$= 30 次$$

$$每次放针转数 = 放针转数 \div (放针次数 - 1)$$
$$= 130 转 \div (30 次 - 1)$$
$$\approx 4.48 转/次$$

计算结果介于4与5之间,可分为两段规律放针,解得:4+1×16(先放),5+1×14。

8)袖口罗纹编织设计。

①罗纹针数设计。袖口罗纹采用袖口宽针数直接转换法而得来。

$$罗纹针数 = 袖口针数 = 159 针$$

下摆组织为1×1罗纹,针床相对针相错、面包底排针,前床79针、后床78针。

②空转设计。罗纹起底后设计空转1.5转。

③罗纹转数。

$$罗纹转数 = 袖罗纹高 \times 罗纹纵密$$
$$= 6 cm \times 5.4 转/cm$$
$$\approx 32 转$$

9)袖山头做记号。设计中前片挂肩以上比后片长了5转,折合约1 cm,合肩后肩缝线后折约0.5 cm,因此袖山头中点偏前0.5 cm,合为3.2针,即袖中挑孔记号偏后3针,袖山头针数为61针,挑孔记号为33v27,左右片对称。

10)转数校验。

袖长总转数=袖身放针转数+挂肩以下平摇转数+袖山高收针转数=130转+14转+66转=210转。袖山织完后主纱加1转用于缝合。

(5)领条编织工艺设计

1)计算领条长度。

已知本款成型服装领深11 cm、领宽20 cm,属于圆型领。

$$领圈周长 = 领宽 \div 2 \times 3.14 + (领深 - 领宽 \div 2) \times 2 + 领宽$$
$$= 20 cm \div 2 \times 3.14 + (11 cm - 20 cm \div 2) \times 2 + 20 cm$$
$$= 31.4 cm + 2 cm + 20 cm$$

$$=53.4\text{ cm}$$

2）选择缝盘机号。套口机号选用比衣片编织机号大 2~4 个机号。本衣片采用 E12 横机进行编织，套口机可以选用 E16，机号为 16 针 /in 领条针数采用缝盘机计算法，计算时需要进行转换。

3）计算领条针数。

$$领条针数＝领条长 \times (套口机号 \div 2.54\text{ cm/in}) + 缝耗$$
$$=53.4\text{ cm} \times (16\text{ 针/in} \div 2.54\text{ cm/in}) + 2\text{ 针}$$
$$\approx 338.38\text{ 针}$$

修正为奇数，取为 339 针。

4）计算罗纹平摇转数。

$$罗纹平摇转数＝领罗纹高 \times 罗纹纵密$$
$$=3\text{ cm} \times 5.8\text{ 转/cm}$$
$$\approx 17\text{ 转}$$

5）领条编织设计。开针 339 针，1×1 罗纹，单层领，面包底排针，空转 1.5 转，平摇 17 转，翻针，松 0.5 转，废纱封口，挑记号眼。

6）记号点设计。

①领条记号点。如图 2-2-21 所示，领条为单层领，套缝时自成衣右肩缝线后 1.5 cm 处开始套缝，经右肩缝线、前领右平摇段、右斜收段、领底平收段、左斜收段、左平摇段、左肩缝线至左领为止，对应在领条上述线段两端设记号点：A、B、C、D、E、F、G、H。

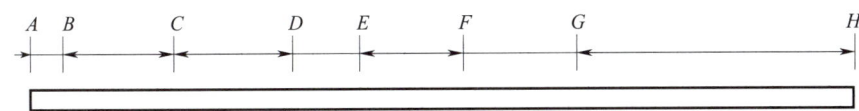

图 2-2-21 领条记号位置示意图

②计算各线段长度。

AB 线段长设为 1.5 cm，使领条接头位于肩缝线后 1.5 cm 的后领弧处，则：

$$AB=1.5\text{ cm} \div 53.4\text{ cm} \times 339\text{ 针} \approx 9.52\text{ 针}$$

修正为奇数，取为 9 针。

BC 为平摇段，共 15 转，则：

$$BC=15\text{ 转} \div 4.6\text{ 转/cm} \div 53.4\text{ cm} \times 339\text{ 针} \approx 21\text{ 针}$$

DE 段为领底平收 41 针，则：

$$DE = 41\ 针 \div 6.4\ 针/cm \div 53.4\ cm \times 339\ 针 \approx 41\ 针$$

后领宽 GH 取为领宽 20 cm，则：

$$GH = (20\ cm - 1.5\ cm) \div 53.4\ cm \times 339\ 针 \approx 117\ 针$$

$$FG = BC = 21\ 针$$

$$\begin{aligned}CD = EF &= (开针数 - AB - BC - DE - GH - FG) \div 2 \\ &= (339\ 针 - 9\ 针 - 21\ 针 - 41\ 针 - 117\ 针 - 21\ 针) \div 2 \\ &= 65\ 针\end{aligned}$$

挑孔顺序为 9v20v64v40v64v20v116

（6）工艺单

各衣片工艺单汇总如图 2-2-22 所示。

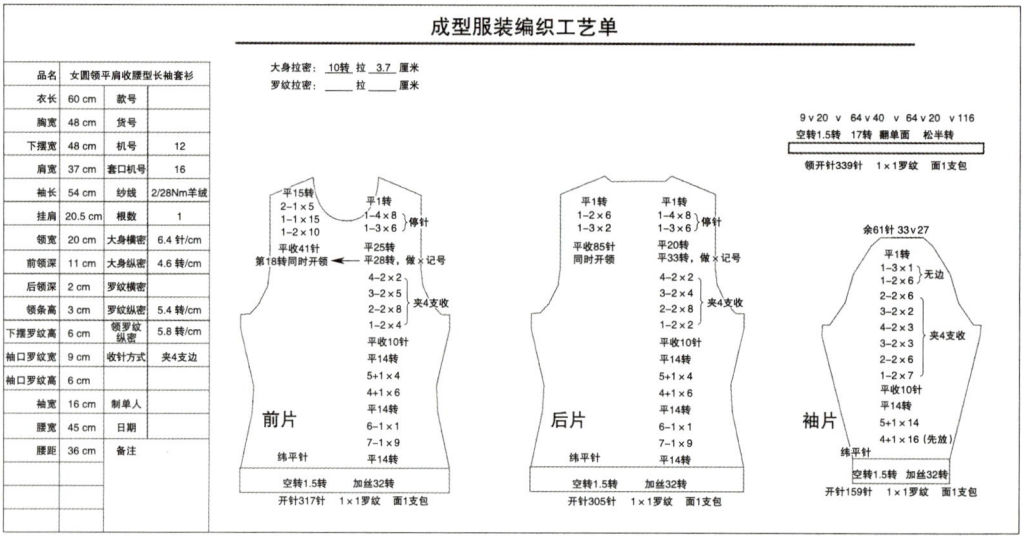

图 2-2-22　女圆领平肩收腰长袖型纬平针套衫工艺单

步骤 5　做工要求

（1）套缝工艺流程

套缝工艺流程为：衣片封口→合肩→上袖→合肋缝→上领→手缝接头→拆废纱→钩线头。

（2）套口机号与缝线

1）套口机号：E16。

2）缝线：后领平位 1 条原身毛纱紧套，其他全部 1 条原身毛纱加 1 条 PP 线套缝。

（3）套缝要求

1）封口：后片、前领底、袖山头要求针对针封口，封口在废纱下 2 横列。

2）合肩：按挑孔记号处套斜，针对针合肩。

3）上袖：袖和大身收针下 2 横列（皮）起套，袖子中心记号对肩缝向前片移 4 针，均套 2 支针，线迹松紧适宜，套夹边要求拉长套口，注意要有弹性。

（4）合肋缝

袖边及下摆罗纹高低对齐；袖窿点（腋下）交叉缝对齐，均套进 2 针，线迹松紧适宜。

（5）上领

领条按记号套上，套口时要求吃势均匀，斜位对称，平位套在封口线下 2 横列（皮），均套 2 针，对位准确，领子圆顺。

二、制作男 V 领背肩直筒型长袖套衫成型服装工艺单

按男 V 领背肩直筒型长袖套衫成型服装平面款式图（见图 2-2-23）和规格尺寸表（见表 2-2-3）及相关制作要求，编写成型服装编织工艺单。要求：使用 28/2 N_m 羊绒纱线；E12 机型；领罗纹为 1×1 罗纹，下摆及袖口组织为 2×1 罗纹，大身组织纬平针；下摆及袖口罗纹加 40D 弹力丝；挂肩采用夹 4 支边收针；大身 10 转拉 3.7 cm。

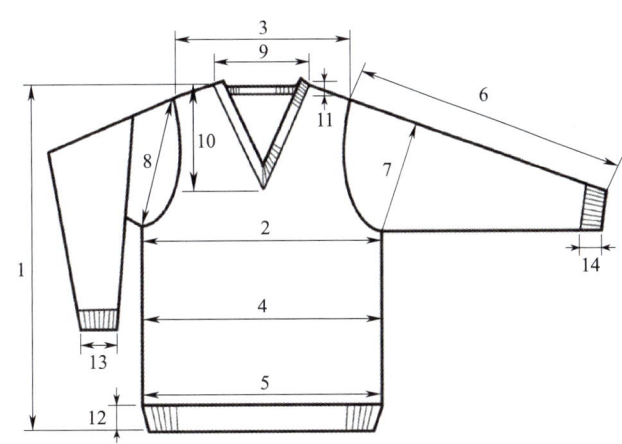

图 2-2-23 男 V 领背肩直筒型长袖套衫平面款式图

表 2-2-3 男 V 领背肩直筒型长袖套衫规格尺寸表

序号	部位名称	尺寸/cm	序号	部位名称	尺寸/cm
1	衣长	66	8	挂肩	24
2	胸宽	50	9	领宽	18
3	肩宽	42	10	前领深	18
4	腰宽	50	11	后领深	2
5	下摆宽	50	12	下摆罗纹高	6
6	袖长	58	13	袖口罗纹宽	10
7	袖宽	17	14	袖口罗纹高	6

注：领条高为 3 cm。

步骤1 确认样品或规格单

仔细阅读男V领背肩直筒型长袖套衫的规格尺寸表,对照其平面款式图的尺寸标注,理解和掌握每一个部位尺寸的测量要求。

(1)确认编织使用的纱线:大身使用28/2 N_m 羊绒纱线,下摆、袖口使用40D弹力丝。

(2)确认使用的横机机型:E12机型。

(3)确认使用的收针方式:挂肩、后肩采用夹4支边有边收针方式,其他未注明的使用无边收针。

步骤2 确认大片及领、袖、下摆组织及花型

确认成型服装的织物组织要求,即下摆罗纹、袖口罗纹为2×1罗纹,领罗纹为1×1罗纹,大身为纬平针组织。

步骤3 确认织片密度

(1)试样制作。制作开针150针、罗纹20转、大身纬平针100转的试样,在E12机上试织样片,罗纹加弹力丝,使拉密值达到罗纹10转拉3.7cm(5坑拉3.8cm),大身10转拉3.7cm(10支拉3.7cm)。

(2)编织工艺参数测定。将试样成品放置在光滑的桌面上,用直尺量取罗纹、大身织物中部的宽度与总高度,将开针数、转数分别除以宽度、高度的尺寸,得出横密(针/cm)、纵密(转/cm)数据。结果为:纬平针横密为6.4针/cm,纵密为4.6转/cm;罗纹纵密为5.4转/cm;领罗纹纵密为5.8转/cm。

步骤4 计算前片、后片及袖片的开针数和转数

(1)款式分析与衣片结构分解

1)款式分析。本款成型服装为背肩、直筒、装袖型,肩部有倾斜度,平袖长袖。

2)衣片结构分解。根据平面款式图的特征,将成衣分解为前片、后片、袖片、领条四个部件,如图2-2-24所示,其中前片、后片的肩线不同。

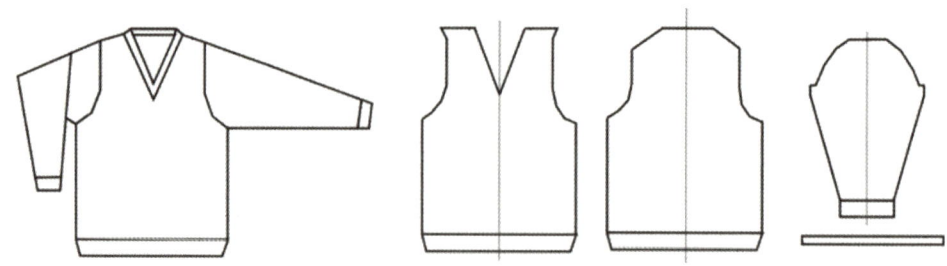

图2-2-24 衣片结构分解示意图

（2）后片编织工艺设计

设衣片后折宽为 1 cm，边缝套口缝耗为 2 针，纵向缝耗为 1 转，肩宽修正系数为 0.95，领宽修正系数为 0.97。

1）计算胸宽针数。

$$胸宽针数 =（胸宽 - 后折宽）\times 横密 + 缝耗 \times 2$$
$$=（50\ cm - 1\ cm）\times 6.4\ 针/cm + 2\ 针 \times 2$$
$$= 317.6\ 针$$

修正为奇数，取为 317 针。

2）计算下摆宽针数。

$$下摆宽针数 = 胸宽针数 -（胸宽 - 下摆宽）\times 横密$$
$$= 317\ 针 -（50\ cm - 50\ cm）\times 6.4\ 针/cm$$
$$= 317\ 针$$

3）计算肩宽针数。

$$肩宽针数 = 肩宽 \times 肩宽修正系数 \times 横密 + 缝耗 \times 2$$
$$= 42\ cm \times 0.95 \times 6.4\ 针/cm + 2\ 针 \times 2$$
$$\approx 259\ 针$$

4）计算领宽针数。

$$领宽针数 = 领宽 \times 领宽修正系数 \times 横密 + 缝耗 \times 2$$
$$= 18\ cm \times 0.97 \times 6.4\ 针/cm + 2\ 针 \times 2$$
$$\approx 115.74\ 针$$

修正为奇数，取为 115 针。

5）计算衣长总转数。

$$衣长总转数 =（衣长 - 下摆罗纹高）\times 纵密 + 纵向缝耗$$
$$=（66\ cm - 6\ cm）\times 4.6\ 转/cm + 1\ 转$$
$$= 277\ 转$$

6）下摆罗纹编织设计。

①下摆罗纹针数设计。下摆罗纹采用下摆针数直接转换法进行设计。

$$下摆开针数 = 下摆宽针数 = 317\ 针$$

以上的计算中得出下摆宽针数为 317 针，考虑到罗纹组织为 2×1 罗纹，其最小循环针数为 3，因此下摆宽针数应取值为 3 的整数倍，使罗纹为整数条，再考虑到缩率以及奇数针方便计算，在 315、318、321 三个数中，本例下摆开针数取值为 321 针，胸围也修正为 321 针。

罗纹为 2×1 罗纹，针床相错、面包底排针，前床 108 条、后床 107 条。

②空转设计。罗纹起底后设计空转 1.5 转，使罗纹边口饱满、光洁、美观。

③罗纹转数。

$$罗纹转数 = 下摆罗纹高 \times 罗纹纵密$$
$$= 6 \text{ cm} \times 5.4 \text{ 转}/\text{cm}$$
$$\approx 32 \text{ 转}$$

7）计算成衣肩斜高。

$$成衣肩斜高 = 单肩宽 \times 0.375$$
$$= (肩宽针数 - 领宽针数) \div 2 \div 横密 \times 0.375$$
$$= (259 \text{ 针} - 115 \text{ 针}) \div 2 \div 6.4 \text{ 针}/\text{cm} \times 0.375$$
$$= 11.25 \text{ cm} \times 0.375$$
$$\approx 4.22 \text{ cm}$$

背肩型挂肩结构如图 2-2-25 所示，图中 OB 为成衣服装肩缝线，OK 为后片肩线，OQ 为前片肩线，KJ 为后片肩斜高，BJ 为成衣肩斜高，CK 为后片挂肩高，BC 为成衣挂肩高。

$$后片肩斜高 = 成衣肩斜高 \times 2$$
$$= 4.2 \text{ cm} \times 2$$
$$= 8.4 \text{ cm}$$

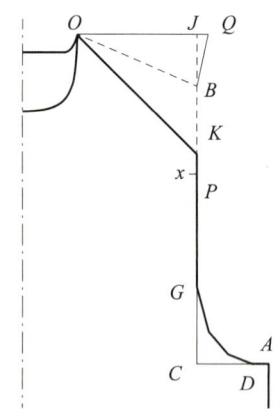

图 2-2-25　背肩型挂肩部位示意图

8）计算挂肩高。

$$成衣挂肩高 = \sqrt{挂肩^2 - [(胸宽 - 肩宽) \div 2]^2}$$

$$= \sqrt{(24\ cm)^2 - [(50\ cm - 42\ cm) \div 2]^2}$$

$$\approx 23.66\ cm$$

后片挂肩高＝成衣挂肩高－成衣肩斜高

$$= 23.66\ cm - 4.2\ cm$$

$$= 19.46\ cm$$

后片挂肩高转数＝后片挂肩高 × 纵密

$$= 19.46\ cm \times 4.6\ 转/cm$$

$$\approx 90\ 转$$

9）计算下摆以上、挂肩以下平摇转数。

平摇转数＝衣长总转数－（后片肩斜高＋后片挂肩高）× 纵密

$$= 277\ 转 - (8.4\ cm + 19.46\ cm) \times 4.6\ 转/cm$$

$$\approx 148.84\ 转$$

为便于计算，本例取 148 转。

10）挂肩收针设计。

①挂肩收针针数。

挂肩收针针数＝（胸宽针数－肩宽针数）÷2

$$= (321\ 针 - 259\ 针) \div 2$$

$$= 31\ 针$$

②收针转数。男装挂肩较大，收针高度采用三分设计法，即收针高度为 1/3 成衣挂肩高。

挂肩收针转数＝成衣挂肩高 ÷3× 纵密

$$= 23.66\ cm \div 3 \times 4.6\ 转/cm$$

$$\approx 36\ 转$$

③收针设计。设挂肩底部平收 2 cm，后采用无边收针，细针机每次收 2 针。

平收针针数＝收针长度 × 横密

$$= 2\ cm \times 6.4\ 针/cm$$

$$\approx 13\ 针$$

斜收针针数＝挂肩收针针数－平收针针数

$$= 31\ 针 - 13\ 针$$

$$= 18\ 针$$

收针次数＝斜收针针数 ÷ 每次收针针数

$$=18\ 针 \div 2\ 针/次$$
$$=9\ 次$$

④收针规律设计。采用三七法收针设计：按三七法将收针转数分成 11 转、25 转两段，横向收针次数 9 次不能均分两段，可以分成 4 次和 5 次，解出对应的收针规律为：2-2×1，3-2×3，5-2×5。规律后边太陡且转数不连续，应增加一个 4-2 收针规律，向下略作调整，成为：3-2×3，4-2×3，5-2×3。采用二三四法收针设计：将收针转数按 2：3：4 的比例分成 8 转、12 转、16 转三段，横向收针次数等分成三段，即 3 次、3 次、3 次，解出对应的三段收针规律为：2-2×1，3-2×2，4-2×3，5-2×2，6-2×1。

以上两种规律均可使用，前一种规律效率高，后一种规律曲线细腻、段数较多。本例取第一种规律作为本次设计，挂肩收针规律为：平收 13 针，3-2×3，4-2×3，5-2×3。

11）计算挂肩以上平摇转数。
$$挂肩以上平摇转数 = 后片挂肩高转数 - 收针转数$$
$$= 90\ 转 - 36\ 转$$
$$= 54\ 转$$

12）计算记号点位置转数。设袖山头与挂肩的缝合系数为 0.45。
①袖山头宽度。
$$袖山头宽度 = 成衣挂肩高 \times 0.45$$
$$= 23.66\ \text{cm} \times 0.45$$
$$\approx 10.65\ \text{cm}$$

②记号点高度转数。
$$记号点高度转数 = (成衣挂肩高 - 袖山头宽度 \div 2) \times 纵密$$
$$= (23.66\ \text{cm} - 10.65\ \text{cm} \div 2) \times 4.6\ 转/\text{cm}$$
$$\approx 84\ 转$$

$$挂肩收针后至记号点的平摇转数 = 记号点高度转数 - 收针转数$$
$$= 84\ 转 - 36\ 转$$
$$= 48\ 转$$

$$后片记号点以上平摇转数 = 后片挂肩高转数 - 记号点高度转数$$
$$= 90\ 转 - 84\ 转$$
$$= 6\ 转$$

13）收肩设计。

①肩部收针针数。
$$\begin{aligned}肩部收针针数&=(肩宽针数-领宽针数)\div 2\\&=(259\ 针-115\ 针)\div 2\\&=72\ 针\end{aligned}$$

②肩部收针转数。
$$\begin{aligned}肩部收针转数&=后片肩斜高\times 纵密\\&=8.4\ \text{cm}\times 4.6\ 转/\text{cm}\\&\approx 39\ 转\end{aligned}$$

③收针设计。为了增加肩部美感，采用有边收针，每次收 2 针，夹 4 支边。
$$\begin{aligned}收针次数&=收针针数\div 每次收针针数\\&=72\ 针\div 2\ 针/次\\&=36\ 次\end{aligned}$$
$$\begin{aligned}每次收针转数&=收针转数\div 收针次数\\&=39\ 转\div 36\ 次\\&\approx 1.08\ 转/次\end{aligned}$$

当不能除尽时，可以分为两段收针，收针在挂肩平摇之后，收针方式为先收，解得：2–2×4（先收），1–2×32，平 1 转。

收肩最后几次夹支收针会影响收领，取消最后 4 次的夹支收针，则后肩收肩规律为：夹 4 支边，2–2×4（先收），1–2×28，1–2×4（无边），平 1 转。

14）后开领设计。设领底平收针数为领宽针数的 70%。

①领宽针数。
$$领宽针数=后领宽针数=115\ 针$$

②领底平收针针数。
$$\begin{aligned}领底平收针针数&=领宽针数\times 70\%\\&=115\ 针\times 70\%\\&\approx 81\ 针\end{aligned}$$

③领边收针针数。
$$\begin{aligned}领边收针针数&=(领宽针数-领底平收针针数)\div 2\\&=(115\ 针-81\ 针)\div 2\\&=17\ 针\end{aligned}$$

④后开领转数。

$$后开领转数=后领深 \times 纵密$$
$$=2\,cm \times 4.6\,转/cm$$
$$\approx 9\,转$$

后领收领规律解得：领底平收 81 针，1-3×1（先摇），1-2×7，平 1 转。

15）后片转数校对。

后片总转数＝挂肩以下平摇转数＋挂肩收针转数＋挂肩以上平摇转数＋肩部收针转数＝148 转 +36 转 +54 转 +39 转＝277 转，与设计相符。

（3）前片编织工艺设计

1）计算胸宽针数。

$$胸宽针数=(胸宽+后折宽) \times 横密+缝耗 \times 2$$
$$=(50\,cm+1\,cm) \times 6.4\,针/cm+2\,针 \times 2$$
$$=330.4\,针$$

考虑到下摆为 2×1 罗纹，修正方法同后片，修正为 333 针。

2）计算下摆宽针数。

$$下摆宽针数=胸宽针数=333\,针$$

3）计算肩宽针数。

$$肩宽针数=后片肩宽针数=259\,针$$

4）计算领宽针数。

$$领宽针数=后片领宽针数=115\,针$$

5）计算衣长总转数。考虑肩缝整烫的需要，前片衣长应较后片衣长长 1 cm，因此前片的衣长总转数应在后片衣长总转数的基础上，加上 1 cm 的转数。

6）下摆罗纹编织设计。

①下摆罗纹针数设计。下摆罗纹采用下摆针数直接转换法进行设计。

$$下摆罗纹针数=下摆宽针数=333\,针$$

罗纹为 2×1 罗纹，针床相错、面包底排针，前床 112 条、后床 111 条。

②空转设计。罗纹起底后设计空转 1.5 转，使罗纹边口饱满、光洁、美观。

③罗纹转数。

$$罗纹转数=下摆罗纹高 \times 罗纹纵密$$
$$=6\,cm \times 5.4\,转/cm$$
$$\approx 32\,转$$

7)下摆以上平摇转数同后片,取 148 转。

8)挂肩收针设计。男款成型服装的特点是肩背部成倒三角,前胸小而后背宽,本款拟将前胸每侧收窄 1 cm。

$$每侧收针针数 = 前胸收窄宽度 \times 横密$$
$$= 1 \text{ cm} \times 6.4/ 针 \text{ cm}$$
$$\approx 6 \text{ 针}$$

① 收针针数。

$$前片挂肩收针针数 = (前胸宽针数 - 肩宽针数) \div 2$$
$$= (333 针 - 259 针) \div 2$$
$$= 37 针$$

$$每侧总收针针数 = 前片挂肩收针针数 + 每侧收针针数$$
$$= 37 针 + 6 针$$
$$= 43 针$$

$$平收针针数 = 后片挂肩平收针针数 = 13 针$$

$$斜收针针数 = 每侧总收针针数 - 平收针针数$$
$$= 43 针 - 13 针$$
$$= 30 针$$

② 收针规律设计。为了整烫时肩缝倒后,拟使前片挂肩以上转数比后片多 1 cm,即 4~5 转,取为 5 转,称为高度修正值。

$$收针转数 = 后片挂肩收针转数 + 高度修正值$$
$$= 36 转 + 5 转$$
$$= 41 转$$

$$收针次数 = 收针针数 \div 每次收针针数$$
$$= 30 针 \div 2 针/次$$
$$= 15 次$$

收针设计:采用三七法将收针转数分成 12 转、29 转两段,横向收针次数分成 7 次、8 次两段,解出对应的收针规律为:1-2×2,2-2×5,3-2×3,4-2×5。略作调整,得出前片收针规律为:平收 13 针,1-2×2,2-2×5,3-2×3,4-2×5。

9)前片挂肩高度转数。前片的肩线为水平线,与内肩点同高。

$$前片挂肩转数 = (成衣挂肩高 + 成衣肩斜高) \times 纵密 + 高度修正值$$
$$= (23.66 \text{ cm} + 4.2 \text{ cm}) \times 4.6 \text{ 转}/\text{cm} + 5 \text{ 转}$$

$$= 27.86 \text{ cm} \times 4.6 \text{ 转}/\text{cm} + 5 \text{ 转}$$
$$\approx 133.16 \text{ 转}$$

为便于计算，本例取 134 转。

10）挂肩以上放针设计。肩部缝合时，考虑前后肩线近似等长，从挂肩上部进行适当的放针设计。

①后片肩线长。

$$\text{后片肩线长} = \sqrt{\text{成衣单肩宽}^2 + \text{后片肩斜高}^2}$$
$$= \sqrt{(11.25 \text{ cm})^2 + (8.4 \text{ cm})^2}$$
$$\approx 14.04 \text{ cm}$$

②放针宽度。

$$\text{放针宽度} = \text{前胸收窄宽度} + (\text{后片肩线长} - \text{成衣单肩宽})$$
$$= 1 \text{ cm} + (14.04 \text{ cm} - 11.25 \text{ cm})$$
$$= 3.79 \text{ cm}$$

考虑后肩收针为有边收针，收针后肩线较紧，前片纬平针较松，确定放针 2 cm。

③胸上放针针数。

$$\text{胸上放针针数} = \text{放针宽度} \times \text{横密}$$
$$= 2 \text{ cm} \times 6.4 \text{ 针}/\text{cm}$$
$$\approx 13 \text{ 针}$$

④放针高度设计。放针点取在挂肩上方的 1/3 点开始，一直放针到顶。

$$\text{放针转数} = \text{前片挂肩转数} - \text{高度修正值} - \text{成衣挂肩转数} \times \text{纵密} \times 2 \div 3$$
$$= 134 \text{ 转} - 5 \text{ 转} - 23.66 \text{ cm} \times 4.6 \text{ 转}/\text{cm} \times 2 \div 3$$
$$\approx 56 \text{ 转}$$

⑤放针设计。设每次放 1 针。

$$\text{放针次数} = \text{放针针数} \div \text{每次放针针数}$$
$$= 13 \text{ 针} \div 1 \text{ 针}/\text{次}$$
$$= 13 \text{ 次}$$

$$\text{每次放针转数} = \text{放针转数} \div \text{放针次数}$$
$$= 56 \text{ 转} \div 13 \text{ 次}$$
$$\approx 4.31 \text{ 转}/\text{次}$$

分解为两段放针，先放，最后平摇 5 转，得：4+1×10（先放），5+1×3，平 5 转。

11）计算挂肩以上平摇转数。

$$挂肩以上平摇转数＝前片挂肩转数－收针转数－放针转数$$
$$＝134 转 －41 转 －56 转$$
$$＝37 转$$

12）记号点位置。设前片记号点与后片记号点同高，记号点转数为 84 转，记号点位于第二次放针处。

$$挂肩收针后平摇转数＝记号点转数－收针转数$$
$$＝84 转 －41 转$$
$$＝43 转$$

根据上述计算，应在平摇后的第 3 次放针后的第 3 转处，在衣片两侧做记号点。

13）前开领设计。

①领宽针数。

$$领宽针数＝后领宽针数＝115 针$$

②领底平收针数。开领时领底挑 1 针。

③每侧领收针针数。

$$每侧领收针针数＝（领宽针数－领底平收针数）÷2$$
$$＝（115 针 －1 针）÷2$$
$$＝57 针$$

④前领深转数。

$$前领深转数＝前领深 × 纵密－上领缝耗转数$$
$$＝18\ cm × 4.6 转/cm－1 转$$
$$≈82 转$$

⑤领收针设计。本例为挖领领型、V 领结构。

领平摇高度转数。取收针后平摇高度为 4 cm。

$$领平摇高度转数＝平摇高度 × 纵密$$
$$＝4\ cm × 4.6 转/cm$$
$$≈18 转$$

$$领收针转数＝领深转数－平摇转数$$
$$＝82 转 －18 转$$
$$＝64 转$$

每次收针针数：设每次收针针数为 2 针，最后一次收 1 针。

$$收针次数 = 收针针数 \div 每次收针针数$$
$$= 57 \text{针} \div 2 \text{针/次}$$
$$\approx 29 \text{次}$$
$$每次收针转数 = 收针转数 \div 收针次数$$
$$= 64 \text{转} \div 29 \text{次}$$
$$\approx 2.21 \text{转/次}$$

可以分为两段收针,解得收针规律为:2-2×23,3-2×5,3-1×1。凹势在领深的1/3处,折合为82转÷3≈27.33转,收针规律修正为:1.5-2×14,2-2×3,3-2×11,3-1×1,平19转。修正后使凹势位于第二次收针结束处。

(4)袖片编织工艺设计

设边缝套口缝耗为2针,纵向缝耗为1转,袖挂肩以下平摇高均为3 cm。袖长修正系数为0.95,袖宽修正系数为1.05,袖口修正系数为1.35,袖山高修正系数为1.5 cm,缝合系数为0.45。

1)计算袖宽针数。
$$袖宽针数 = 袖宽 \times 2 \times 袖宽修正系数 \times 横密 + 缝耗 \times 2$$
$$= 17 \text{cm} \times 2 \times 1.05 \times 6.4 \text{针/cm} + 2 \text{针} \times 2$$
$$= 232.48 \text{针}$$

修正为奇数,取为233针。

2)计算袖口针数。
$$袖口针数 = 袖口罗纹宽 \times 2 \times 袖口修正系数 \times 横密 + 缝耗 \times 2$$
$$= 10 \text{cm} \times 2 \times 1.35 \times 6.4 \text{针/cm} + 2 \text{针} \times 2$$
$$\approx 177 \text{针}$$

3)袖山头针数设计。
$$袖山头针数 = 袖山头宽度 \times 横密 + 缝耗 \times 2$$
$$= 10.65 \text{cm} \times 6.4 \text{针/cm} + 2 \text{针} \times 2$$
$$= 72.16 \text{针}$$

袖山头横向易伸长,故本例取奇数为71针。

4)计算袖山高收针转数。
$$袖山高收针转数 = (袖山高 + 袖山高修正系数) \times 纵密$$
$$= (\sqrt{挂肩^2 - 袖宽^2} + 袖山高修正系数) \times 纵密$$
$$= [\sqrt{(24 \text{cm})^2 - (17 \text{cm})^2} + 1.5 \text{cm}] \times 4.6 \text{转/cm}$$

$$\approx (16.94 \text{ cm} + 1.5 \text{ cm}) \times 4.6 \text{ 转/cm}$$
$$\approx 85 \text{ 转}$$

5）袖山收针设计。

①袖挂肩平收针设计。取袖挂肩平收针针数与大身相同，为13针。

②袖山收针针数。
$$\text{袖山收针针数} = (\text{袖宽针数} - \text{袖山头针数}) \div 2$$
$$= (233 \text{ 针} - 72 \text{ 针}) \div 2$$
$$\approx 81 \text{ 针}$$

③收针次数。
$$\text{每侧斜收针数} = \text{袖山收针针数} - \text{袖挂肩平收针针数}$$
$$= 81 \text{ 针} - 13 \text{ 针}$$
$$= 68 \text{ 针}$$

设每次收2针，则：
$$\text{收针次数} = 68 \text{ 针} \div 2 \text{ 针/次} = 34 \text{ 次}$$

④每侧收针转数。
$$\text{每侧收针转数} = \text{袖山高收针转数} = 85 \text{ 转}$$

收针设计：按图2-2-23所示，本款为男装，袖山采用J型袖的收针方式。

将收针次数34次分成9次、8次、8次、9次四段，纵向转数大致按1∶2∶3∶4的比例分成四段，转数分别为9转、17转、24转、34转，平1转。解出4个三角形的收针规律，第一段为1-2×9，第二段为2-2×7和3-2×1，第三段为3-2×8，第四段为3-2×2和4-2×7。将四段中前后衔接的相同收针规律合并，以先陡后平的顺序排列得：4-2×7，3-2×11，2-2×7，1-2×9，平1转。如进行夹4支边收针时，最后4次采用无边收针以利于缝合。袖挂肩收针规律为：平收13针，4-2×7，3-2×11，2-2×7，1-2×5，1-2×4（无边），平1转。

6）计算袖挂肩以下平摇转数。
$$\text{袖挂肩以下平摇转数} = \text{平摇高} \times \text{纵密}$$
$$= 3 \text{ cm} \times 4.6 \text{ 转/cm}$$
$$\approx 14 \text{ 转}$$

7）袖身放针设计。

①放针针数。
$$\text{放针针数} = (\text{袖宽针数} - \text{袖口针数}) \div 2$$

$$=(233 \text{针} - 177 \text{针}) \div 2$$
$$= 28 \text{针}$$

②袖长转数。

袖长转数＝(袖长－袖口罗纹高)×袖长修正系数×纵密＋上袖缝耗

$$=(58 \text{cm} - 6 \text{cm}) \times 0.95 \times 4.6 \text{转/cm} + 1 \text{转}$$
$$\approx 228 \text{转}$$

③放针转数。

放针转数＝袖长转数－袖山收针转数－袖挂肩下平摇转数

$$= 228 \text{转} - 85 \text{转} - 14 \text{转}$$
$$= 129 \text{转}$$

④放针设计。袖放针采用袖口罗纹翻针后先放的方式，设每次放针针数为1针。

放针次数＝每侧放针针数÷每次放针针数

$$= 28 \text{针} \div 1 \text{针/次}$$
$$= 28 \text{次}$$

每次放针转数＝放针转数÷(放针次数－1)

$$= 129 \text{转} \div (28 \text{次} - 1)$$
$$\approx 4.78 \text{转/次}$$

放针设计分为两段规律放针，解得：4+1×12（先放），5+1×17。

8）袖口罗纹编织设计。

①袖口罗纹针数设计。袖口罗纹采用袖口宽针数直接转换法。

袖口罗纹针数＝袖口针数＝177针

下摆组织为1×1罗纹，针床相对针相错、面包底排针，前床60条、后床59条。

②空转设计。罗纹起底后设计空转1.5转，使罗纹边口饱满、光洁、美观。

③罗纹转数。

罗纹转数＝袖口罗纹高×罗纹纵密

$$= 6 \text{cm} \times 5.4 \text{转/cm}$$
$$\approx 32 \text{转}$$

9）袖山头做记号。设计中前片挂肩以上比后片长了5转，折合约1 cm，合肩后肩缝线后折约0.5 cm，背肩后折4.2 cm，共4.7 cm，因此袖山头记号点偏后30针。

（5）领条编织工艺设计

1）计算领条长度。已知本款成型服装 V 领领深 18 cm、领宽 18 cm。

①领圈周长。

$$领圈周长 = 领宽 + \sqrt{领深^2 + 半领宽^2} \times 2$$
$$= 18 + \sqrt{18^2 + 9^2} \times 2$$
$$\approx 58.25 (\text{cm})$$

②领条长。

$$领条长 = 领圈周长 = 58.25 \text{ cm}$$

③选择缝盘机号。本衣片采用 E12 横机进行编织，套口机号选用比衣片编织机号大 2~4 个机号，本例选用 E16，机号为 16 针 /in，计算时需要进行转换。

④开针数。

$$领条针数 = 领条长 \times (套口机号 \div 2.54 \text{ cm/in}) + 缝耗$$
$$= 58.25 \text{ cm} \times (16 \text{ 针 /in} \div 2.54 \text{ cm/in}) + 2 \text{ 针}$$
$$\approx 369 \text{ 针}$$

⑤罗纹平摇转数。

$$罗纹平摇转数 = 领罗纹高 \times 罗纹纵密$$
$$= 3 \text{ cm} \times 5.8 \text{ 转 /cm}$$
$$\approx 17 \text{ 转}$$

2）领条编织设计。开针 369 针，1×1 罗纹，单层领，面包底排针，空转 1.5 转，平摇 17 转，翻针，松 0.5 转废纱封口，挑记号。

3）记号点设计。

①领条缝合方法。领条为单层领，自成衣 V 领领尖开始套缝，至右肩缝线、左肩缝线至领尖止，共做两个记号点。

②计算各线段的针数。

领尖至右肩缝线长 $= \sqrt{(18 \text{ cm})^2 + (9 \text{ cm})^2} \approx 20.12 \text{ cm}$。

领尖至右肩缝线针数 $= 20.12 \text{ cm} \times (16 \text{ 针 /in} \div 2.54 \text{ cm/in}) \approx 126.74$ 针，取为 127 针。

后领宽段针数 $= 18 \text{ cm} \times (16 \text{ 针 /in} \div 2.54 \text{ cm/in}) \approx 113.39$ 针，取为 113 针。

挑孔顺序为 126 v113 v126。

（6）工艺单

各衣片工艺单汇总如图 2-2-26 所示。

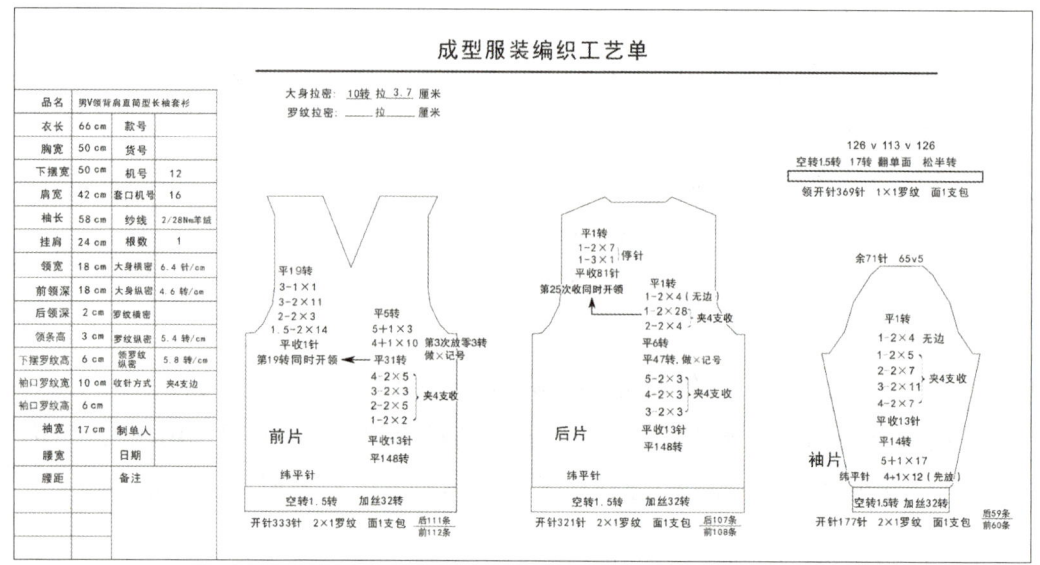

图 2-2-26　男 V 领背肩直筒型长袖纬平针套衫工艺单

步骤 5　做工要求

（1）套缝工艺流程

套缝工艺流程为：衣片封口→合肩→上袖→合肋缝→上领→手缝接头→拆废纱→钩线头。

（2）套口机号与缝线

1）套口机号为 E16。

2）缝线。后领平位 1 条原身毛纱紧套，其他全部 1 条原身毛纱加 1 条 PP 线套缝。

（3）套缝要求

1）封口。前片肩、袖山头要求针对针封口，封口线在废纱下 2 横列。

2）合肩。前片肩针对针上盘，后片肩拉开与前片同宽，均匀上盘。

3）上袖。袖和大身收针下 2 横列（皮）起套。袖子记号对肩缝，向后片移 30 支针。均套 2 支针，线迹松紧适宜，套夹边要求拉长套口，注意要有弹性。合肩、上袖缝合如图 2-2-27 所示。

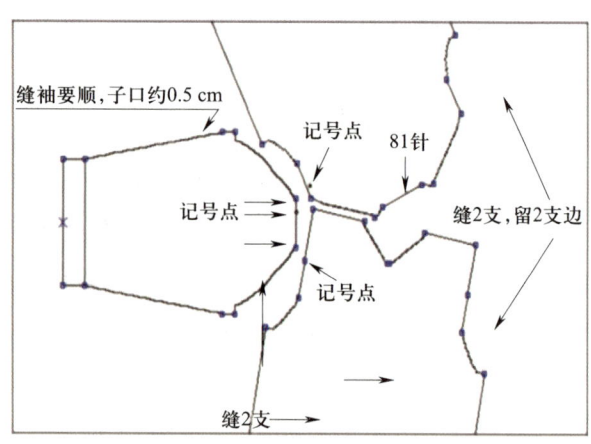

图 2-2-27　合肩、上袖缝合示意图

4）合肋缝。袖边及下摆罗纹高低对齐。袖窿点（腋下）交叉缝对齐，均套进2支针，线迹松紧适宜。

5）上领。领条按记号套上，套口时要求吃势均匀，斜位对称，平位套在封口线下2横列（皮），均套2支针，对位准确，领尖做尖。

学习单元2　制作T恤领、樽领等背肩、平肩、插肩的成型服装制版程序

掌握在有工艺单的前提下，在专用软件上制作T恤领、樽领等背肩、平肩、插肩的成型服装制版程序的方法。

一、工艺单解析

1. 男T恤领（系扣）背肩长袖套衫成型服装

工艺单解析与本系列教程中《服装制版师（成型类）（中级）》职业模块2培训课程2学习单元1的相关工艺单解析相同。

2. 女樽领插肩长袖套衫成型服装

下面以岛精SDS-ONE制版系统为例，女樽领插肩长袖套衫成型编织工艺单如图2-2-28所示。

（1）款型分析

女樽领插肩长袖套衫为直腰、插肩袖型，前片袖窿部位有平收、斜收两段结构，前领为圆领，有开领结构。后片与前片不同的是领部无开领结构。袖子为不对称袖山结构，需要制作左右对称的两个袖片。

（2）编织工艺

编织工艺按为前片、后片、袖片、领子四个部件来具体进行解析。

1）前片编织工艺解析。

①下摆罗纹工艺解析。下摆为1×1罗纹，开针为285针，奇数针采用面包底方法排针。空转1.5转，平摇29转。

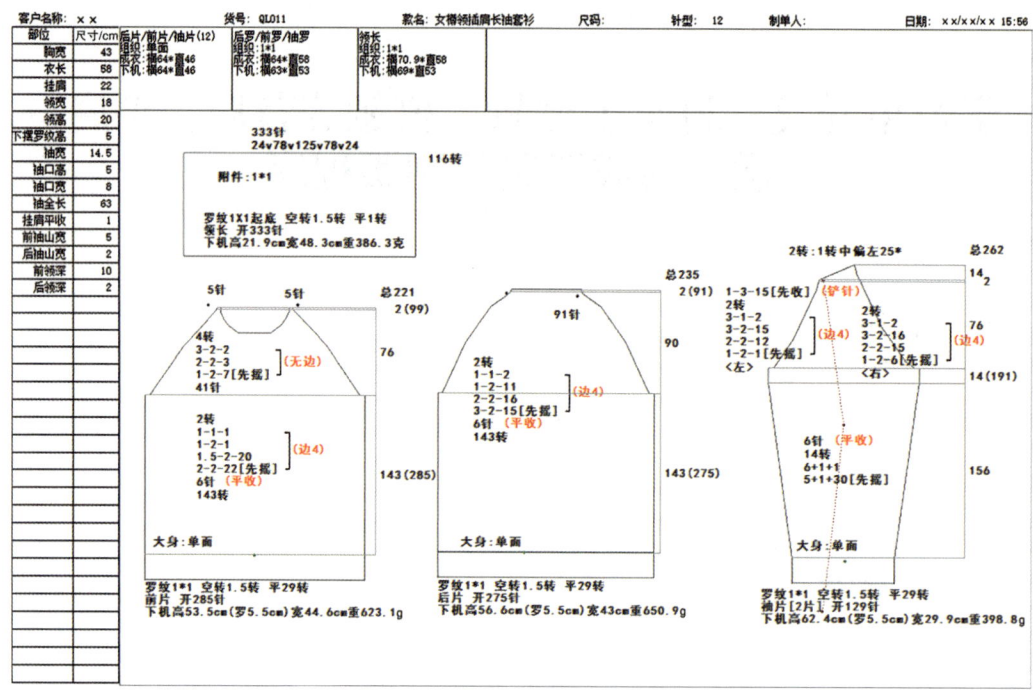

图2-2-28 女樽领插肩长袖套衫工艺单

②前片大身编织工艺解析。大身组织为纬平针，从下摆翻针后至袖窿点为平摇143转，袖窿底平收6针。袖窿斜收针分为四段，分别为2-2×22、1.5-2×20、1-2×1、1-1×1，夹4支边，其中2-2×22解读为摇2转收2针共循环22次（以下同）。考虑到与开领相接，所剩针数为5针，最后两段应不做夹支收针处理，最后平摇2转。大身总转数为219转。

③前领编织工艺解析。前领为圆领，开领规律为领底平收41针；斜收为1-2×7、2-2×3、3-2×2，无边收针；平摇4转结束。领底收针采用废纱落布的编织方式。

2）后片编织工艺解析。

①下摆罗纹编织工艺解析。下摆为1×1罗纹，开针为275针，采用面包底方法排针；空转1.5转，平摇29转。

②后片大身工艺解析。从下摆翻针后至袖窿点为平摇143转（同前片），袖窿底平收6针。袖窿斜收针分为四段，分别为3-2×15、2-2×16、1-2×11、1-1×2，夹4支边收针，最后平摇2转。大身总转数为233转。

后片无开领结构，无开领收针规律。

3）袖片编织工艺解析。

①袖口罗纹编织工艺解析。袖口罗纹组织为1×1罗纹，开针为129针，空转1.5转，平摇29转。

②袖身编织工艺解析。袖身为放针结构，放针规律有两段，分别为5+1×30（先摇）、6+1×1，其中5+1×30（先摇）解读为摇5转加1针循环30次（以下同），无注明放针方式默认为无边放针。放针结束后平摇14转。

③袖山编织工艺解析。袖山的收针分左右，为不对称结构，分为前袖山、后袖山、袖山头三个部位。

a. 前袖山编织工艺。分为一段平收针、一段斜收针、一段平摇。平收6针；斜收为1-2×1（先摇）、2-2×12、3-2×15、3-1×2，夹4支收针；平摇2转。

b. 袖山头收针。袖山头为斜收针，斜度较小，有宽度要求，采用持圈收针法（铲针）。规律为1-3×15（先收），先收表示先收针后摇转。平摇2转，中偏左25针做挑孔记号。

c. 后袖山编织规律。与前袖山解读方法相同。

本例中袖身的挂肩收针为夹4支收2针，移针数较多，主要会出现断纱、破洞等问题。

4）领子编织工艺解析。樽领为一个矩形外形，组织为1×1罗纹；开针333针；空转1.5转，平摇116转。密度放松1转废纱封口，在废纱1转后做套缝对位的位置点，用挑孔方式做记号。

3. 男樽领平肩长袖嵌花套衫成型服装

下面以斯托尔M1plus制版系统为例，男樽领平肩长袖嵌花套衫工艺单如图2-2-29所示。

（1）前片

1）织片基本组织结构。单面平针，纵向排列3行菱形嵌花图案。嵌花色块间距大于2 in，颜色排列有规律，在编织时适合使用合并导纱器[①]系统提高编织效率。

[①] 导纱器即纱嘴。在本学习单元中，因为使用制版系统的缘故，部分内容使用导纱器这一概念。

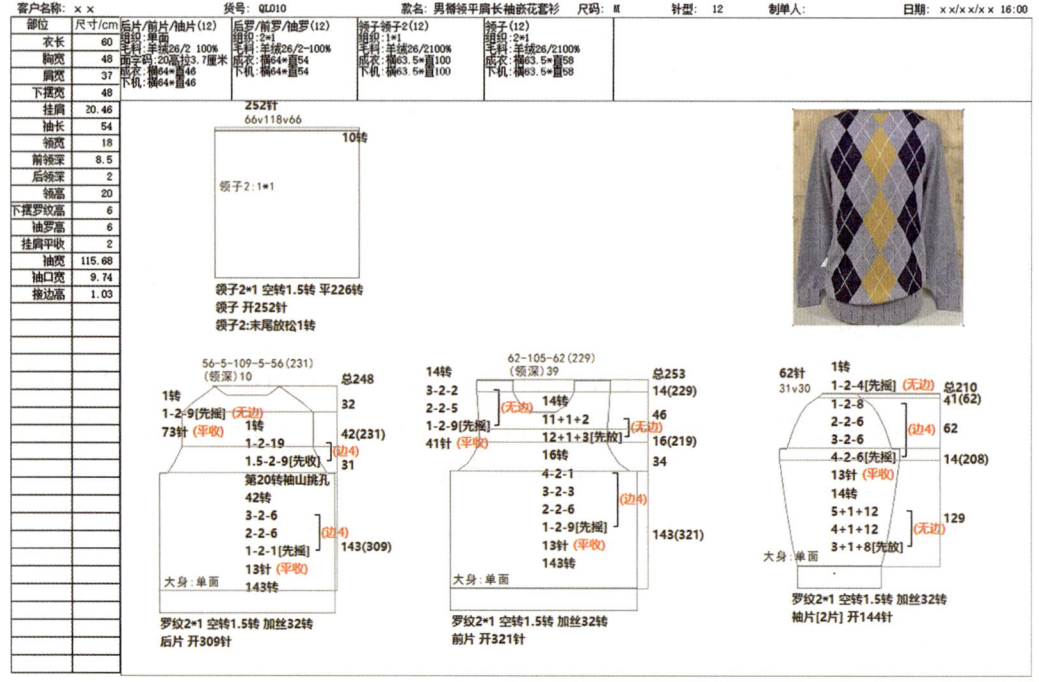

图 2-2-29 男樽领平肩长袖嵌花套衫工艺单

2)腋下。腋下有平收,可以选择使用带借针脱圈的拷针模块(拷针—袖孔—脱圈_CA)改善拷针线迹的松紧度。

3)挂肩收针。挂肩收针使用 STOLL 默认收针设置(标准是单面平针),无须自定义。

4)领底。领底平去,使用拷针方式,在单面结构上可以选择默认模块(拷针 SJ 01_CA)或者高效的快速拷针模块(领线快速_1_CA)。

5)领边收针。不留边,将收针模块宽度及边缘组织宽度修正为收针步宽 2。

6)罗纹。罗纹使用带添纱(衬氨纶丝)的 2×1 开始模块。由于在同一个导轨上只能安装相同类型的导纱器,前片花型部分使用嵌花导纱器类型,使用中间的导轨,因此添纱导纱器可以排列在外侧的导轨上。

(2)后片

1)织片组织结构。织片为单面平针组织。

2)腋下。腋下平去,同前片。

3)挂肩收针。挂肩收针同前片。

4)背肩收针。背肩收针留 4 支边,收针急。为改善松紧,应修改收针模块,可以在模块收针内侧加一针浮线借针。

5）领底。领底平去，可以使用挂废纱脱圈的方式减少编织时间。

6）领边收针。领边收针同前片。

7）罗纹。罗纹使用带添纱（衬氨纶丝）的 2×1 开始模块。生产时可以同前片使用不同的机器编织，机器上只安装普通导纱器，添纱导纱器尽量排列在居中的导轨上。

（3）袖片（2 只）

1）织片组织结构。织片为单面平针组织。

2）腋下。腋下平去，同前片。

3）挂肩收针。挂肩收针最后一组不留边，需单独设置收针模块及边缘组织宽度值为 2。

4）罗纹。罗纹使用带添纱（衬氨纶丝）的 2×1 开始模块。生产时可以同前片使用不同的机器编织，机器上只安装普通导纱器，添纱导纱器尽量排列在居中的导轨上。

（4）领（2 片）

1）织片组织结构。织片为 1×1 罗纹。

2）罗纹。罗纹使用标准 2×1 开始模块。生产时可以同前片使用不同的机器编织，机器上只安装普通导纱器。

二、制版方法与模型工具

1. 斯托尔 M1plus 制版系统

对于男樽领平肩长袖嵌花套衫，斯托尔 M1plus 制版系统使用了一些花型工具和成型模块进行制版。

（1）"菱形花型"工具

1）打开"菱形花型"对话框，如图 2-2-30 所示，图中数字所示的各部分的功能与含义如下。

①颜色（见表 2-2-4）。

②重设颜色。仅用于"相同颜色"和"不同颜色"，预览中的颜色修改将被重置为初始状态。

③重复的尺寸（见表 2-2-5）。

④重复（见表 2-2-6）。

⑤菱形（见表 2-2-7）。

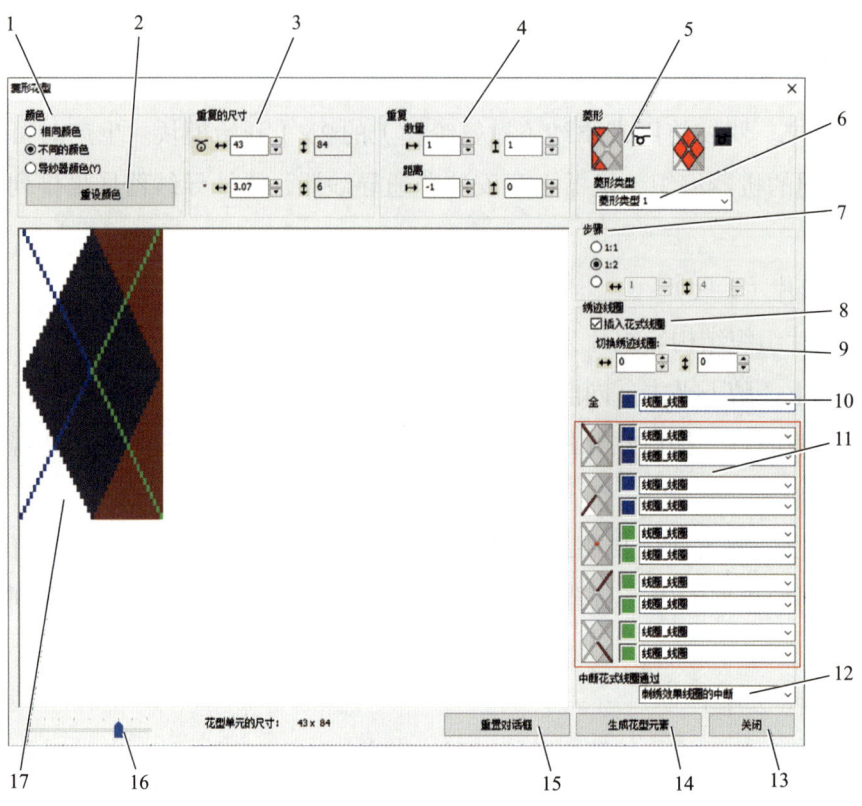

图 2-2-30 "菱形花型"对话框

表 2-2-4 颜色

选项	功能	图示
相同颜色	使用相同的颜色显示菱形块和周边的区域	
不同颜色	使用不同的颜色显示菱形块和周边的区域	

续表

选项	功能	图示
导纱器颜色	使用不同的导纱器颜色显示菱形块和周边的区域,然后在下方出现的列表中选择所需的颜色排列。 注意:只有在菱形块宽度不小于 6 in,并且在导纱器颜色数量特定时才能操作。此外,列表区域仅用于"导纱器颜色",所选 CA 将与花型元素一起应用到花型中	

表 2-2-5 重复的尺寸

图标	功能
⚭	定义菱形块的宽度,以线圈的个数来表示。 注意:高度随宽度按照图 2-2-30 "步骤"变化
▪	定义菱形块的宽度,单位为 in。 注意:此设置对应针型为 E7.2,1 in 对应 14 个线圈

表 2-2-6 重复

选项	功能
数量	定义水平和垂直方向上菱形块的个数
距离	定义水平和垂直方向上菱形块间的距离

↦（宽度方向）

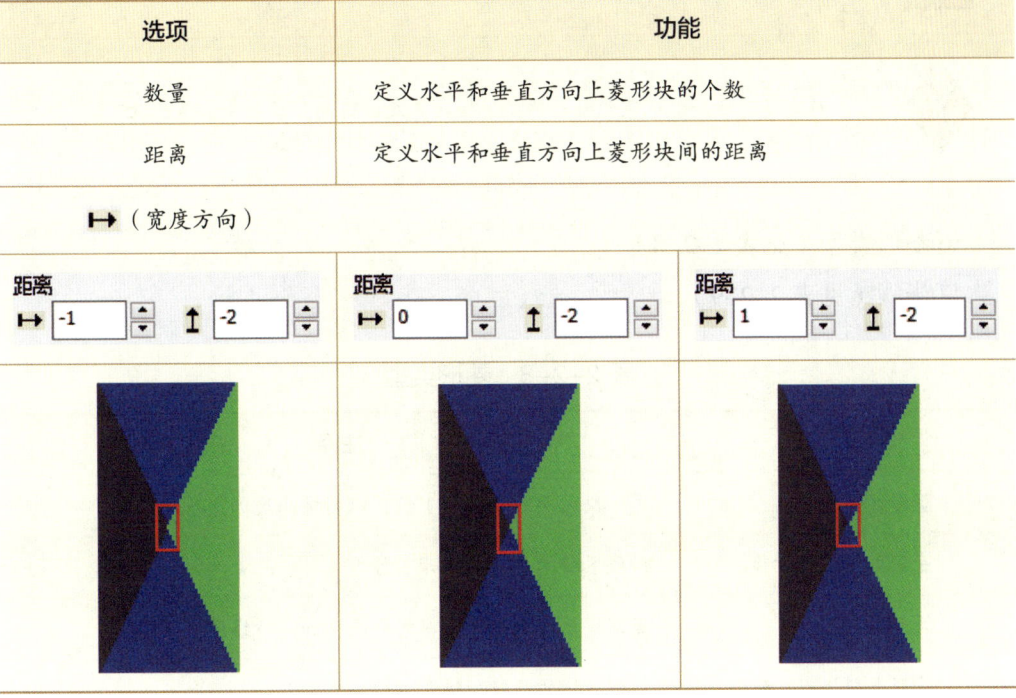

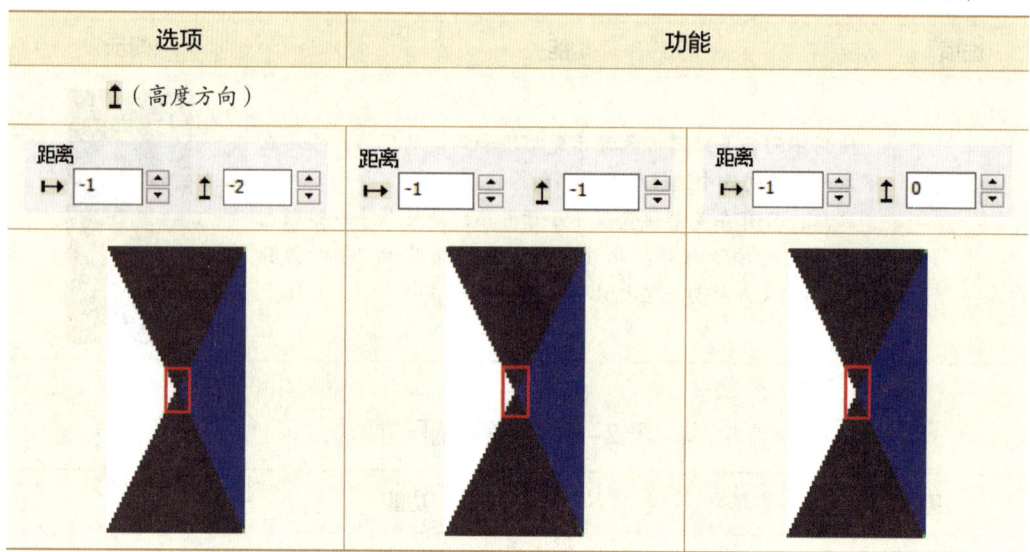

选项	功能

表 2-2-7 菱形

图标	含义
	确定菱形块周边区域的颜色及织针动作，选择颜色及织针动作后点击右侧的
	确定菱形块的颜色及织针动作，选择颜色及织针动作后点击右侧的

⑥菱形类型（见表 2-2-8）。

⑦步骤（见表 2-2-9）。

表 2-2-8 菱形类型

选择列表	注释
菱形类型 1	菱形块之间的距离为 1 针，以同样高度加宽纱线区域
菱形类型 1 不对称	纱线区域的放针行错开 1 行
菱形类型 2	菱形块之间无距离，以同样高度加宽纱线区域
菱形类型 2 不对称	纱线区域的放针行错开 1 行

表 2-2-9　步骤

选项	功能	图示
⦿ 1:1	横直比例为 1:1	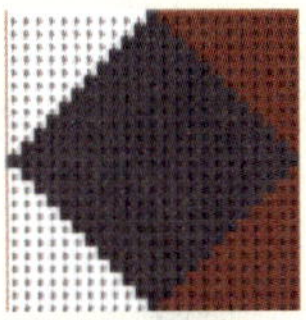
⦿ 1:2	横直比例为 1:2	
⦿ ↔ 1　↕ 4	横直比例自定义，如 1:4	

⑧绣迹线圈。在插入花式线圈的复选框□中勾选与否表示是否在菱形块上插入绣迹线圈。

⑨切换绣迹线圈（见表 2-2-10）。

表 2-2-10　切换绣迹线圈

位移设置	功能
↔ 0	相对于菱形块宽度方向（水平）移动 n 针
↕ 0	相对于菱形块高度方向（垂直）移动 n 针

⑩全（见表2-2-11）。

表2-2-11　全

选项	功能
	点击后直接定义线迹区域，包括纱线颜色和提花（在列表区域选择）、纱线颜色和织针动作，无设定时使用基本颜色编织。 注意：这个设定将会取消列表框里指定的提花，在预览中，绣迹线圈显示为透明
列表区	选择一个提花模块

⑪单独绣迹线圈的设置（见表2-2-12）。

表2-2-12　单独绣迹线圈的设置

图标	列表区
	定义纱线颜色和提花（在列表区域选择）、纱线颜色和织针动作，无设定时使用基本颜色编织
	表示绣迹线圈交叉的设置，代表连续绣迹线圈

⑫中断花式线圈通过。表示绣迹线圈颜色间断的设置，代表不连续的绣迹线圈，此时应从列表中选择提花模块。

⑬关闭，即关闭对话框。

⑭生成花型元素。表示不关闭对话框创建花型元素，可将花型元素保存在"本地模块和花型元素"中。

⑮重置对话框。表示将菱形花型工具恢复到STOLL默认值，包括所有设置和在预览区中的改动。

⑯预览区的缩放游标，表示用于缩放的预览标尺。

⑰预览区。显示当前设置的花型，可以直接通过鼠标左键修改颜色。

2）绣迹线圈及间断式绣迹线圈模块（见表2-2-13）。

表 2-2-13 绣迹线圈及间断式绣迹线圈模块

图标	选择区	符号	编织顺序
	—		无提花定义，只添加颜色
	线圈_线圈		
	线圈_浮线		
	浮线_线圈		
	成圈_浮线_基础编织		
	刺绣效果线圈的中断		
	浮线_线圈_基础编织		

3）菱形块颜色替换。进行菱形块颜色替换时需注意不能选择使用"导纱器颜色"，应使用"默认颜色"。

①定义菱形。可以直接使用织片图案颜色，方便查看配色效果。

②在"花型颜色"中选择要更换的颜色。

③在预览中点击要更换的区域。如有必要，可以修改菱形尺寸。

④生成花型元素。注意：按住"Ctrl"键并点击预览中的一个颜色，可以将整个花型元素替换成这个颜色，绣迹线圈圈柱的颜色将从一个交叉点到下一个交叉点被替换，如图 2-2-31 所示。

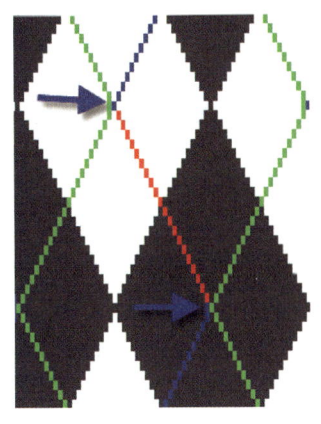

图 2-2-31 颜色替换示意图

（2）自定义设置拷针模块

1）拷针模块链接路径："数据库模块管理器"—"工艺"—"拷针_CA"及"拷针"，如图 2-2-32 所示。自定义拷针模块或其他途径得到的拷针模块需要先存放到这两个模块组中，只有这样，才可以在模型编辑器中通过功能列设置边缘属性时的列表来使用这些拷针模块。

2）常用拷针模块。因受窗口显示区域限制，拷针模块列表中通常为常用的模块，不常用的模块被存放到其他模块组中。使用设

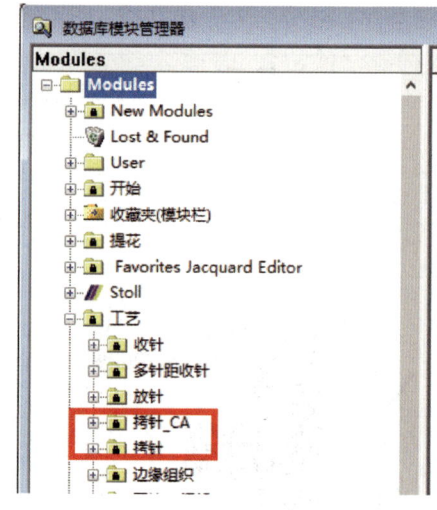

图 2-2-32　拷针模块路径

计模式完成花型可以使用"拷针"及"拷针_CA"两组模块，使用工艺模式完成花型只能使用"拷针"模块组。

①单面平针结构常用拷针模块及应用部位，以颜色排列模块组为例（见表 2-2-14）。

表 2-2-14　单面平针结构常用拷针模块及应用部位

模块名称	应用部位
拷针 SJ 01_CA	所有部位
拷针 RL 带固定 01_CA	织物边缘部位，如挂肩外侧、裆底平去
拷针—袖孔—脱圈_CA	织物边缘部位，相较于标准拷针，有较好的松紧度
保护行 + 脱圈_CA	易于编织，但需要缝合套口，多用于较宽部位的平去，如领底平去
领线 快速_1_CA	使用针板最大横移拷针，高效、快速，适用于领底较宽区域的平去。 注意：使用针板最大横移的拷针模块时，所有的线圈必须停留在前针床
结束拷针 分离纱_CA	织片结束，借助分离纱拷针
结束拷针 > 快速_CA	织片结束，纱线弹性较好，不需要借助分离纱拷针

②双面平针结构常用拷针模块及应用部位（见表 2-2-15）。

③双面提花常用拷针模块及应用部位（见表 2-2-16）。

表 2-2-15　双面平针结构常用拷针模块及应用部位

模块名称	应用部位
拷针 DJ 01_CA	所有部位
拷针 RR 带固定 01_CA	织物边缘部位，如挂肩外侧、裆底平去
拷针圆筒 结束 _CA	空转结构顶部平去
拷针 双面 带固定和手动锁定 _ 颜色排列	织片顶部平去

表 2-2-16　双面提花常用拷针模块及应用部位

模块名称	应用部位
拷针 DJ 01_CA	所有部位
拷针 RR 带固定 01_CA	织物边缘部位，如挂肩外侧、裆底平去

3）在模型编辑器中自定义拷针模块。

①前后片及袖片挂肩拷针设置。如图 2-2-33 所示，打开挂肩平去边缘行"功能"对话框，切换到"拷针"选项，选择编织模式"单面平针结构"，拷针类型设置为"颜色排列"，并从列表中选择"拷针—袖孔—脱圈 _CA"，点击"应用"将模块应用到模型中，然后关闭对话框。

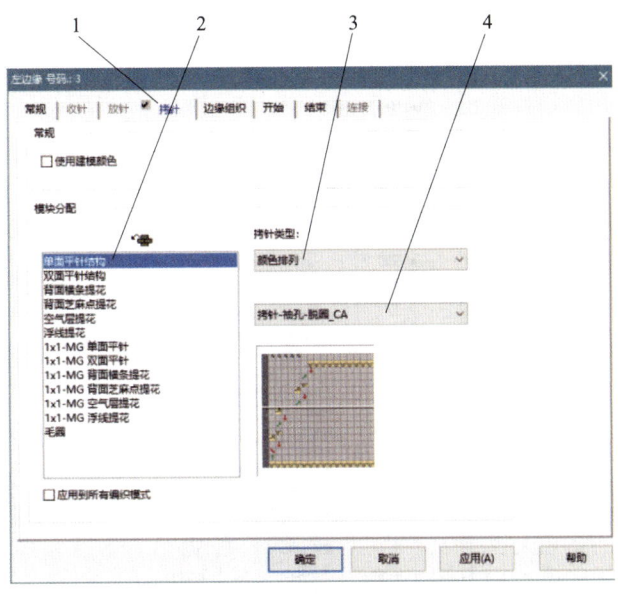

图 2-2-33　挂肩拷针设置示意图
1—拷针选项卡；2—编织模式列表；3—拷针类型；4—拷针模块

②后领中拷针设置。如图2-2-34所示，在模型中应用"保护行+脱圈_CA"。

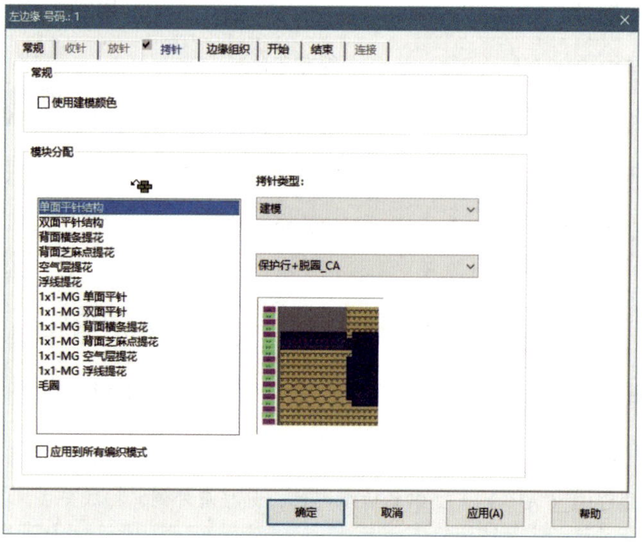

图2-2-34 后领中拷针设置示意图

（3）编辑修改工艺打包模块——收针模块

1）在"数据库模块管理器"中新建模块组。

①打开"数据库模块管理器"，如图2-2-35所示，在"单面平针结构"模块组中新建自己的模块组，并命名为rose。

图2-2-35 新建模块组示意图

②在自己的模块组（rose）中按方向创建两个子模块组："<<<<"及">>>>"，如图 2-2-36 所示。

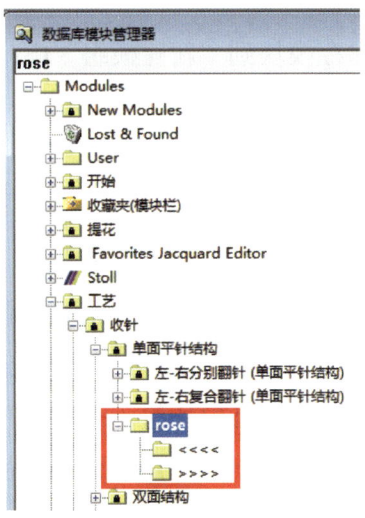

图 2-2-36　自己的模块组（rose）

2）在自己的模块组（rose）中新建收针单元模块，以后片肩线左侧边缘为例。

①生成收针模块，如图 2-2-37 所示。创建一个没有编织动作的收针模块，在模块中添加织针动作，在控制列中设置针板横移位置，如有必要也可以在模块中设置机速、牵拉等参数。需要注意的是，模块中使用的工艺行要合并到一个花型行中。

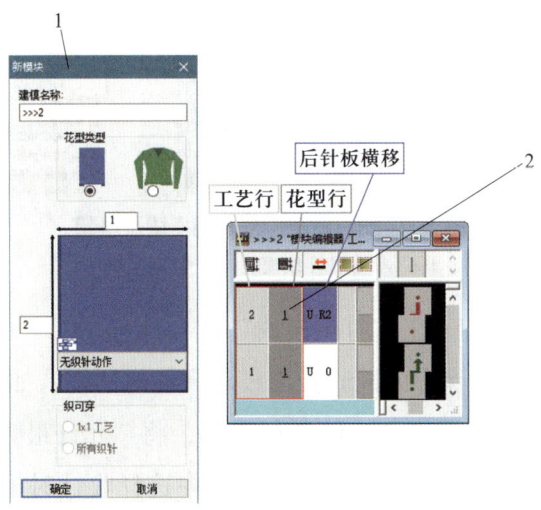

图 2-2-37　生成收针模块示意图
1—新建模块对话框；2—模块编辑器中行号设置

②合并工艺行，使用快捷键F8或通过菜单栏"选择"→"合并"→"花型行合并"，将选择的区域合并为一个花型行，图2-2-37中是将两个工艺行合并为1个花型行。

③关闭模块编辑器，保存模块到"新建模组"中，并将模块拖放到自己的模块组（rose）中。

3）创建工艺打包模块。

①新建工艺打包模块。通过菜单栏"建模"→"新建模"→"工艺打包模块"，打开新的工艺打包模块编辑窗口，如图2-2-38所示。

将模块栏"拷针单元"组中（图2-2-38所示位置1）的"不带翻针的浮线"直接拖放到编辑窗口右下角位置，用于收针内侧的浮线借针。

将"数据库模块管理器"中自己模块组（rose）中的移圈模块（图2-2-38所示位置2）">>>2"拖放到打包模块居中用于循环的位置。

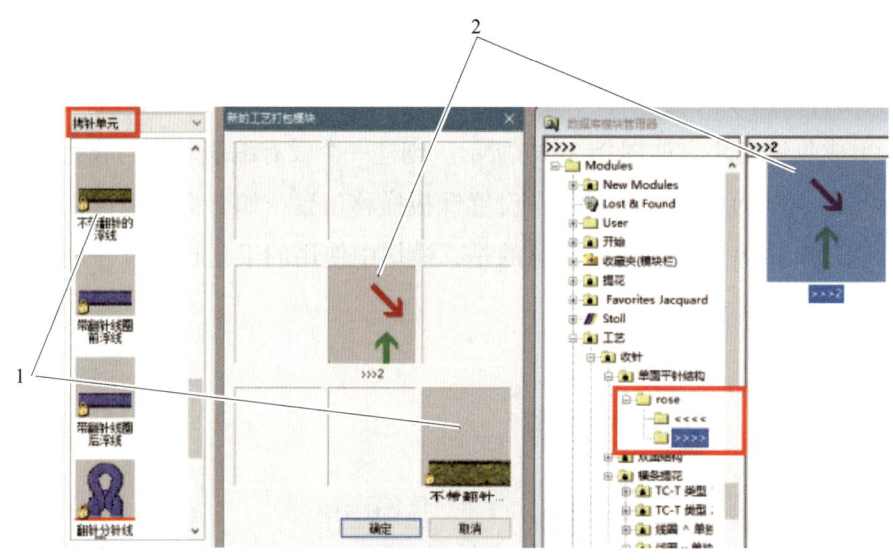

图2-2-38　新建工艺打包模块示意图
1—不带翻针浮线模块；2—移圈模块

②点击"确定"，保存"工艺打包模块"。

③设置模块属性。在保存的同时弹出模块属性对话框，如图2-2-39所示，在此设置"工艺"属性。根据模型边缘进行设置，将"允许最大横移 <:"及"允许最大横移 >:"设置为2。在"常规模块属性"中选择收针时模块所需使用的方向">"或"<"。

④点击"确定"确认设置。

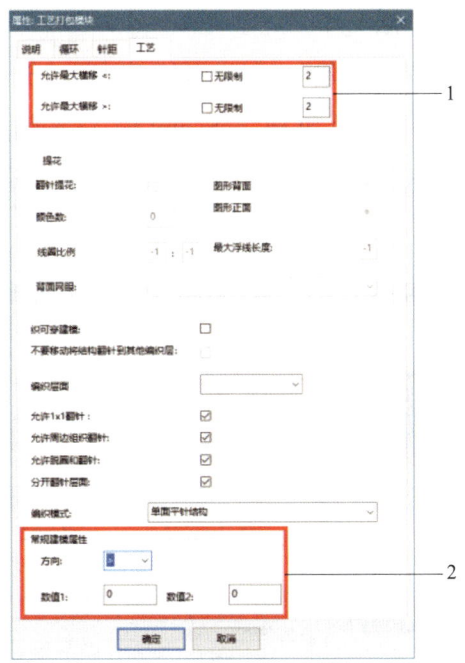

图 2-2-39　工艺打包模块工艺属性设置
1—允许最大横移选项；2—常规建模属性

⑤将模块拖放到自己的模块组（rose）中。在模型编辑器中使用自定义收针模块，打开实例后片模型的肩线收针功能设置对话框，在收针模块列表中选择自己的收针模块，如图 2-2-40 所示。打开边缘行 9 的功能设置对话框，设置"收针属性""单面平针结构""建模"，从列表中选择自己的模块组将默认模块替换掉。

4）在单面花型中使用模型后，肩线收针的编织及翻针模式如图 2-2-41 所示，图中 1 所示收针模块按照收针宽度循环 6 针，图中 2 所示在内侧借一针浮线可改善织边松紧。

2. 岛精 SDS-ONE 制版系统

岛精 SDS-ONE 制版系统具有多种方法可进行衣片成型，如简易成型工具成型法、新建成型文件成型法、工艺单简易成型法、尺寸成型法、纸样输入成型法等，这里主要讲述前两种方法。

（1）简易成型工具成型法

编织菜单工具栏中有"简易成型"工具，点击工具弹出"工艺图""尺寸设定"两个选项。点击"工艺图"选项会弹出编织工艺编辑器，输入各编织工艺步骤、罗纹类型、开针数、附加功能线等，完成输入后可以存储工艺单，生成衣片图形。

（2）新建成型文件成型法

在"新建"菜单中选择"新建"，在弹出的对话框中选择"成型"类型，输入模式可以选择"输入尺寸""输入纸样""Spaint输入""输入AAMA"中的任意一种，按系统设定的步骤输入其他参数和要求，即可自动生成衣片图形。

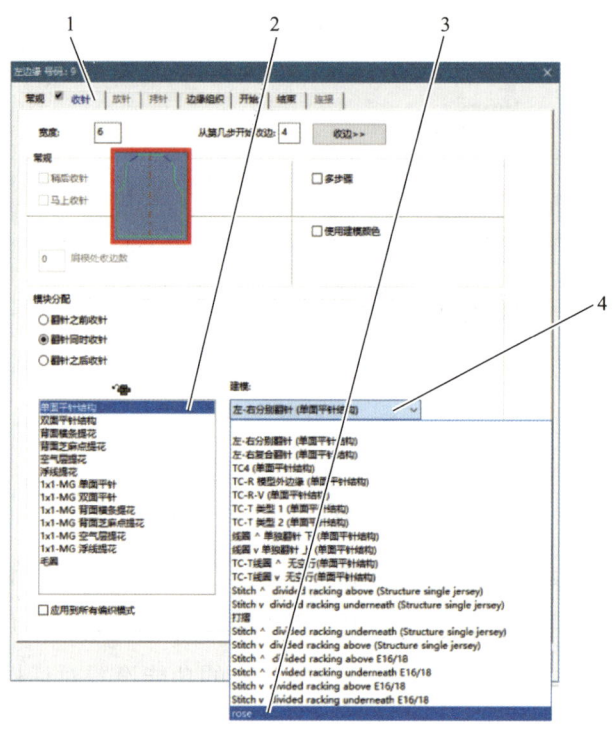

图2-2-40　在模型编辑器中通过功能对话框调用自己的收针模块
1—收针选项；2—编织模式：单面平针结构；3—模块组：rose；4—默认模块组

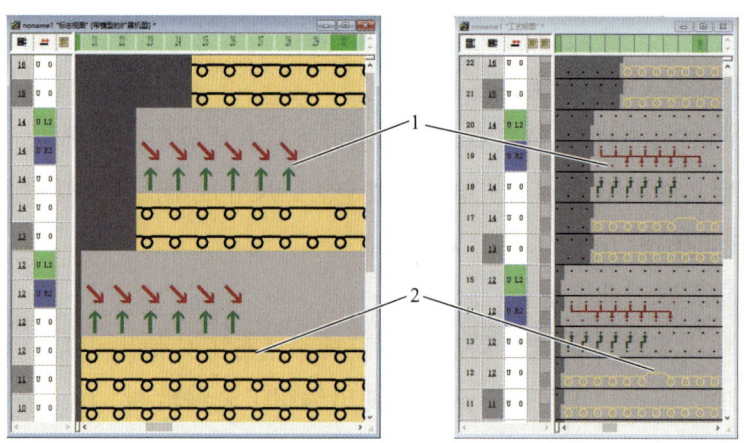

图2-2-41　肩线收针的编织及翻针模式
1—收针模块；2—在内侧借一针浮线

制作T恤领、樽领等背肩、平肩、插肩的成型服装制版程序

一、男T恤领（系扣）背肩长袖套衫成型服装制版程序

下面以恒强 HQPDS16 制版系统为例。

步骤1 前片成型工艺设置（包含罗纹、大身、领子等工艺设置）

按给出的工艺图纸信息从下往上查看数据设置工艺单。

（1）前片起始针及罗纹参数设置

前片起始针数据及罗纹参数设置方式如图 2-2-42 所示。

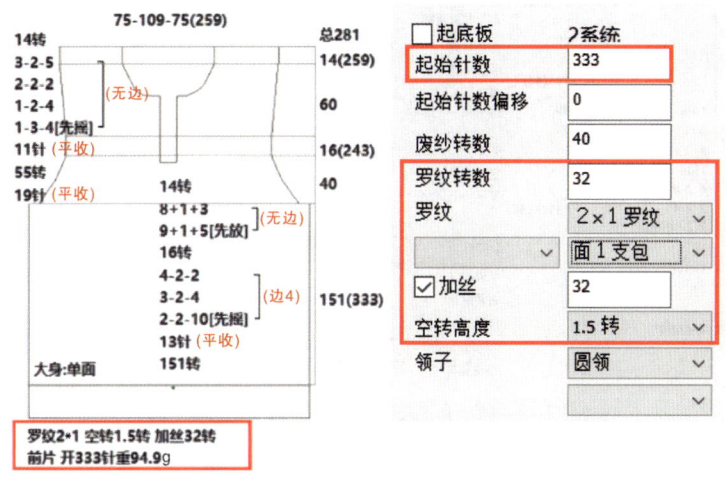

图 2-2-42　前片起始针数据和罗纹参数设置

（2）前片工艺数据设置

1）输入前片大身数据。首先勾选"大身对称"，默认输入左身工艺，如图 2-2-43 所示。

2）输入前片领子数据。默认勾选"领子对称"。开领针数为 19 针，平收，输入前片领子数据时需要注意收针针数应为正数。由于领子无法设置夹边标记，这里使用夹边（2）处理领子部分平收，如图 2-2-44 所示。

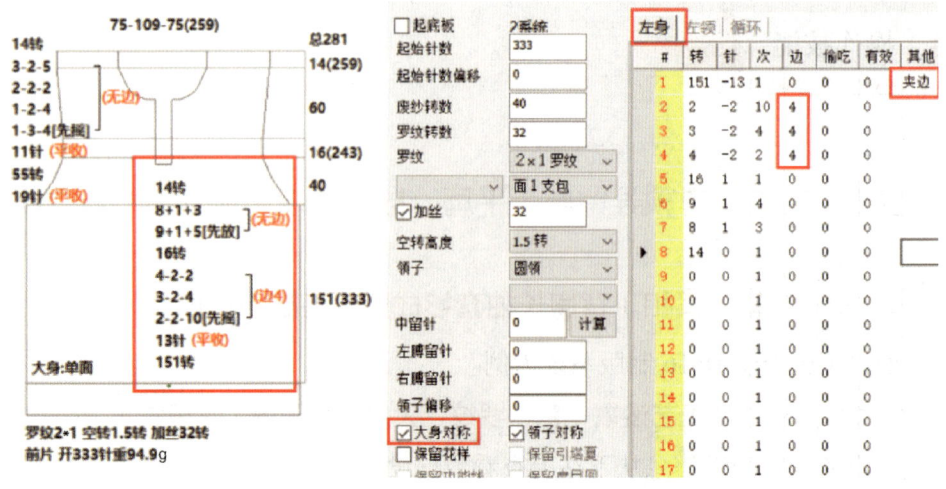

图 2-2-43　前片大身数据、大身工艺设置

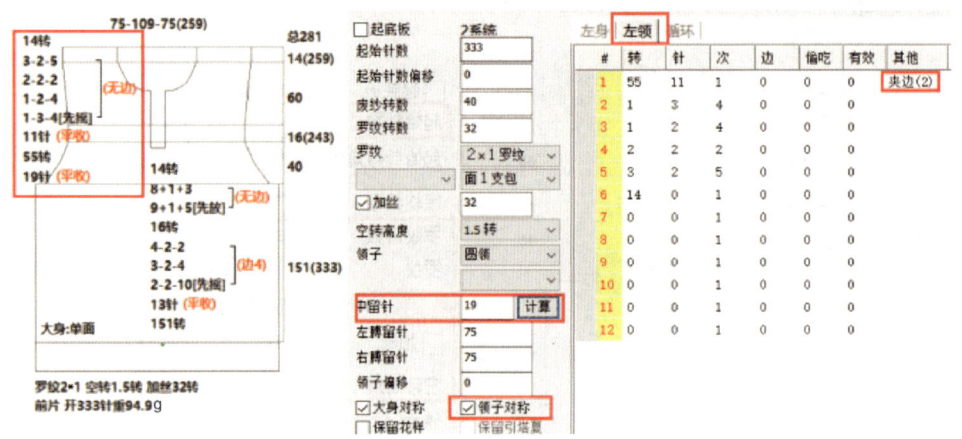

图 2-2-44　前片领子数据、领子工艺设置

前片领子工艺输入完成后点击"确定"，生成左膊、右膊留针。可以对比工艺单检查，如图 2-2-45 所示。

（3）前片废纱、罗纹及领子参数设置

一般根据机器针型设置废纱转数，以 12 针机器为例，设置 40 转即可，根据废纱纱线不同可以适当增加。前片罗纹参数根据工艺单设置即可，如图 2-2-46 所示。

前片领子根据开领模式进行选择。此例选择圆领底拆行、V 领拆行 2，其他两种模式可以根据上机需要进行选择，如图 2-2-47 所示。

圆领拆行模式根据工艺单选择平收，此例圆领底方式选择单针（1），夹边（2）方式选择自动，其他模式可以根据上机需要进行选择，如图 2-2-48 所示。

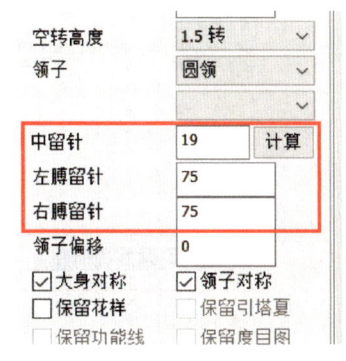
图 2-2-45 左膊、右膊工艺检查

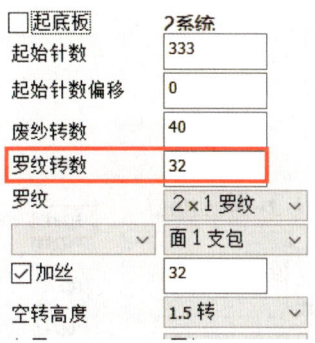
图 2-2-46 前片罗纹转数设置

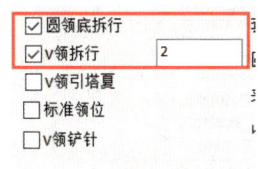
图 2-2-47 领处理方式选择

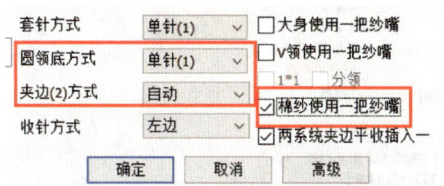
图 2-2-48 圆领底处理方式

若为非起底版机器类型，封口棉纱部分建议选择使用一把纱嘴，如图 2-2-49 所示。

（4）前片工艺检查

点击右下角"检查"进行工艺检查，主要检查总行数及左膊、右膊留针。对照其工艺，总转数为 281 转，左膊留针为 75，右膊留针为 75，如图 2-2-50 所示。

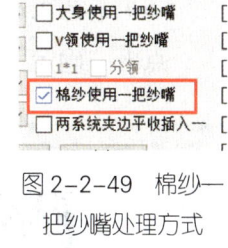
图 2-2-49 棉纱一把纱嘴处理方式

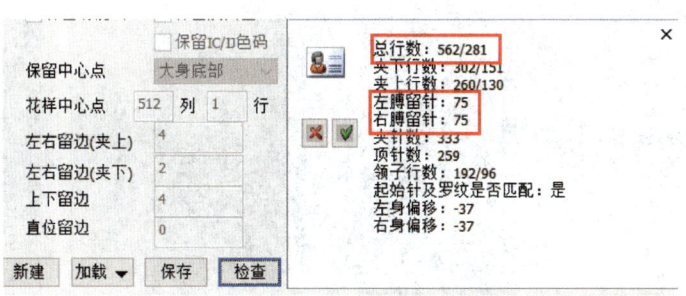
图 2-2-50 前片工艺检查信息

工艺单中的主要数据如图 2-2-51 所示。可以根据不同位置的转数进行对比检查，检查方法为：点击当前行，查看当前行的宽度和高度。

一般检查到最后的时候，可以直接点击最后一行数据后的空行，即可进行检查，如图 2-2-52 所示。

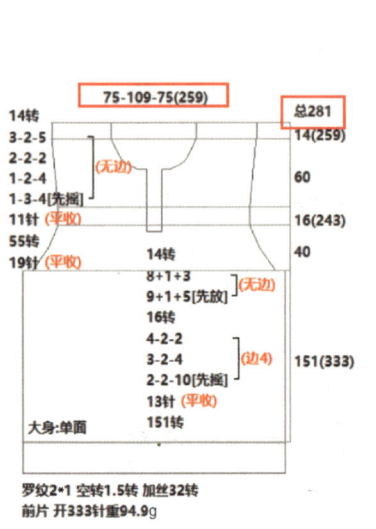

图 2-2-51 工艺单中的主要数据

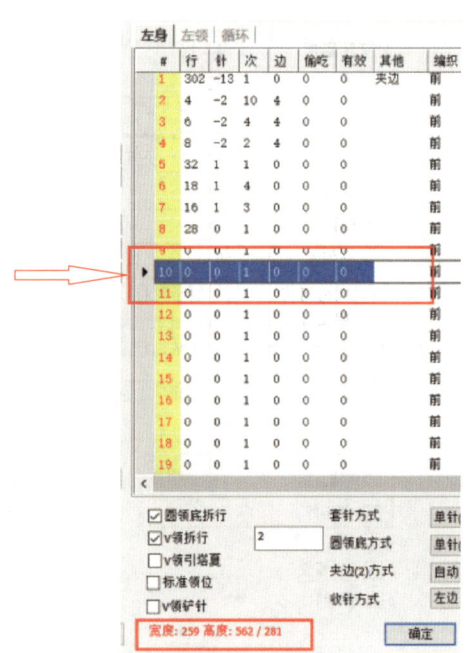

图 2-2-52 总转数检查

（5）工艺完成，生成制版

点击"确定"生成制版，制版效果如图 2-2-53 所示。

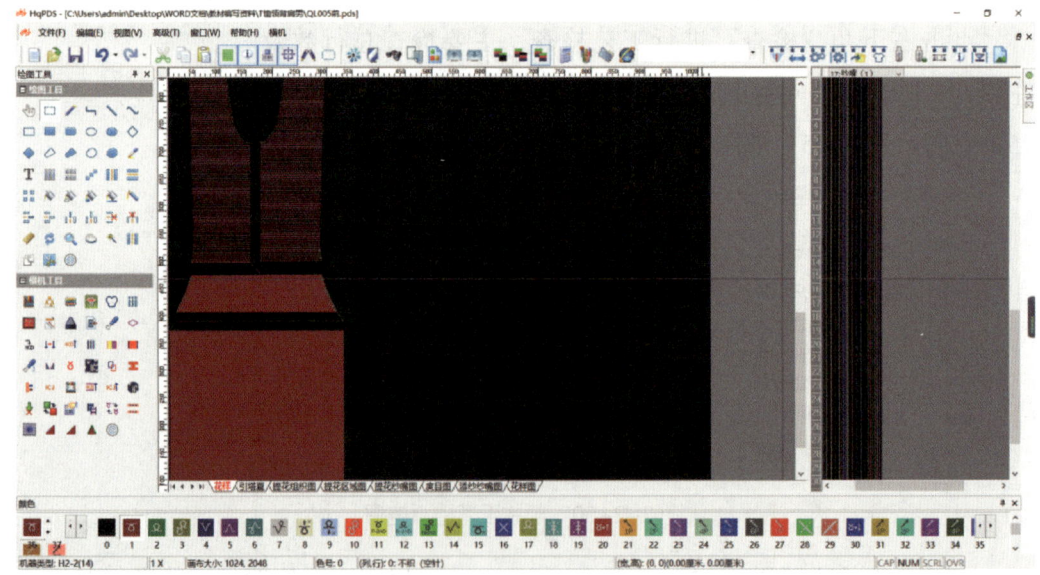

图 2-2-53 制版效果图

（6）检查纱嘴和段数

纱嘴和段数一般在设置工艺单高级参数后自动生成，点击工艺单高级参数设置对话框中的"纱嘴和段数",即可进行检查,如图 2-2-54 所示。

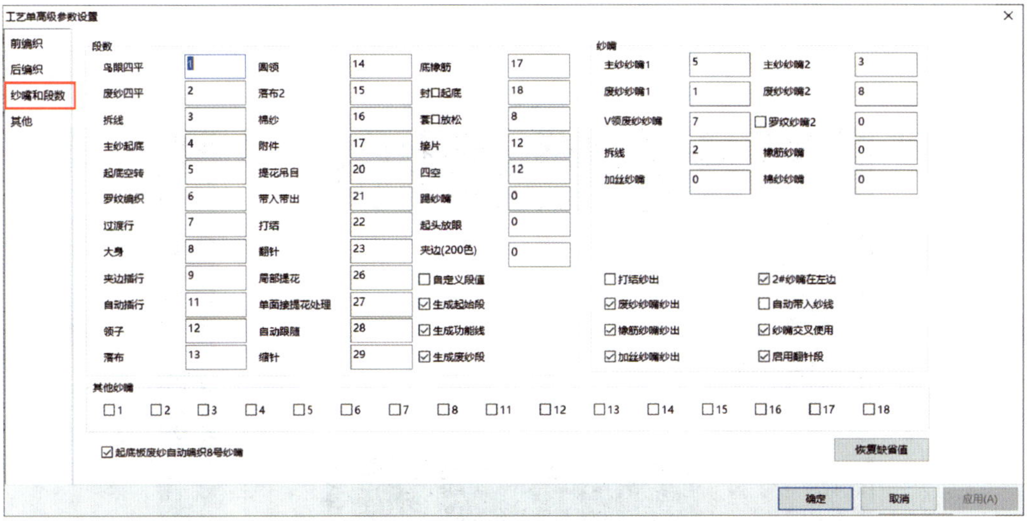

图 2-2-54 检查纱嘴和段数

(7)检查编译信息并查看模拟组织

编译时,建议选择系统方案,部分选项可以根据需求进行修改,如图 2-2-55 所示。

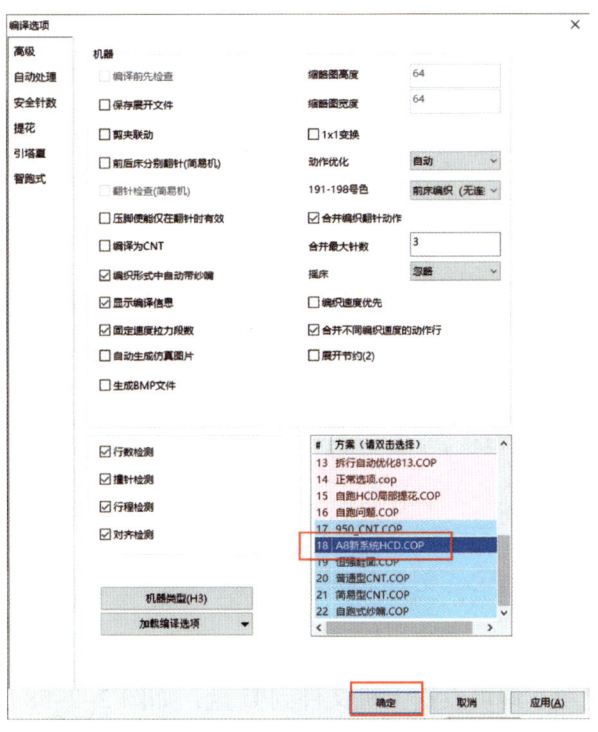

图 2-2-55 编译选项选择

检查编译信息,如图 2-2-56 所示。编译后通过模拟线圈查看是否有错误提示,如图 2-2-57 所示。

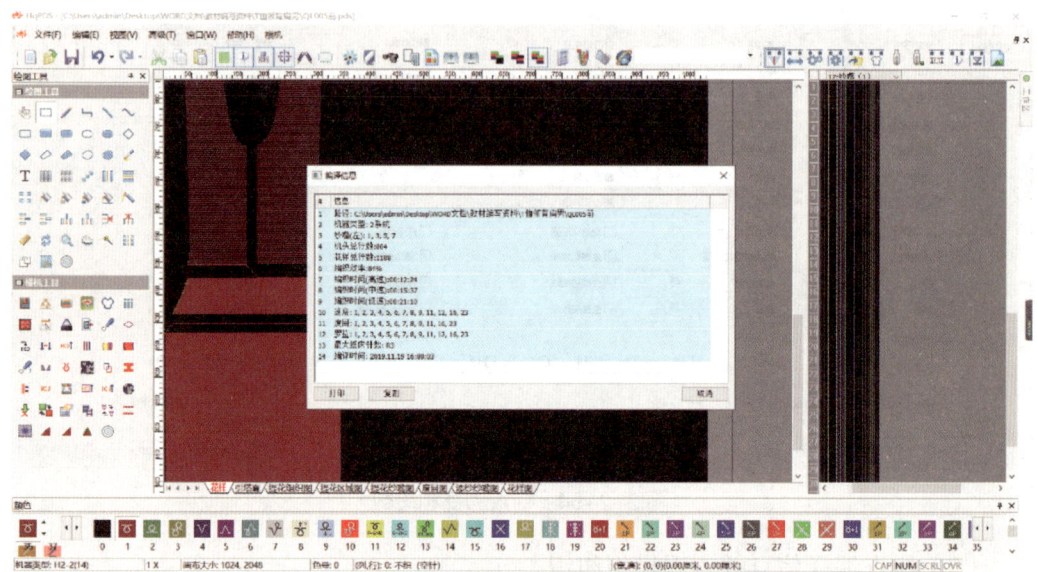

图 2-2-56　检查编译信息

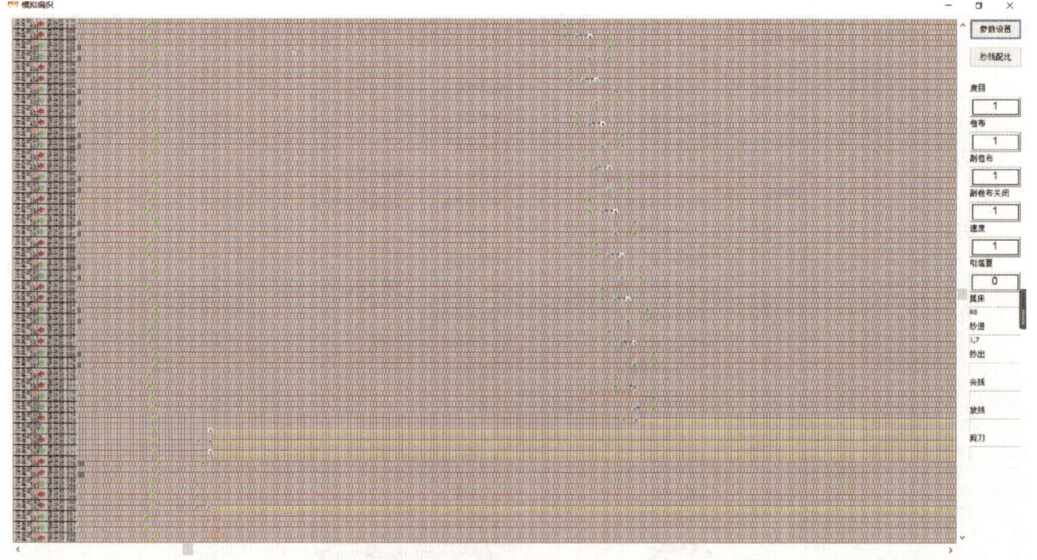

图 2-2-57　模拟线圈效果

(8)发送上机文件到 U 盘

若没有错误提示,即可发送上机文件到 U 盘,如图 2-2-58 所示。

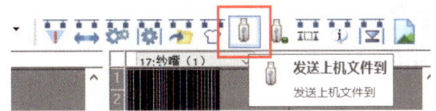

图 2-2-58　发送上机文件到 U 盘

步骤 2　后片成型工艺设置（包含罗纹、大身、领子等工艺设置）

同前片工艺设置方式，从下往上读取工艺单资料，将相关数据输入工艺单表格中。

（1）后片起始针及罗纹工艺设置（见图 2-2-59）

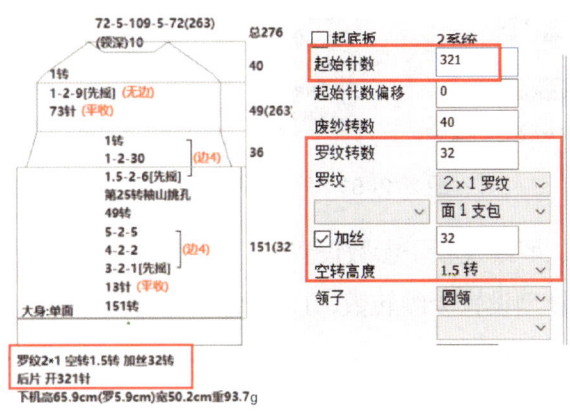

图 2-2-59　后片起始针及罗纹工艺设置

（2）后片大身工艺设置

后片大身工艺设置同前片，从下往上一一对应工艺单行进行输入。需要分解输入的部分提前应进行分解，分解方法参考前片。若大身对称，输入左身即可，如图 2-2-60 所示。

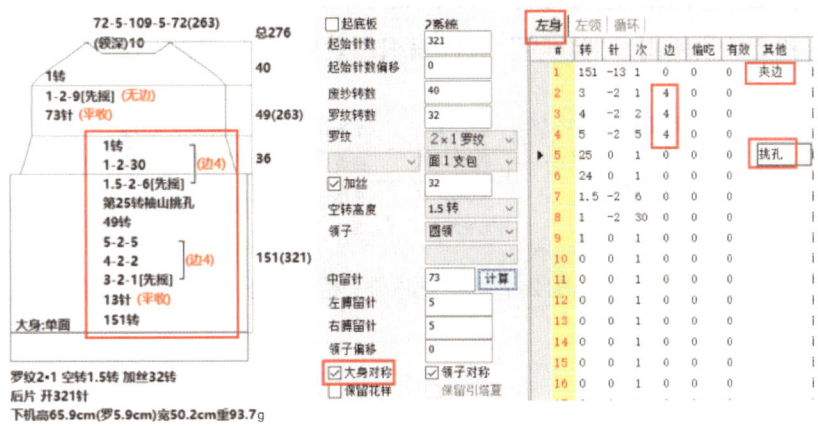

图 2-2-60　后片大身工艺设置

（3）后片领子工艺设置

中留针设置73针，如图2-2-61所示。

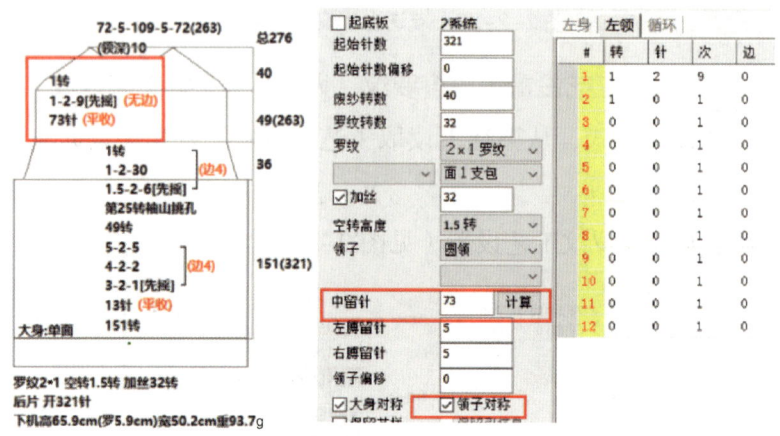

图2-2-61　后片领子工艺设置

（4）后片废纱、罗纹及领子参数设置

一般根据机器针型设置废纱转数，以12针机器为例，设置40转即可，也根据废纱纱线不同可以适当增加，如图2-2-62所示。后片罗纹参数根据工艺单设置即可。

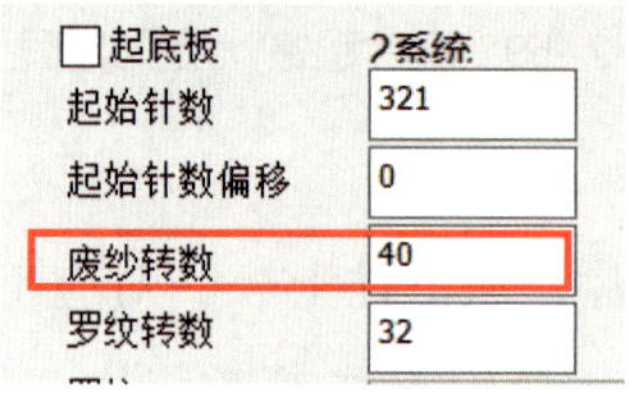

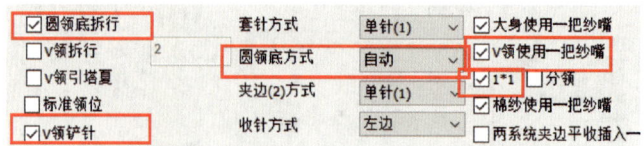

图2-2-62　废纱转数设置

领子根据开领模式进行选择，圆领底方式此例选择自动。后片可以选择"V领铲针"和"V领使用一把纱嘴"进行编织，效果较好，如图2-2-63所示。

图2-2-63　后片领子相关设置

（5）工艺检查

点击右下角"检查"进行工艺检查，主要检查总行数及左膊、右膊留针。对照其工艺，总转数为276转，左膊留针为5，右膊留针为5，如图2-2-64所示。

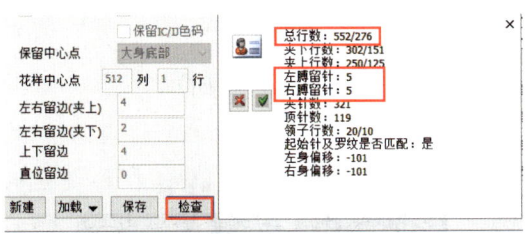

图 2-2-64 工艺检查

工艺单中的总转数和结束剩针等主要数据如图 2-2-65 所示。

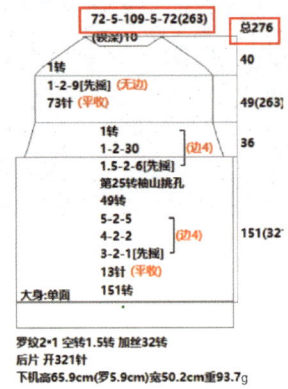

图 2-2-65 工艺单中总转数和结束剩针数据

也可以根据不同位置的转数进行对比检查，检查方法为：点击当前行，查看当前行的宽度和高度，如图 2-2-66 所示。

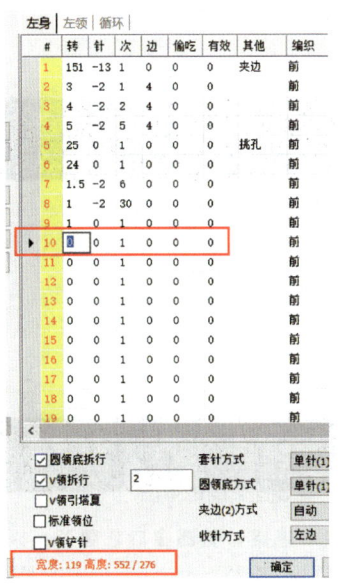

图 2-2-66 工艺单转数检查

（6）工艺完成，生成制版

工艺完成后，生成制版效果如图 2-2-67 所示。

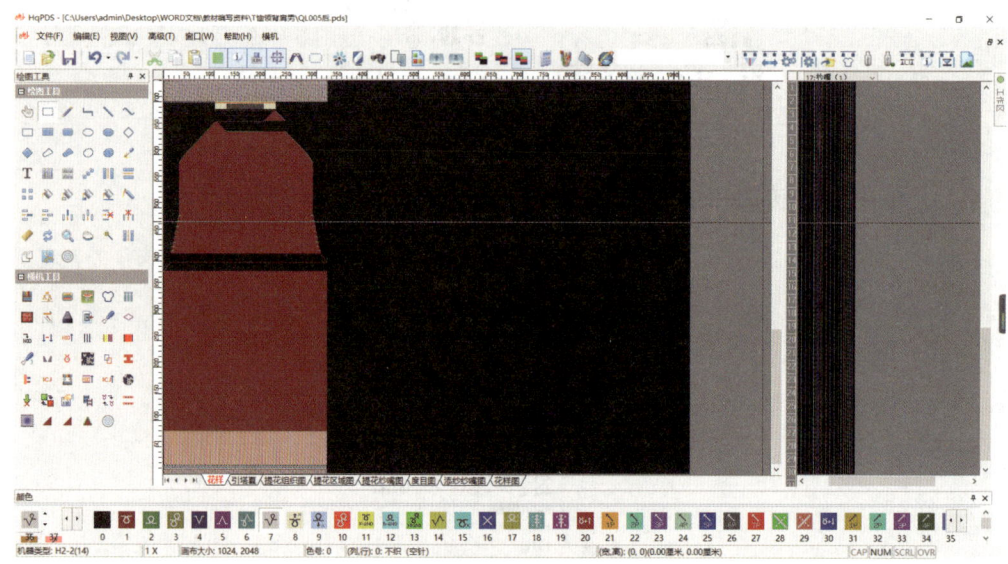

图 2-2-67　制版效果图

（7）纱嘴和段数检查

纱嘴、度目段数同大身前片，检查工艺单的参数即可。

（8）检查编译信息并查看模拟组织

检查编译信息，如图 2-2-68 所示。

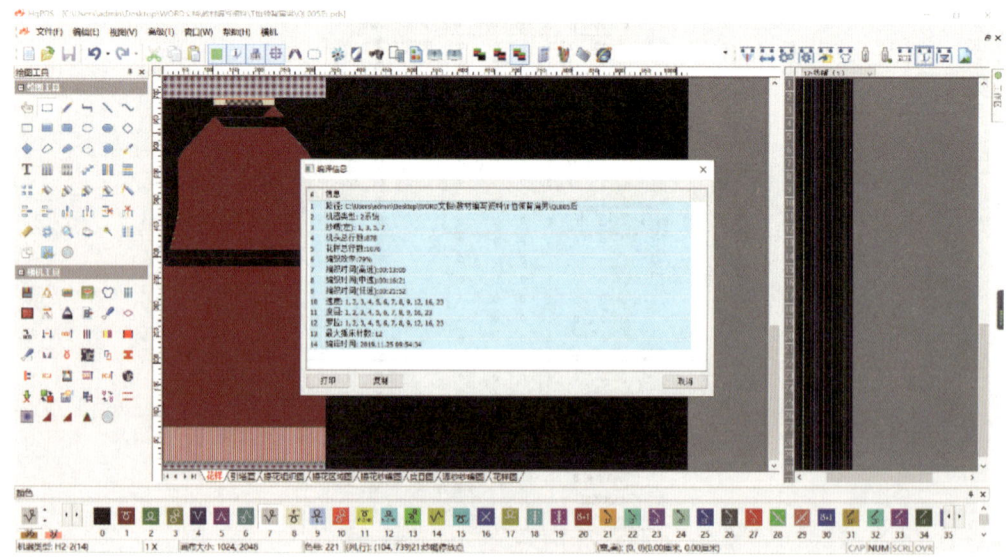

图 2-2-68　检查编译信息

查看模拟线圈,如图 2-2-69 所示。

图 2-2-69　查看模拟线圈

(9) 发送上机文件到 U 盘 (见图 2-2-70)

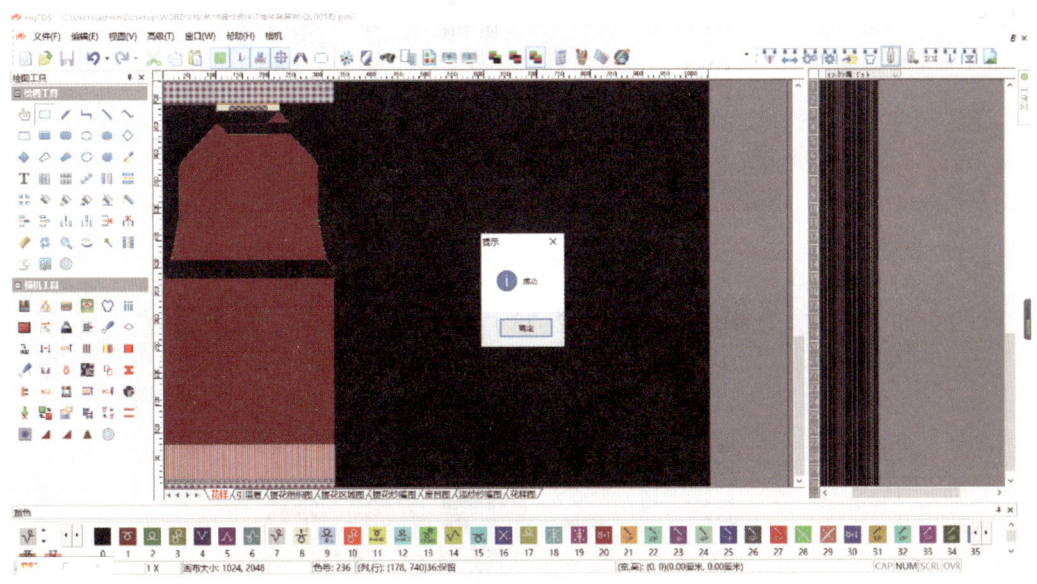

图 2-2-70　发送上机文件到 U 盘

步骤 3　袖子成型工艺设置(包含罗纹、大身等工艺设置)

在新建工艺单中设置袖子工艺参数,如图 2-2-71 所示。

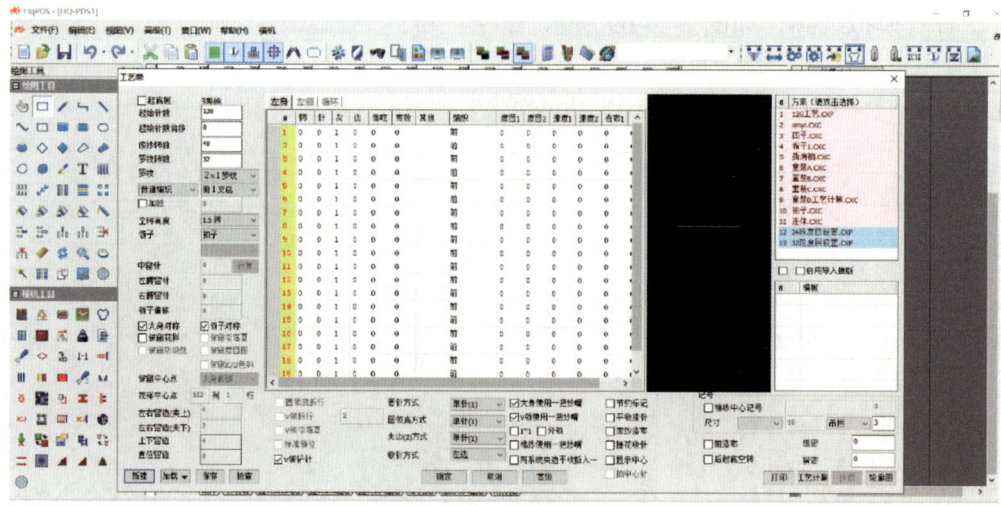

图 2-2-71　新建工艺单

（1）袖子起始针工艺设置（见图 2-2-72）

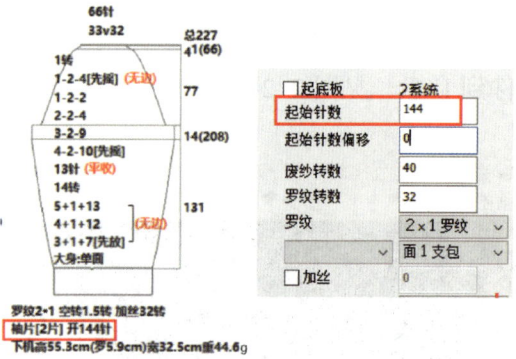

图 2-2-72　袖子起始针工艺设置

（2）袖子罗纹工艺设置（见图 2-2-73）

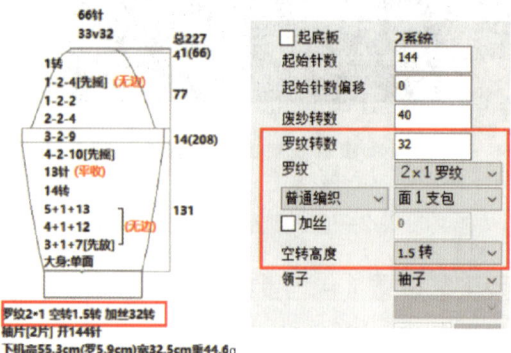

图 2-2-73　袖子罗纹工艺设置

（3）袖子大身工艺设置（见图2-2-74）

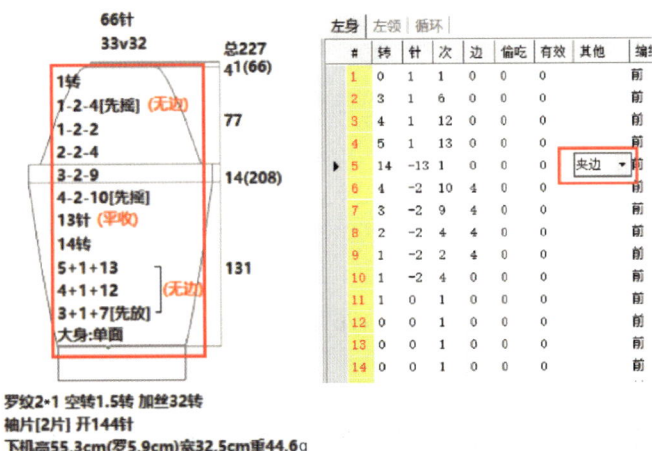

图2-2-74　袖子大身工艺设置

（4）袖子参数设置

袖子基础参数按默认值生成，结尾棉纱标记直接勾选"棉纱中心记号"即可，如图2-2-75所示。

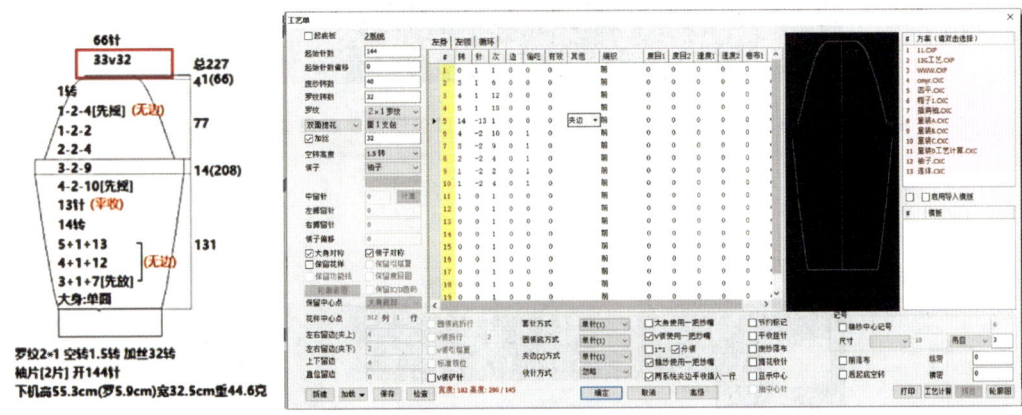

图2-2-75　袖子参数设置

（5）工艺检查

对照检查数据查看总转数及最后袖山留针，如图2-2-76所示。

（6）工艺完成，生成制版（见图2-2-77）

（7）检查编译信息（见图2-2-78）

（8）发送上机文件到U盘（见图2-2-79）

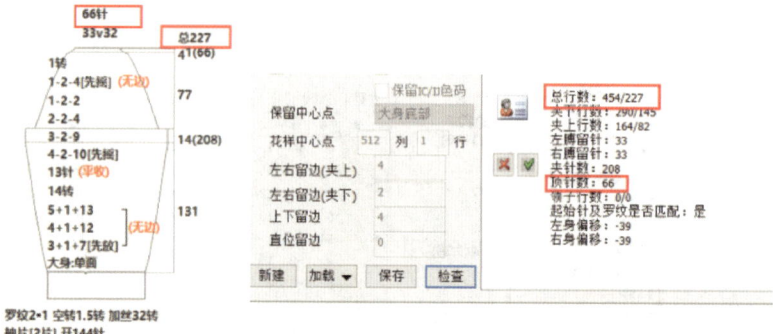

图 2-2-76 工艺检查

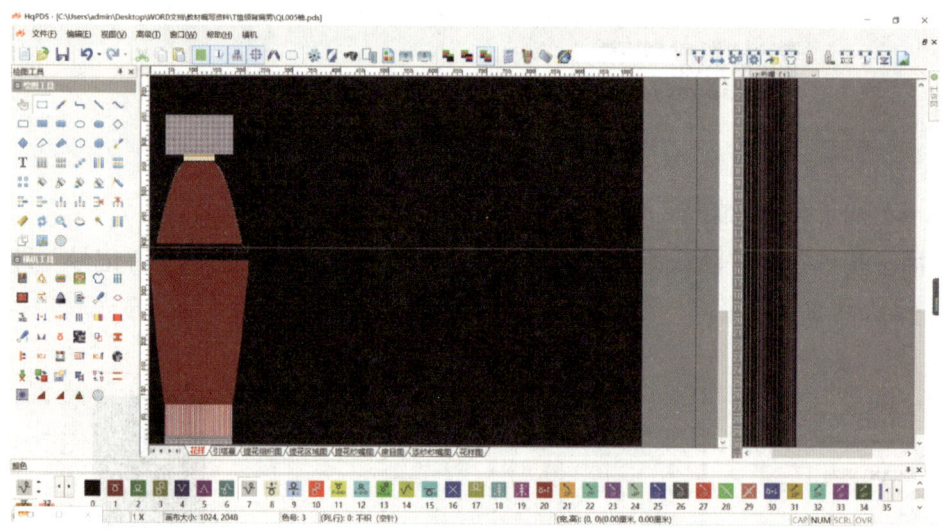

图 2-2-77 制版效果图

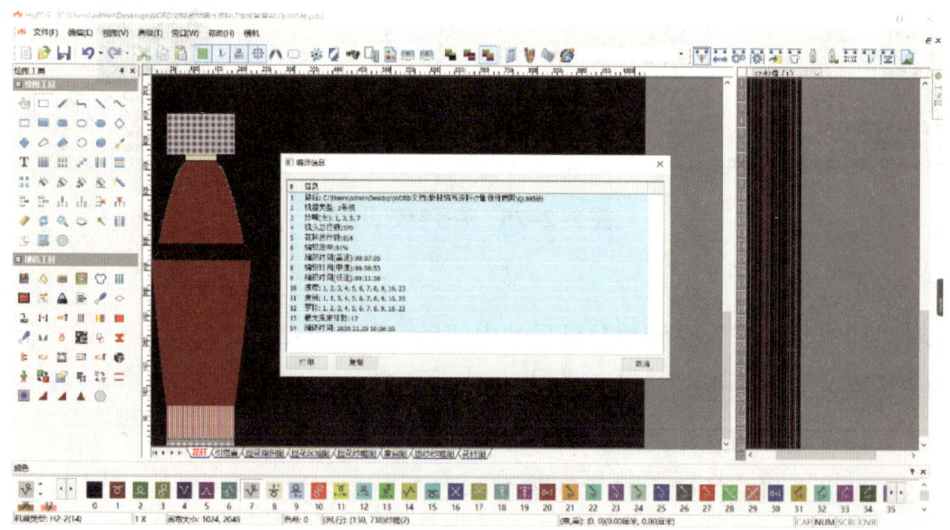

图 2-2-78 检查编译信息

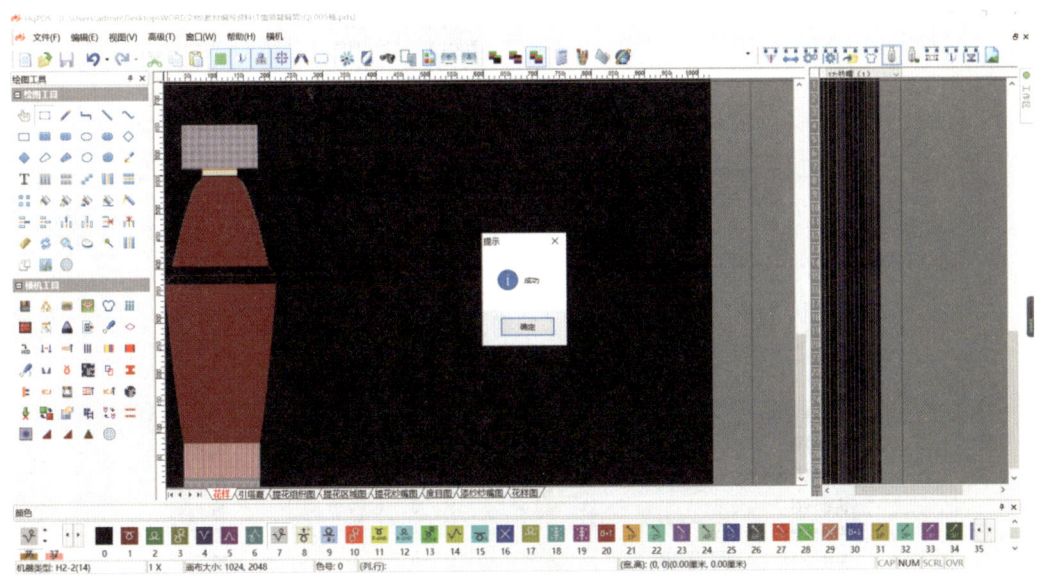

图 2-2-79　发送上机文件

步骤 4　领子成型工艺设置

领子工艺数据如图 2-2-80 所示。

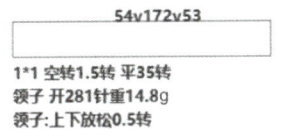

图 2-2-80　领子工艺数据

（1）领子开针针数为 281 针，领子起始针参数如图 2-2-81 所示。

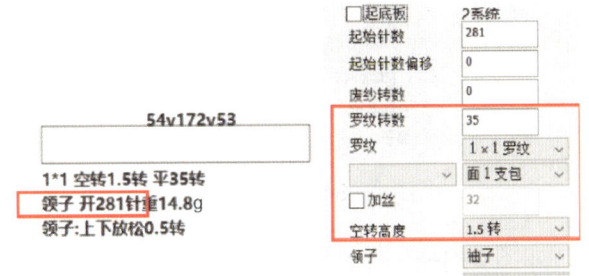

图 2-2-81　领子开针数据、领子起始针工艺设置

（2）罗纹 1×1，空转 1.5 转，平 35 转，如图 2-2-82 所示。

（3）领子工艺设置。在大身工艺设置 1 转，保证领子工艺废纱生成，如图 2-2-83 所示。

209

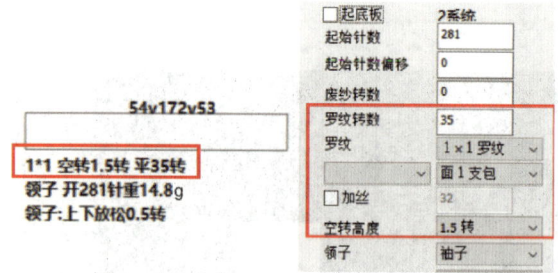

图2-2-82 领子罗纹数据、领子罗纹工艺设置

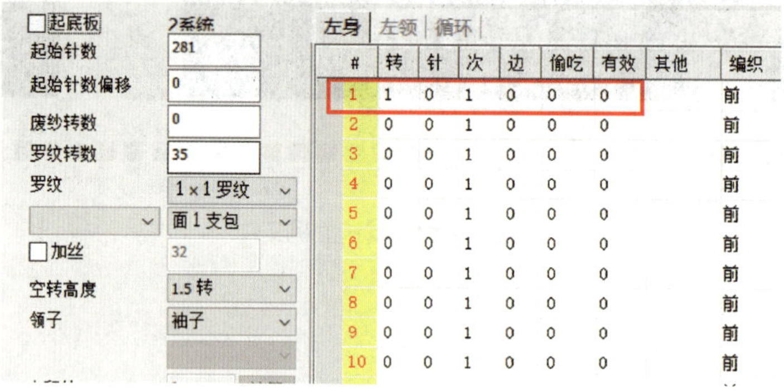

图2-2-83 领子工艺设置

（4）领子参数设置。基础参数选择默认值。由于领子部分没有收放针，可以减少废纱转数，也可以将废纱转数设置为0，如图2-2-84所示。

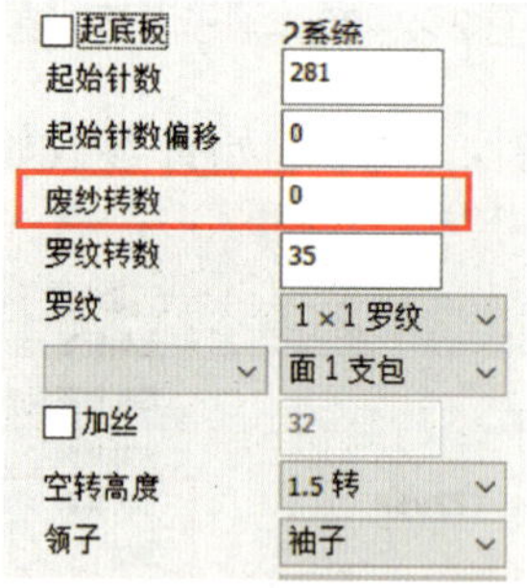

图2-2-84 废纱转数设置

设置缝盘记号，如图2-2-85所示。

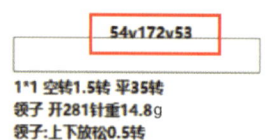

图2-2-85 设置缝盘记号

勾选"棉纱中心记号"以后，输入缝盘记号，V 可以改为"."或者输入空格，均可以自动识别为记号，如图 2-2-86 所示。

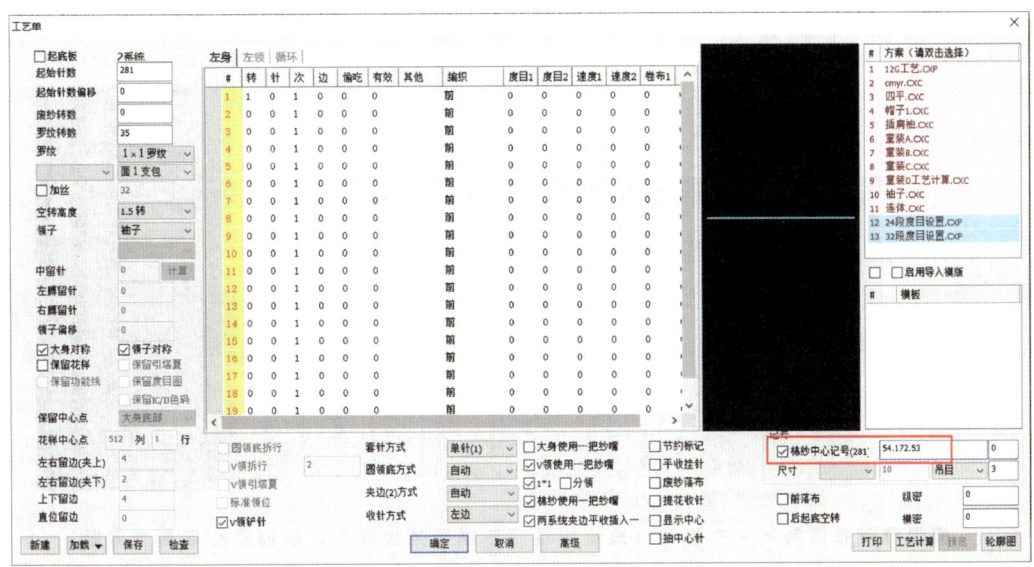

图 2-2-86 领子棉纱标记设置

（5）工艺完成，生成制版。工艺完成后点击"确定"生成制版，制版效果如图 2-2-87 所示。

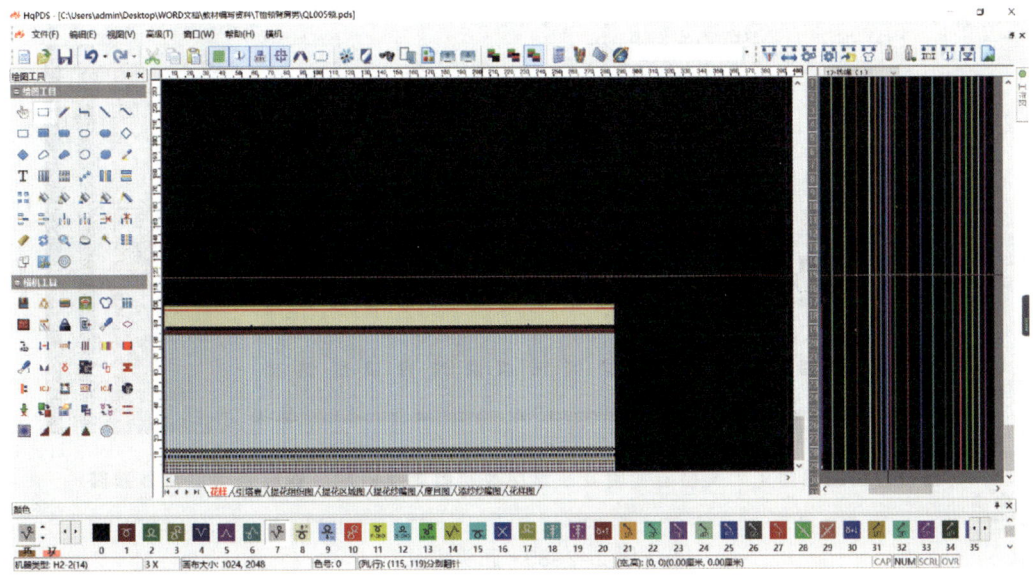

图 2-2-87 制版效果图

（6）上下放松。该工艺要求领子上下放松 0.5 转（1 行），因此，领子起始行和结束行需要设置不同的密度。在软件中该功能是通过在制版软件中设置度目段数实现的。修改末尾翻单面度目段,修改为第 9 段,如图 2-2-88 所示。

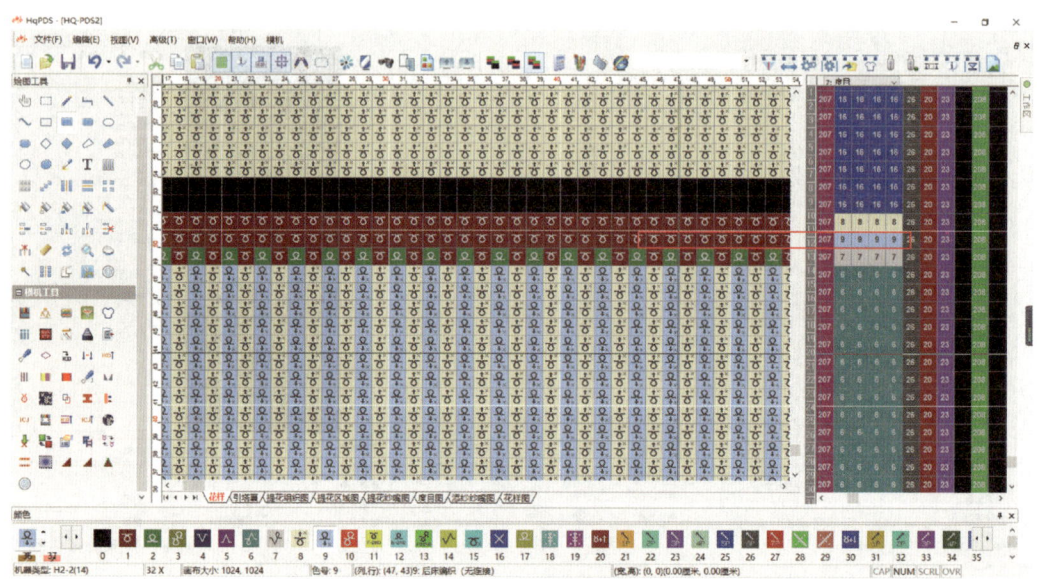

图 2-2-88　结尾放松

修改开始罗纹度目段,修改为第 10 段,如图 2-2-89 所示。

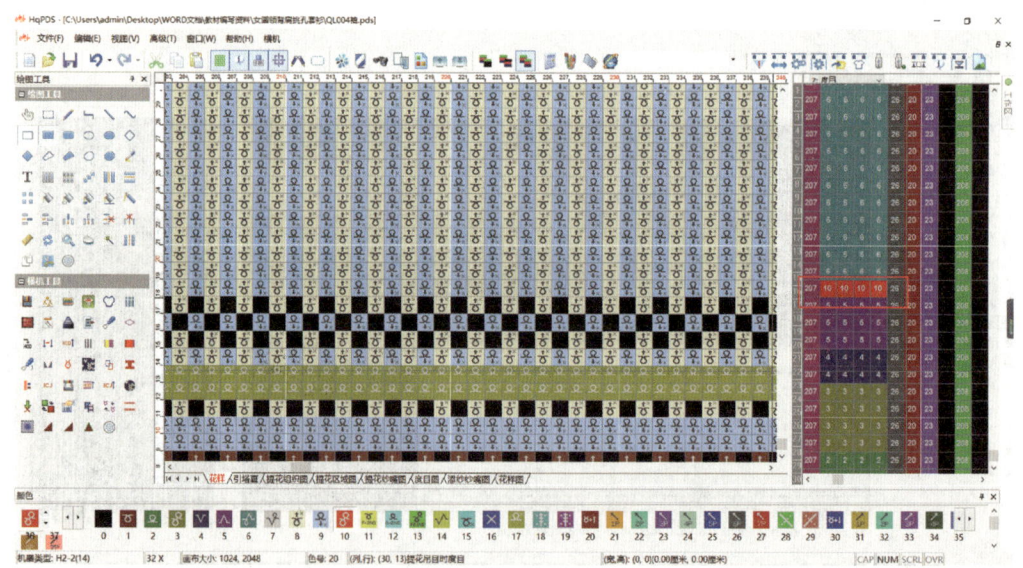

图 2-2-89　起头放松

(7) 保存领子。保存领子花型,如图 2-2-90 所示。

(8) 检查编译信息。

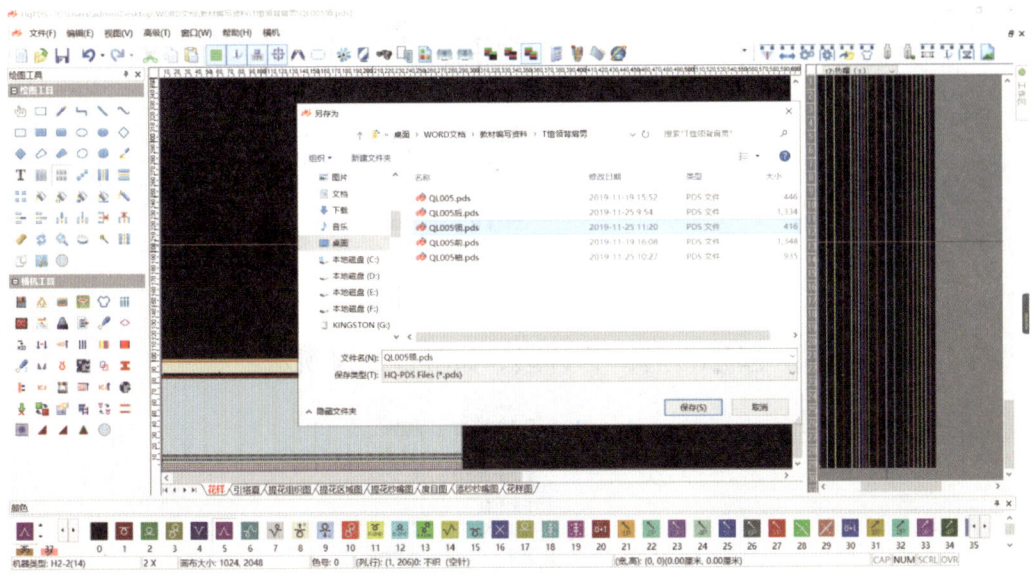

图 2-2-90　保存领子花型

（9）发送上机文件到 U 盘（见图 2-2-91）。

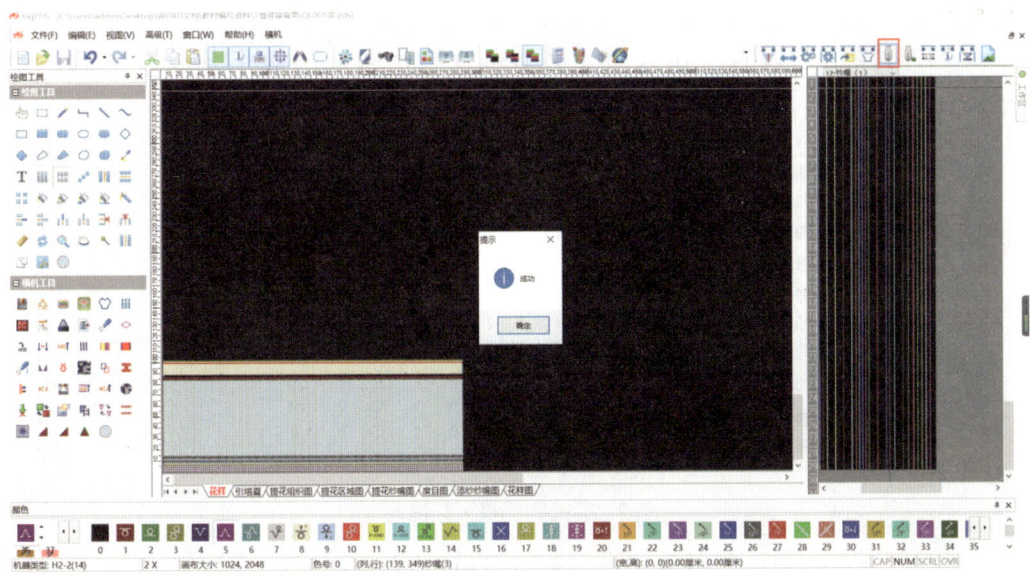

图 2-2-91　发送上机文件到 U 盘

步骤 5　门襟工艺制作

门襟工艺数据如图 2-2-92 所示。

（1）门襟开针针数为 75 针，如图 2-2-93 所示。

四平 空转1.5转 平17转
门襟 开75针重2.5g

图 2-2-92　门襟工艺数据

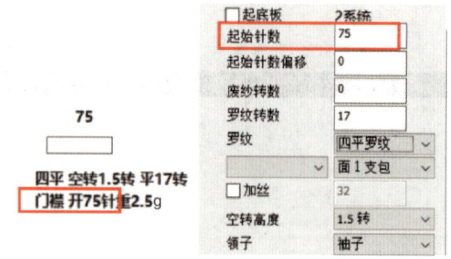

图 2-2-93　门襟开针数据、门襟开针工艺设置

（2）罗纹四平，空转 1.5 转，平 17 转，如图 2-2-94 所示。

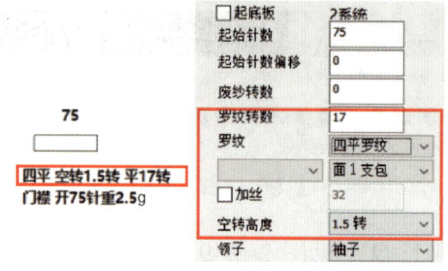

图 2-2-94　门襟罗纹数据、门襟罗纹工艺设置

（3）门襟工艺设置。在大身工艺设置 1 转，保证门襟工艺废纱生成，如图 2-2-95 所示。

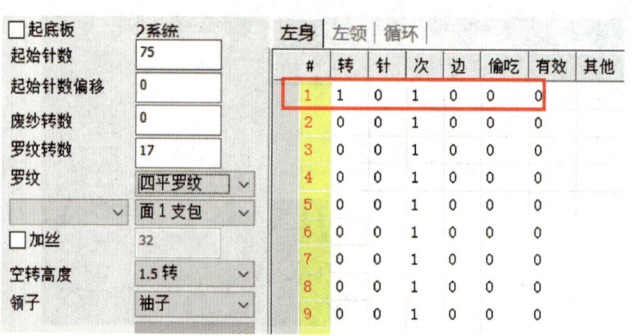

图 2-2-95　门襟工艺设置

（4）门襟参数设置。门襟基础参数选择默认值。由于领子部分没有收放针，可以减少废纱转数，也可以将废纱转数设置为 0，如图 2-2-96 所示。

（5）保存门襟花型，如图 2-2-97 所示。

（6）检查编译信息，如图 2-2-98 所示。

（7）发送上机文件到 U 盘（见图 2-2-99）。

图 2-2-96　门襟参数设置

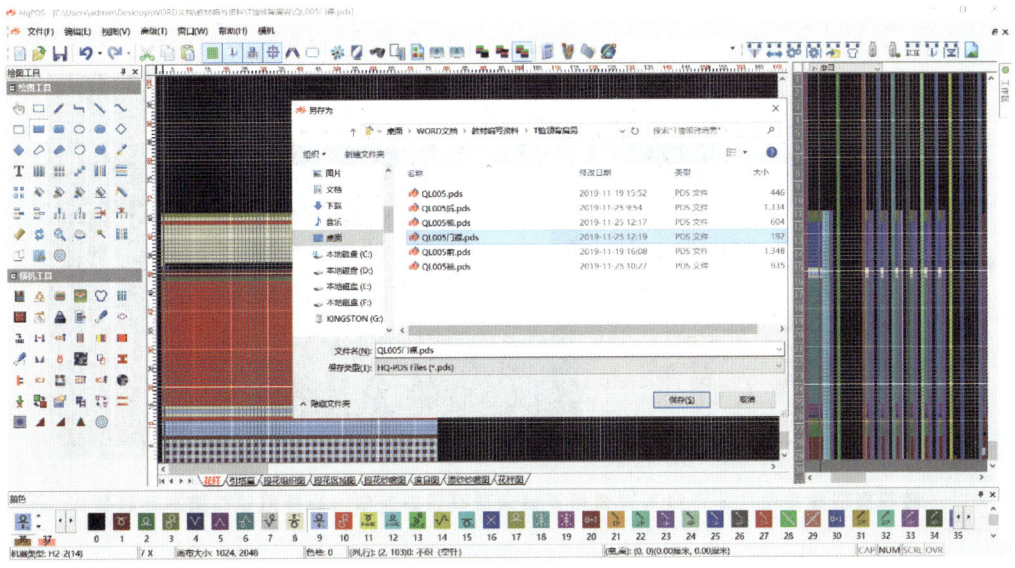

图 2-2-97　保存门襟花型

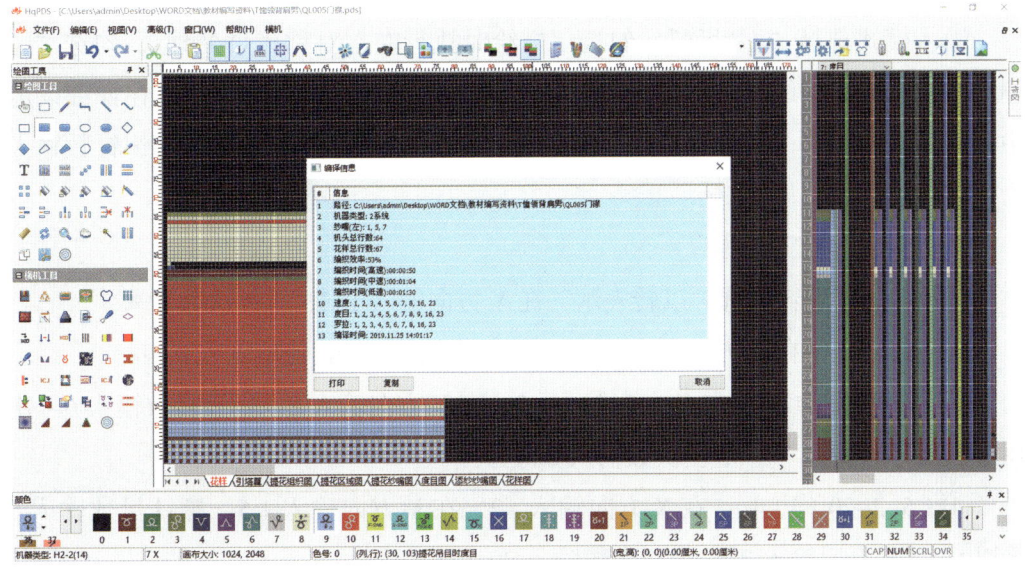

图 2-2-98　检查编译信息

二、女樽领插肩长袖套衫成型服装制版程序

下面以岛精 SDS-ONE 制版系统为例，介绍制作女樽领插肩长袖套衫成型服装制版程序的方法。该服装成型编织工艺单如图 2-2-28 所示。

步骤 1　前片成型工艺设置（包含罗纹、大身、领子等工艺设置）

打开软件，点击"简易成型"工具，选择"工艺图"，弹出成型工艺单输入对话框。

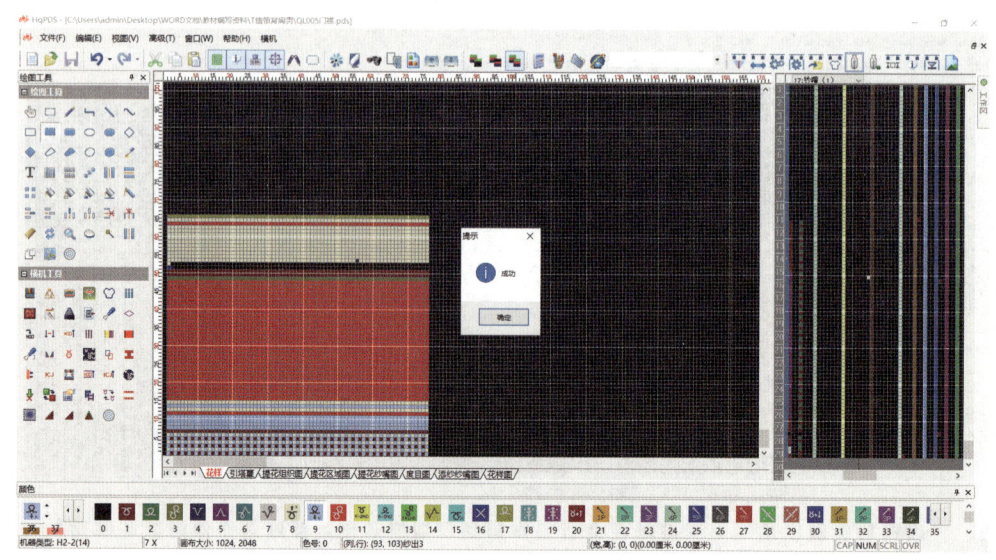

图 2-2-99 发送上机文件到 U 盘

（1）前片编织工艺设置

输入模式选择"不对称"，勾选"描绘时执行左右对称拷贝处理"，勾选"左侧"基准。输入编织起始宽度为 285，勾选"设定附加功能线描绘"，在详细设定中勾选下摆罗纹为"1×1"罗纹，描画废纱勾选"单面组织"，起始编织针数输入为 121（自定）。

1）输入左侧工艺步骤。

①平摇 143 转：勾选"以转表示"在 Y 方向输入 143，重复次数输入 1。

②平收 6 针：在 X 方向输入 –6，重复次数输入 1，其他项输入 0。

③ 2-2-22（边 4）：在 X 方向输入 –2、在 Y 方向输入 2，翻针目数输入 6（使用小图展开时输入 7），重复次数输入 22。

④ 1.5-2-20（边 4）：在 X 方向输入 –2、在 Y 方向输入 1.5，翻针目数输入 6（使用小图展开时输入 7），重复次数输入 20。

⑤ 1-2-1（边 4）：在 X 方向输入 –2、在 Y 方向输入 1，翻针目数输入 0，重复次数输入 1。此处夹 4 支收针时，与领收针太近，采用无边收针方式。

⑥ 1-1-1（边 4）：在 X 方向输入 –1、在 Y 方向输入 1，翻针目数输入 0，重复次数输入 1。此处夹 4 支收针时，与领收针太近，采用无边收针方式。

⑦平 2 转：在 Y 方向输入 2，重复次数输入 1。

2）输入右侧工艺步骤。

①开领转数：在 Y 方向输入 198（总转数 221 转—领深转数 23 转），重复次

数输入 1。

②领底收针 41 针：此处为对称描绘，在 X 方向输入 –20。

③1-2-7：在 X 方向输入 –2、在 Y 方向输入 1，翻针目数输入 0，重复次数输入 7。

④2-2-3：在 X 方向输入 –2、在 Y 方向输入 2，翻针目数输入 0，重复次数输入 3。

⑤3-2-2：在 X 方向输入 –2、在 Y 方向输入 3，翻针目数输入 0，重复次数输入 2。

⑥平 4 转：在 Y 方向输入 4，重复次数输入 1。

输入完成后，勾选"预览"，可以检查输入的针数、转数的总体情况，如有转数为奇数或收针针数过多，会出现"起始编织宽度太窄"的提示。工艺单输入框如图 2-2-100 所示。

点击"储存"，将工艺单以"女樽领前片.SHP"名称储存到指定文件夹。点击"执行"，光标移动到工作区空处，点击鼠标左键生成前片图形，如图 2-2-101 所示。

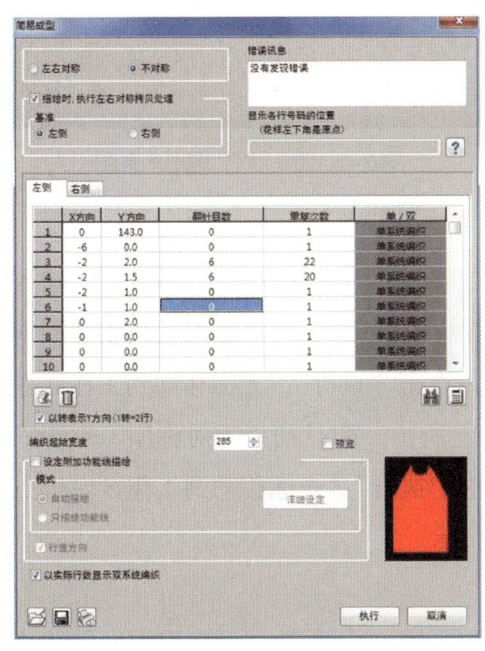

图 2-2-100　前片工艺单输入示意图

图 2-2-101　前片图形示意图

（2）后片编织工艺设置

输入模式选择"左右对称"，输入编织起始宽度为 275，勾选"设定附加功能线描绘",在详细设定中勾选下摆罗纹为"1×1"罗纹,描画废纱勾选"单面组织",起始编织针数输入为 121(自定)。工艺单编织工艺步骤同前片,输入框如图 2-2-102 所示。输入完成后,点击"执行",生成后片图形,如图 2-2-103 所示。

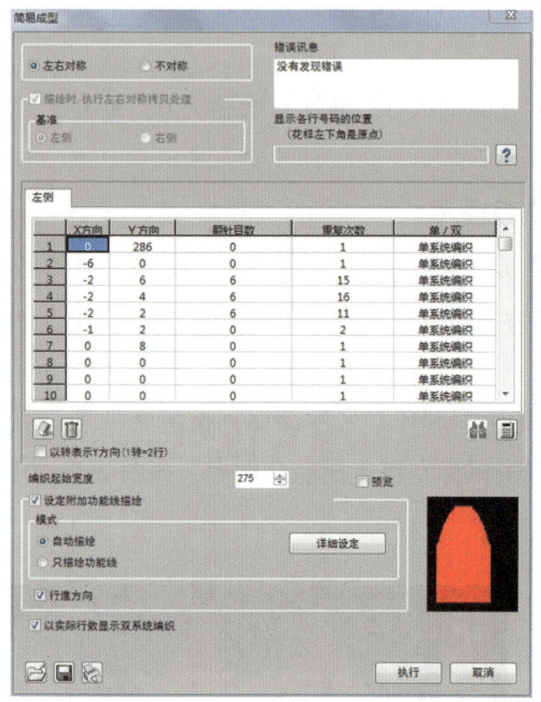

图 2-2-102 后片工艺单输入示意图

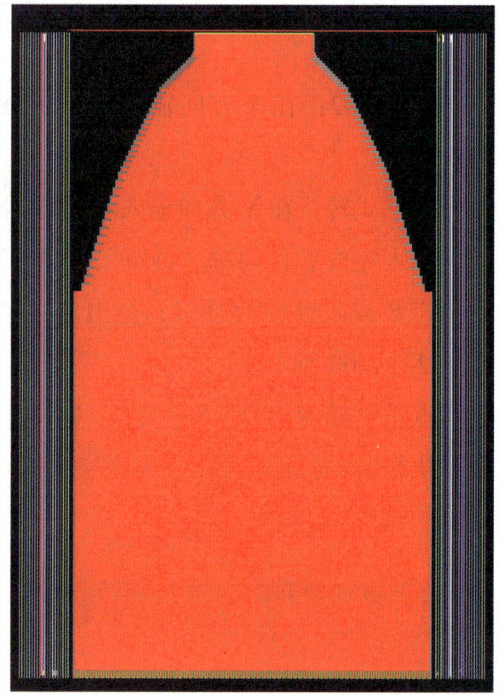

图 2-2-103 后片图形示意图

(3)袖片编织工艺设置

输入模式选择"不对称",不勾选"描绘时,执行左右对称拷贝处理",输入编织起始宽度为 129,不勾选"设定附加功能线描绘"。工艺单编织工艺步骤同前片,输入框如图 2-2-104 所示。输入完成后,点击"执行",光标移动到工作区左键点击,生成单只袖片图形,如图 2-2-105 左所示。两只袖片为对称型,点击输入框下的"对称"图标,工艺自动反转,点击"执行",光标移动到工作区左键点击,生成另一只袖片图形,如图 2-2-105 右所示。

(4)领条编织工艺设置

输入模式选择"对称",输入编织起始宽度为 333,勾选"设定附加功能线描绘",选择"1×1"罗纹,在工艺单输入框中 Y 方向输入 5,输入完成后,点击"执行",生成领条图形,如图 2-2-106 所示。

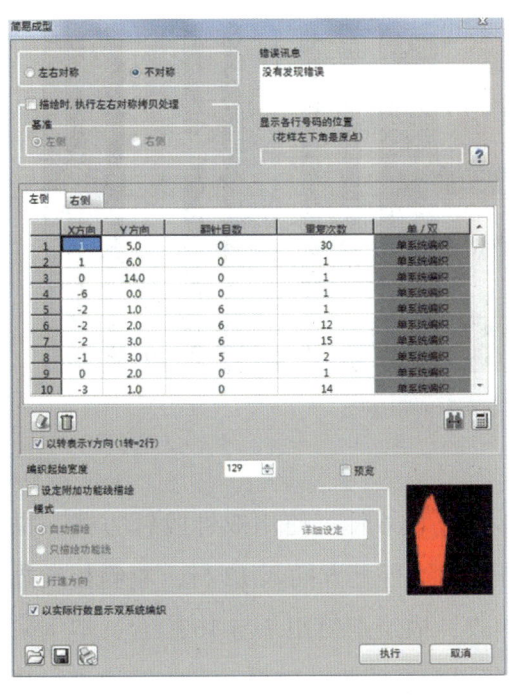

图 2-2-104　袖片工艺单输入示意图　　图 2-2-105　袖片图形示意图

图 2-2-106　领条图形示意图

步骤 2　工艺检查

输入完毕，按工艺单分段检查转数，用"范围"选项进行纵向检查，重点检查开针数、平摇段的转数，检查核对余针数。应与工艺单一一对照，确保各处针数、转数准确、无误。

步骤 3　工艺修图

（1）前片工艺修图

1）纱嘴设置。将 R3 功能线下摆罗纹的纱嘴号码设定为 46 号，表示加丝添纱编织，其中 4 号为主纱嘴、6 号为添纱纱嘴（宽纱嘴），如图 2-2-107 所示。

2）添纱纱嘴带出。在罗纹上方隔 1 行后插入 1 个空行，在左端描绘 2 格 16 号色，在 R3 功能线填 1 行 6 号色，对应 R8 功能线右侧填 31 号色，将 6 号纱嘴带出回原点。在下一行 R5 功能线右侧加 2 号色，表示机头回右侧带 4 号纱嘴。

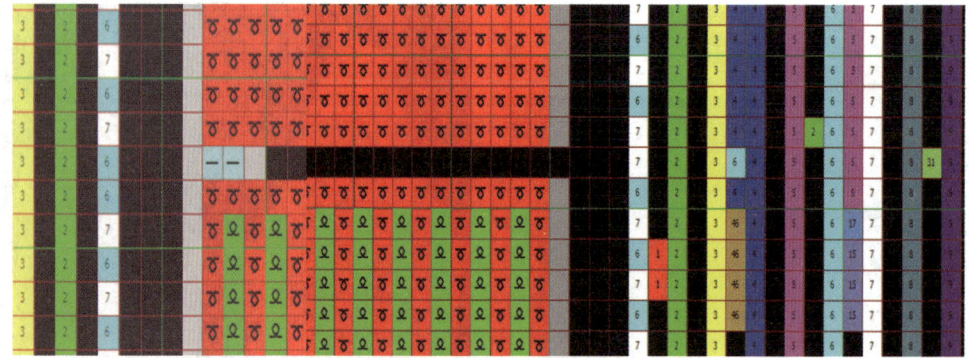

图 2-2-107　下摆纱嘴修改示意图

3）挂肩收针处理。

①挂肩平收针处理。挂肩袖窿底有一段平收 6 针，使用双针收针方式。描绘时先判断编织方向，右侧收针时应在向右编织行上方插入 12 行，左侧相反描绘。右侧收针描绘使用 6 与 16 组合，左侧收针描绘则使用 7 与 16 组合，本例采用双针法收针，如图 2-2-108 所示。为了获得较好的收针效果，在收针边进行挂针处理，收针前先在边上挂 1 针，在最后一次收针时将其放掉，在 R3 功能线填虚拟纱嘴（10 号色）进行落布处理，出带时虚拟纱嘴号码中输入 0 号，即无纱嘴编织。

②挂肩斜收针处理。挂肩斜收针采用夹 4 针收 2 针，易发生断纱且发生挂肩收针紧的现象。采用交错翻针方式可以减少断头的发生，提高编织质量。

交错翻针设定在 L1 功能线左侧，相应行填 61 号色，或使用如图 2-2-109 所示的收针小图进行填入制作。将挂肩夹 4 支收针的符号由 6 针改为 7 针，将登录色改为 131 号色、132 号色，用小图进行展开。

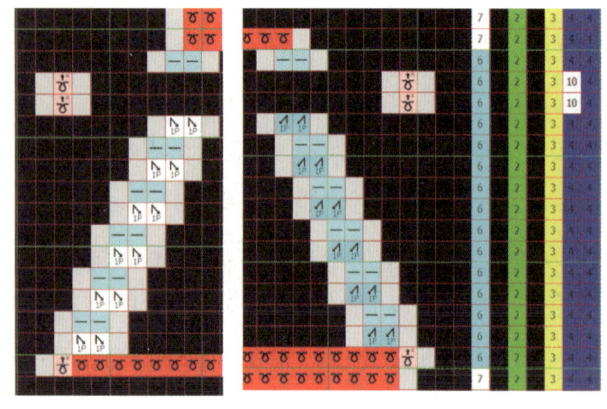

图 2-2-108　挂肩平收针示意图

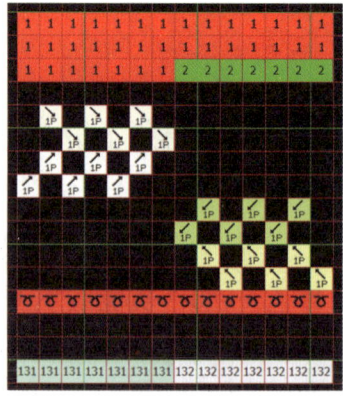

图 2-2-109　挂肩收针小图

4）开领处理。本例采用两把纱嘴开领编织，圆领领底采用废纱落布，以节约主纱线。

①领底开领描绘。在领底行插入 12 行空行，在领底收针的 41 针之上用 51 号色描绘 10×41 的矩形表示废纱编织，在第 1 行和末行用 52 号色间隔 5 针描绘废纱纱嘴带入、带出，在领底编织 5 转后带出，描绘如图 2-2-110 所示。废纱编织后将左右领 2 隔 2 错开，各编织一转，以描绘开领拆行。插入 2 行空行，废纱编织上方描绘 2 行 51 号色，带入、带出部位上方描绘 52 号色，对应纱嘴为虚拟纱嘴，以描绘落布行。

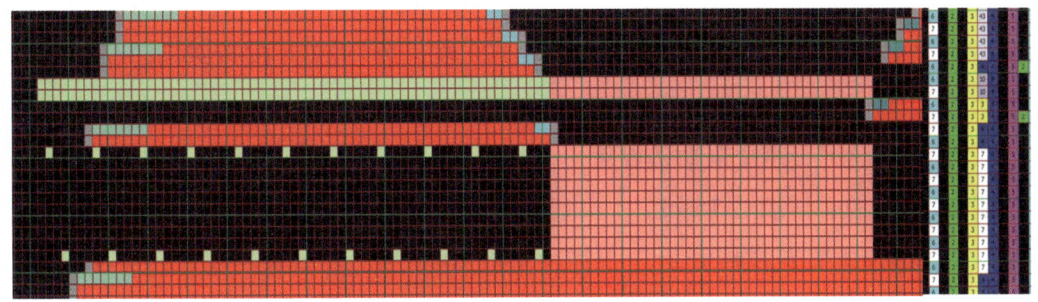

图 2-2-110　领底废纱落布编织示意图

②收领描绘。右侧领整体向上移动一行，使左侧纱嘴带入停放在中间，下一行两侧纱嘴可以同时编织。

③废纱封口描绘。本例采用一般纱嘴废纱封口，在中间领口范围描绘 4 行空针起口、4 行编织，如图 2-2-111 所示。衣片编织完成后需将 7 号纱嘴在主纱编织结束前 1 转带进，防止掉布。在废纱编织前 1 转插入 2 行空行，R3 纱嘴填 7 号色，左侧边缘描绘 16 号色，内侧 1 针位置描绘 11 号色。

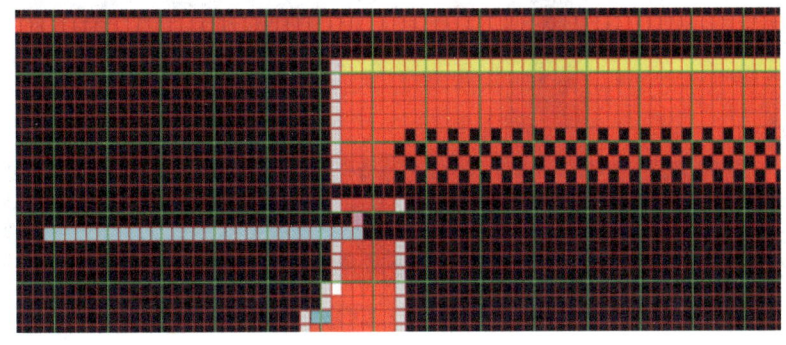

图 2-2-111　废纱带进、空起编织描绘示意图

④描绘纱嘴号码。在 R3 功能线上领底开领编织填写 7 号，左侧编织填写 4

号，右侧编织填写 3 号，两侧同时编织段填写 43 号，虚拟纱嘴填写 10 号。

5）度目段设定描绘。本例度目段分为下摆罗纹第 15 段、翻针行第 17 段、大身纬平针第 5 段，平收针段另设为第 6 段（松密度），最后一转套口行设松度目第 8 段，废纱第 7 段。

6）卷布拉力段设定。编织过程中衣片的宽窄发生了改变，因此需要另设不同的拉力段进行配合。在 L10 编织时的卷布拉力设为：罗纹为第 3 段、大身挂肩以下为第 4 段、挂肩平收针为第 5 段、挂肩收针为第 6 段、平摇段开始至末行以上为第 8 段、废纱为第 7 段，将 L11 翻针拉力全部设为第 1 段。为方便连续编织，将前片拉力设为 3、4、5、6、8、9 段，后片对应设为 13、14、15、16、18、19 段，袖片对应设为 23、24、25、26、28、29 段，废纱拉力段按第 7、17、27 段区分。

7）速度设定。速度按默认设定，翻针速度在 L6 左侧全部填写 11 号色，即第 1 段速度。平收针段填写 15 段。

在图形最上方花样展开行正中描绘 1 格 10 号色，表示衣片在针床正中编织，用小图将图形展开。检查纱嘴编织方向，如有异常则进行纱嘴方向调整。前片图形如图 2-2-112 所示。

图 2-2-112　前片图形描绘示意图

（2）其他各片工艺修图

其他各片修图设置方法与前片相同，在本系列教程中《服装制版师（成型类）

（中级）》的相关章节已有表述。

步骤 4　自动控制设定

（1）自动控制页设定

1）机种设定。选择 SSG2Cam、E12、SV，纱嘴附加功能勾选"标准"。

2）起底类型、无废纱。起底类型设定为"类型 2"，勾选"无废纱"。

（2）自动控制参数设定

1）固定程式设定。罗纹纱嘴设定为"上 4 下 6"添纱纱嘴。

2）节约设定。下摆罗纹为 29 转，小循环 1 输入 28。废纱 6 转封口，输入 4。

3）纱嘴号码设定。如图 2-2-113 所示，纱嘴号码 3 填写 3，纱嘴号码 4 填写 4，纱嘴号码 6 填写 6，纱嘴号码 7 填写 7，纱嘴号码 10 填写 0。另外，纱嘴号码 43 填写 43，表示左侧 4 号纱嘴编织、右侧 3 号纱嘴编织。

4）纱嘴设定。如图 2-2-114 所示，设定 3、4、7 号纱嘴属性为 N，6 号纱嘴属性为 NPL（宽纱嘴），8 号纱嘴属性为 S、DY，全部设定总针（ALL）编织，或点击右下角回车按钮。其中，3 号纱嘴选定右侧位置（打开红色方块、关闭左侧灰色方块）。

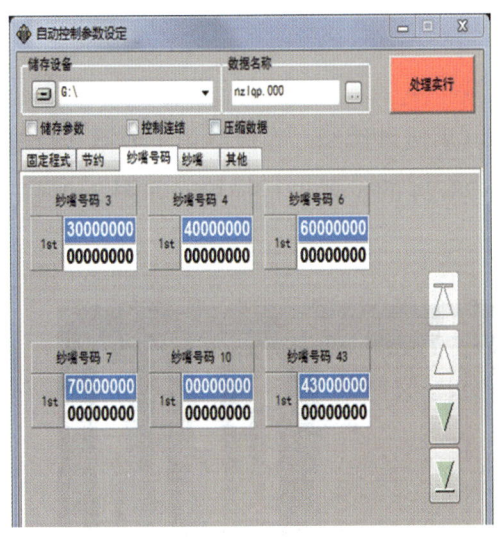

图 2-2-113　纱嘴号码设定示意图

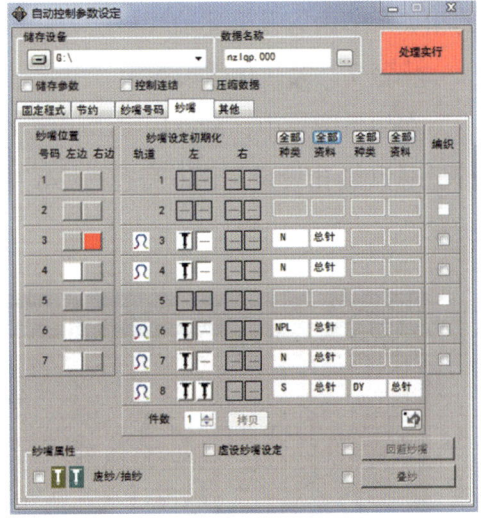

图 2-2-114　纱嘴设定示意图

步骤 5　检查编译信息并查看模拟组织

设定存储路径为 U 盘，编织文件名为"nzlqp.000"，点击"处理实行中"，确认输出资料，弹出"编织模拟"对话框。点击"模拟开始"，出现"没有发现错误""没有执行编织助手"的提示，如图 2-2-115 所示。点击"编织助手"，弹出对话框,提示"纱环保持状态出现异常(3)",如图 2-2-116 所示。

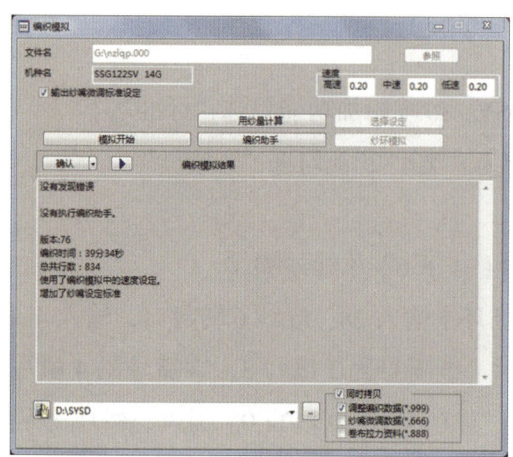

图 2-2-115 编织模拟对话框

图 2-2-116 编织助手对话框

点击"纱环保持状态出现异常(3)"后,编织图中领底两侧的一个线圈若闪烁,则判断无异常。编织文件"nzlqp.000"自动生成在 U 盘根目录下。

步骤 6　后片、袖片成型工艺设置(包含罗纹、大身、领子等工艺设置)

后片、袖片成型工艺设置参照本系列教程中《服装制版师(成型类)(中级)》的相关章节内容及上述前片描绘方法进行描绘。

步骤 7　领子参数设置

在领条图形中,翻针后主纱编织 1 转,其后废纱编织。在废纱第 1 或第 2 行进行记号点挑孔设定,用 6 号色按 24v78v125v78v24 的位置进行描绘,如图 2-2-117 所示。

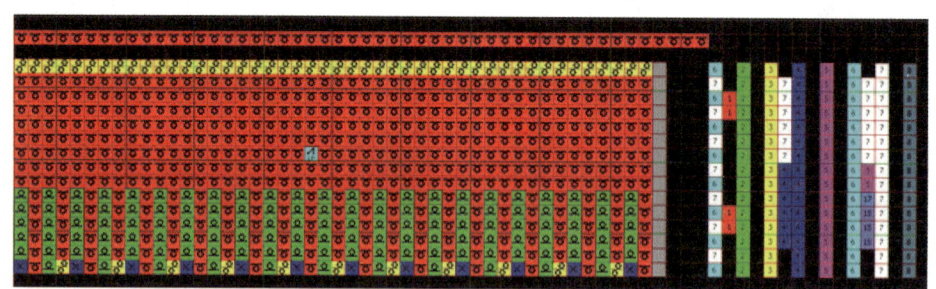

图 2-2-117 领条设定示意图

步骤 8　导出文件,保存花型,存档

点击"保存",按要求制定存储路径、文件名,存储为"DAT"文件。全部衣片图形如图 2-2-118 所示。

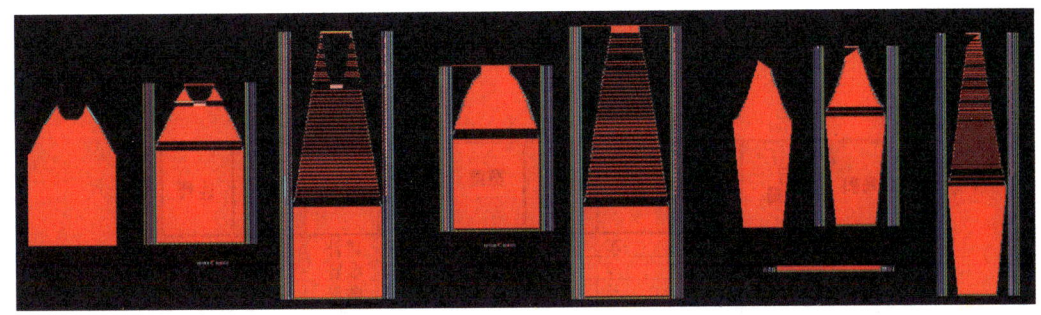

图 2-2-118 全部衣片图形示意图

三、男樽领平肩长袖嵌花套衫成型服装制版程序

以斯托尔 M1plus 制版系统为例,介绍制作男樽领平肩长袖嵌花套衫成型服装制版程序的方法。

步骤 1　樽领模型设置

（1）前片

1）基本模型。

①按照工艺单指示输入模型步骤,修改收针模块宽度及边缘组织宽度,如图 2-2-119 所示。

号码	行编辑	高度幅度	宽度幅度	次数	宽度---	宽度\\\	功能	组	注释
1		0	160	1			基线	0	
2		284	0	1		2		0	CMS >6
3		2	-13	1		8	*拷针*	0	CMS >6
4		2	-2	9	6	8	收针	0	CMS >6
5		4	-2	6	6	8	收针	0	CMS >6
6		6	-2	3	6	8	收针	0	CMS >6
7		8	-2	1	6	8	收针	0	CMS >6
8		8	0	1		2		0	CMS >6
9		24	1	3	2	2	放针	0	CMS >6
10		22	1	2	1	2	放针	0	CMS >6
11		28	0	1		2		0	CMS >6
12		0	-114	1				0	

图 2-2-119　QL010 前片基本模型
1—收针模块宽度；2—边缘组织宽度；3—功能对话框

②为改善腋下拷针弹性,可以打开边缘行 3 的功能对话框,设置拷针模块为"拷针—袖孔—脱圈_CA"。

③前片为奇数上针,设置半个模型距离为 1。

2）领单元。新建领单元,按照工艺单指示输入模型步骤,修改收针模块宽度及边缘组织宽度,如图2-2-120所示。领单元使用默认属性。

号码	行编辑	高度幅度	宽度幅度	次数	宽度---	宽度\\\	功能	组	注释
1		0	-20	1		2	拷针	0	
2		2	-2	9	2	2	收针	0	CMS >6
3		4	-2	5	2	2	收针	0	CMS >6
4		6	-2	1	2	2	收针	0	CMS >6
5		28	0	1		2		0	CMS >6
6		0	52	1				0	

图2-2-120 QL010前片领单元模型
1—收针模块宽度;2—边缘组织宽度

3)保存。保存模型为QL010-Q。

(2)后片

1)基本模型。

①复制前片模型,将前片模型另存为QL010-H。

②修改模型步骤,将挂肩以上部分按照工艺单输入,如图2-2-121所示。

号码	行编辑	高度幅度	宽度幅度	次数	宽度---	宽度\\\	功能	组	注释
1		0	154	1			基线	0	
2		284	0	1		2		0	CMS >6
3		2	-13	1		8	拷针	0	CMS >6
4		2	-2	1	6	8	收针	0	CMS >6
5		4	-2	6	6	8	收针	0	CMS >6
6		6	-2	6	6	8	收针	0	CMS >6
7		81	0	1		8		0	CMS >6
8		3	-2	9	6	8	收针	0	CMS >6
9		2	-2	19	6	8	收针	0	CMS >6
10		2	0	1		2		0	CMS >6
11		0	-59	1				0	

图2-2-121 QL010后片基本模型

③肩线收针区域。边缘行8、边缘行9,设置使用自定义模块收针,如图2-2-122所示,建模选择使用"rose"。

图2-2-122 肩线收针边缘收针模块设置

2)领单元。按照工艺单指示修改领模型步骤,如图2-2-123所示。设置领底拷针模块为"保护行+脱圈_CA"。

号码	行编辑	高度幅度	宽度幅度	次数	宽度---	宽度\\\	功能	组	注释
1		0	-36	1		2	拷针	0	
2		2	-2	9	2	2	收针	0	CMS >6
3		0	0	1				0	CMS >6
4		0	52	1				0	

图 2-2-123　QL010 后片领单元模型

3）保存。保存模型为 QL010-H。

（3）袖片

1）基本模型。

①新建模型。按照工艺单指示输入袖片模型步骤，修改收针模块宽度及边缘组织宽度，如图 2-2-124 所示。

号码	行编辑	高度幅度	宽度幅度	次数	宽度---	宽度\\\	功能	组	注释
1		0	74	1			基线	0	
2		6	1	7	1	2	放针	0	CMS >6
3		8	1	12	1	2	放针	0	CMS >6
4		10	1	12	1	2	放针	0	CMS >6
5	✓	0	0	0		2	拷针	0	CMS >6
6		8	-2	6	6	8	收针	0	CMS >6
7		6	-2	6	6	8	收针	0	CMS >6
8		4	-2	6	6	8	收针	0	CMS >6
9		2	-2	8	6	8	收针	0	CMS >6
10		2	-2	4	2	2	收针	0	CMS >6
11		2	-2					0	CMS >6
12		0	-32	1				0	

图 2-2-124　QL010 袖片基本模型

②为改善腋下拷针弹性，可以打开边缘行 5 的功能对话框，设置拷针模块为"拷针—袖孔—脱圈 _CA"。

2）保存。保存模型为 QL010-X。

（4）领片

1）基本模型。

①按工艺单指示输入模型步骤，如图 2-2-125 所示。

号码	行编辑	高度幅度	宽度幅度	次数	宽度---	宽度\\\	功能	组	注释
1		0	126	1			基线	0	
2		552	0	1		8		0	CMS >6
3		20	0	1		8		0	CMS >6
4		2	0	1		8		0	CMS >6
5		0	-126	1				0	

图 2-2-125　QL010 领片基本模型

②添加缝合记号。

2）保存。保存模型为QL010-L。

步骤2　创建花型程序

（1）前片

1）新建花型，绘制菱形图案。新建花型并命名为QL010-Q，其尺寸大于模型，为400针×600行。使用"菱形花型"工具创建菱形花型元素，并将花型元素绘制到花型中。

2）放置并剪切模型。

①通过菜单栏"模型""打开和定位模型"等选项打开并放置前片模型。

②模型边缘颜色区域修正。

a. 如图2-2-126所示位置1，将领中拷针区域修正为同一个颜色。

b. 如图2-2-126所示位置2，将领收针边缘少于3针的颜色区域合并到相邻的颜色区域。

c. 如图2-2-126所示位置3，在模型顶部添加2行模型内颜色区域，填充废纱颜色，织片结束使用一把纱嘴织废纱。

d. 如图2-2-126所示位置4，开领区域需要在空针上直接起针，使用1隔1错行浮线编织。

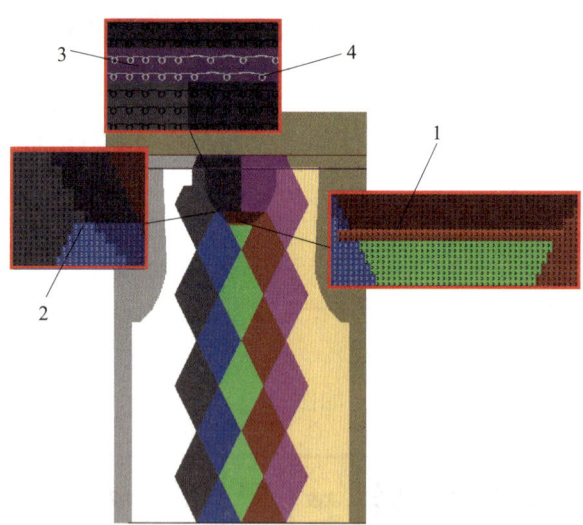

图2-2-126　QL010领边颜色区域修正细节示意图

③运行剪切模型，将模型属性应用到花型上。

④添加开始模块，如图2-2-127所示，选择"1系统""plated"（添纱）、"过渡开松行""2×1"。

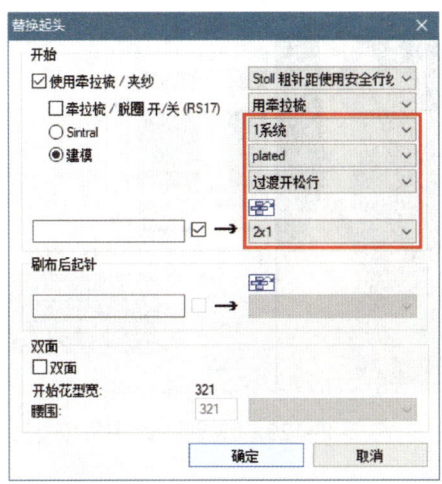

图 2-2-127 开始模块设置

3）设置纱线区域。

①打开纱线区域对话框，排列导纱器。

a. 合并纱线区域。完整的初始纱线区域会因为开领等原因被自动分为不同的纱线区域，如图 2-2-128 所示，6 号色被自动分为 12 号和 18 号区域，若碰到奇数行会在花型扩展的过程中自动添加导纱器的带出及带入过程，在布面上形成不必要的线迹。合并时，选择要合并的纱线区域，将光标处于要合并到的区域位置，点击鼠标右键弹出菜单，通过菜单将纱线区域合并为一个。在所有操作完成后，如图 2-2-129 所示。

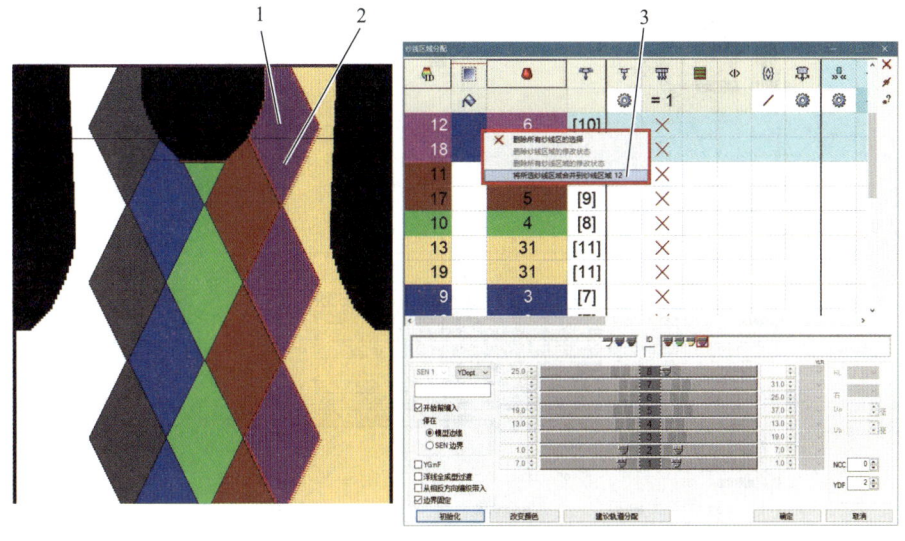

图 2-2-128 初始纱线区域排列

1—纱线区域 12；2—纱线区域 18；3—右键级联菜单

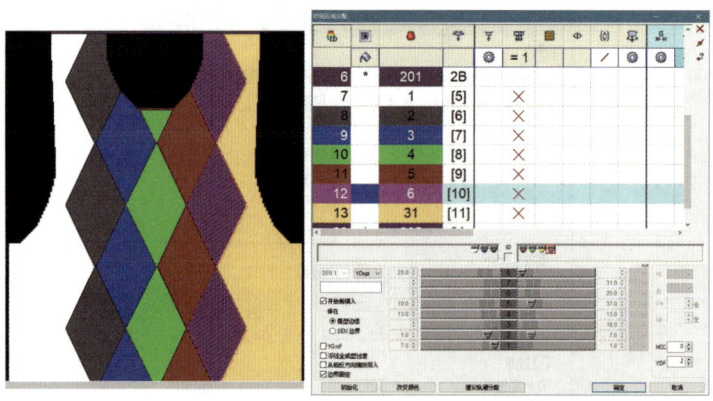

图 2-2-129 纱线区域合并完成

b. 导纱器类型设置。嵌花图案对应的导纱器设置为嵌花导纱器 ![]。罗纹添纱编织一条氨纶丝，需要使用添纱滑块，导纱器设置为 ![]。辅助导纱器及罗纹导纱器使用普通导纱器 ![]。

c. 导纱器排列。按照导纱器排列规则，将嵌花导纱器居中排列，普通导纱器及添纱导纱器排列在两侧，如图 2-2-130 所示。添纱导纱器需设置 U+/− 数值为 Ua 21.5 Ub 21.5 。

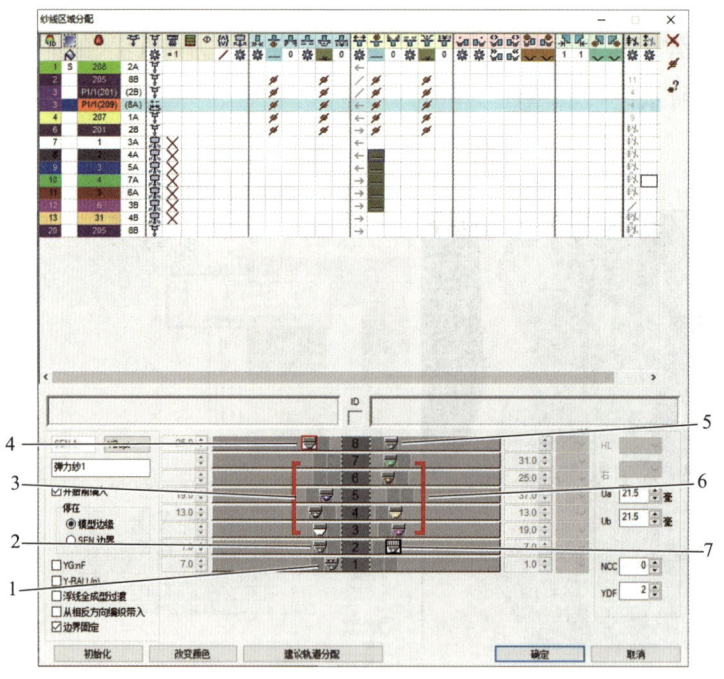

图 2-2-130 导纱器排列

1—分离纱；2—牵拉梳橡筋纱；3—嵌花导纱器区域；4—氨纶丝；5—废纱；6—嵌花导纱器区域；7—罗纹纱线

②设置纱线区域控制列。如图 2-2-130 控制列区域所示，导纱器带入、带出，在控制列顶端设置所有嵌花导纱器的带入 带出 引入模块，即"浮线—编织带入"选择 ，以及带入 带出 打结模块，即"结—分针"选择 ，并在同一行最后带出的嵌花导纱器设置布边打结固定线头，普通导纱器区域自动添加无模块设置 。区域间的连接使用默认设置： ，区域边缘设置使用默认设置： 。

③设置切夹纱。如果没有进行纱线区域修改，可以使用默认设置。需要注意的是，拆分或合并导纱器区域后，必须检查每一把导纱器是否设置剪纱指令，避免导纱器停在编织区中结束织片。

4）设置上机参数。

①常规参数。将线圈长度、机速、织物牵拉按照试片参数添加到控制列及参数表中。

②导纱器停位修正控制列。为了方便在机器上调整导纱器停位，可以在花型控制列中设置 YCI，在这个花型中，根据颜色加宽的方向设置两段导纱器修正 YCI1 及 YCI2，如图 2-2-131 所示。通过右键菜单下方的"编辑"打开"Setup2 窗口_导纱器_YC/YCI"选项，编辑设置修正值。

图 2-2-131 在花型控制列上分两段设置 YCI

注意：设置导纱器位置修正值要在机器运行时进行，根据机器上导纱器摆臂后纱线与织针的相对位置进行调整，无须提前在程序中赋值。

③摆动嵌花导纱器控制列。在菱形颜色交接的位置，为了避免停位接近的两把导纱器因导纱臂摆动抬高的纱线再次落下时被相邻的纱线垫高，不能稳定喂入针钩而形成掉套疵点，可以在控制列中设置嵌花导纱器摆动关闭。如图2-2-132所示，在"摆动嵌花导纱器"控制列（图示数字1）点击鼠标，右键弹出选择菜单（图示数字2），将"不摆动"指令（图示数字3）填充到三色相邻的花型行（图示数字4）控制列中。

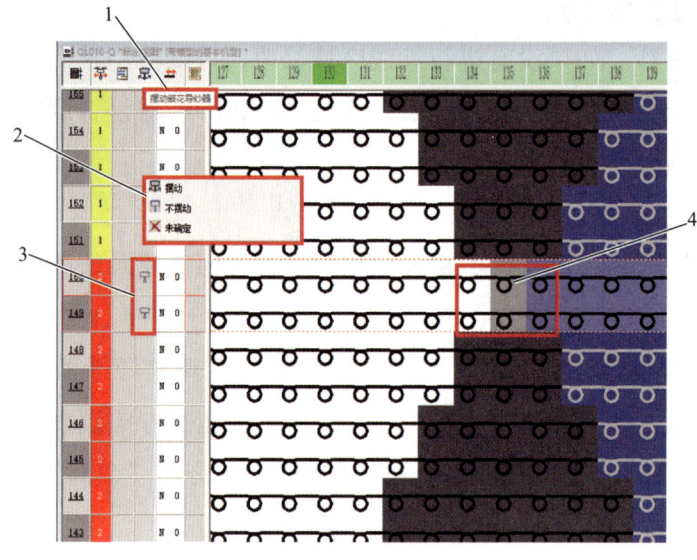

图 2-2-132 导纱器不摆动设置

1—"摆动嵌花导纱器"控制列；2—控制列选择菜单；3—应用到花型行上的"不摆动"指令；
4—花型中三色相邻的位置

5）设置导纱器合并系统。在花型扩展前可以通过修改嵌花花型的编织顺序来提高生产效率。如果颜色区域距离允许，导纱器将被合并到同一个系统，从而优化编织顺序。

①设置导纱器合并方式。可通过菜单栏"花型参数/设置/更多设定"选项中"合并导纱器"区域（见表2-2-17）设置导纱器合并方式。

表 2-2-17 花型参数设置中的合并导纱器相关选项

选项	功能	编织效果
◉默认值	自动合并导纱器	最短运行时间。可能因相邻两个颜色区域编织顺序的改变，产生集圈结构问题

选项	功能	编织效果
⦿ 在颜色加宽部分固定纱线插入	在颜色加宽时，自动选择一个优化了的编织过程，用于保证顺序喂入处集圈锁定的稳定性	平均运行时间。相邻两个颜色区域在颜色加宽时始终保持相同的编织顺序，集圈锁定没有问题

②导纱器修正距离（见表 2-2-18）。

表 2-2-18　导纱器修正距离相关选项

选项	功能	编织效果
机器上导纱器辅助修正距离	调整安全距离，在机器上进行修正	可以指定较短的导纱器距离，特别是较粗针距。标准设置为 0

③自动在"纱线区域"对话框中合并导纱器。在"纱线区域"对话框设置合并导纱器（见表 2-2-19），将 {∨} 控制列设为默认设置，将 ╱ 不要合并导纱器更换为 {=} 合并导纱器。

表 2-2-19　纱线区域对话框中的合并导纱器相关选项

选项	功能
{=} 合并导纱器	如果可能，将合并导纱器，除非在这个区域定义了颜色排列和编织顺序
{∨} 之前合并导纱器	如果可能，将导纱器和前面的导纱器合并，除非在这个区域定义了颜色排列和编织顺序
{∧} 之后合并导纱器	如果可能，将导纱器和后面的导纱器合并，除非在这个区域定义了颜色排列和编织顺序
╱ 不要合并导纱器	导纱器不进行合并
✕ 未确定	单元格空白，默认控制列顶端的设置

④使用颜色排列合并导纱器。在花型上添加颜色排列，如图 2-2-133 所示，将一个花型行中 7 把导纱器按顺序编织，自定义编织顺序后，系统机器一个行程可以编织一行。

通过行选择相应的嵌花花型行。单击 ⬈ 图标，创建颜色排列。点击"OK"关闭弹出的"CA#1 属性"对话框。打开"颜色排列编辑器"，通过绘图工具 ✥ 更

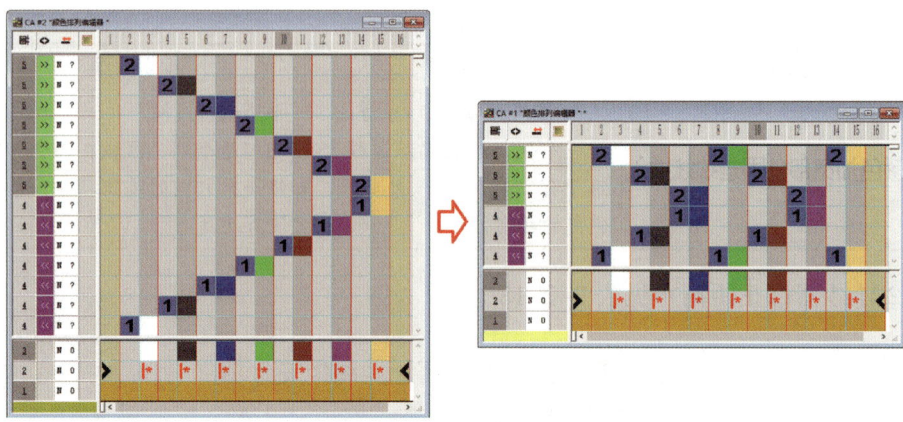

图 2-2-133 使用颜色排列定义编织顺序

改"颜色排列编辑器"中的颜色顺序，选择并删除编辑器中的空行，点击 ❌ 关闭"颜色排列编辑器"。点击"是"确认保存修改的模块，颜色排列将自动应用到所选花型区域，并保存为"CA#1"到本地模块栏中。扩展选定行，在预览窗口中查看扩展结果，如图 2-2-134 所示。点击 ❌ 关闭预览窗口，进一步编辑花型。需要注意的是，导纱器不会在颜色排列中自动合并。此外，合并导纱器时需注意颜色区域间距。

图 2-2-134 应用自定义颜色排列后花型扩展效果

6）花型扩展后检验所有导纱器停位及带入、带出。

①运行扩展花型 ，在开领点位置如果出现嵌花结构，会弹出对话框询问使用嵌花方式或标准方式排列导纱器编织顺序，默认设置为 ⦿ 使用嵌花方式。

②补充设置花型从模块中调用的上机参数，例如拷针区域相关参数。

7）生成 QL010-Q 上机程序并检验。

（2）后片

1）新建单面花型，并命名为 QL010-H，尺寸大于模型，为 400 针 × 600 行。

2）放置并剪切模型。

3）设置罗纹，同前片。

4）设置纱线区域。如果不使用嵌花导纱器编织，可以将罗纹导纱器与织片导纱器合并。如图 2-2-135 所示，在选择列中选择要更改的纱线区域，右键调出级联菜单并选择 5 号导纱器，应用到导纱器控制列中罗纹纱线区域，如图中所示

"2B"直接被替换为"5A"。注意：添纱使用的两把导纱器间空一个导轨排列，此例中使用 3A/5A。

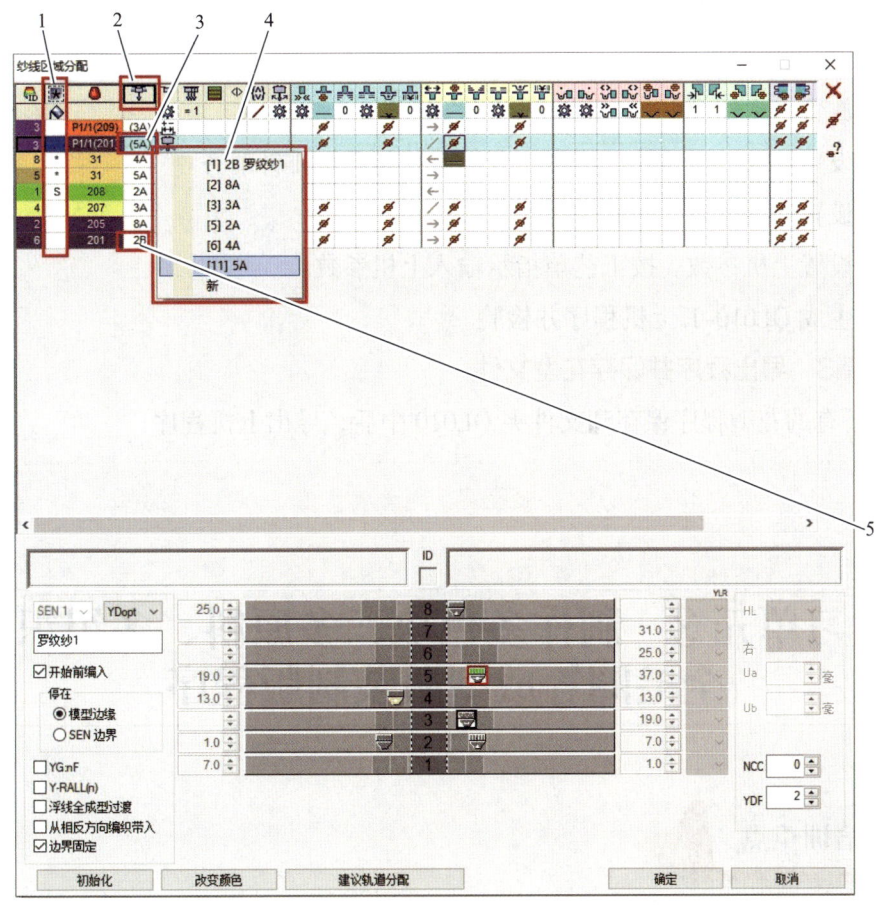

图 2-2-135　QL010-H 导纱器排列图

1—选择列；2—导纱器列；3—导纱器列级联菜单；4—合并后的罗纹导纱器；5—合并前的罗纹导纱器

5）设置上机参数。常规上机参数同前片。

6）生成 QL010-H 上机程序并检验。

（3）袖片

1）新建单面花型，并命名为 QL010-X，尺寸大于模型，为 400 针 ×600 行。

2）放置并剪切模型。

3）设置罗纹，同后片。

4）设置纱线区域，同后片。

5）设置上机参数，同后片。

6）生成 QL010-X 上机程序并检验。

（4）领片

1）新建 2×1 罗纹花型，并命名为 QL010-L，尺寸大于模型，为 400 针 ×600 行。在花型上方按照工艺单指示绘制 1×1 罗纹，分段设置线圈长度，在最后一转设置放松密度段。

2）放置并剪切模型。

3）设置罗纹，同后片。注意：开始罗纹与花型排针对齐。

4）设置纱线区域，同后片。

5）设置上机参数。按工艺单指示输入上机参数。

6）生成 QL010-L 上机程序并检验。

步骤 3　导出程序并保存花型文件

将所有的花型程序保存到文件夹 QL010 中后，导出上机程序。

学习单元 3　制作多色块、多原料、多组织、全毛圈等成型服装制版程序

掌握根据工艺单使用专用软件制作多色块、多原料、多组织、全毛圈等成型服装的制版程序的方法。

利用 PHOTON 软件和 DIGRAPH3PLUS 软件编辑 SM8 TOP2V 机器程序，以用于编织多色块、多原料、多组织等特别的产品，除了需要掌握基本编程知识，还需要掌握一些特殊要求的编程方法。

一、多色提花与多原料花型

在绘图软件上绘制提花花型，多色提花 DIS 图如图 2-2-136 所示，其中，红

色色块部分，是使用不同纱嘴（变换纱嘴）编织的不同颜色的部分。

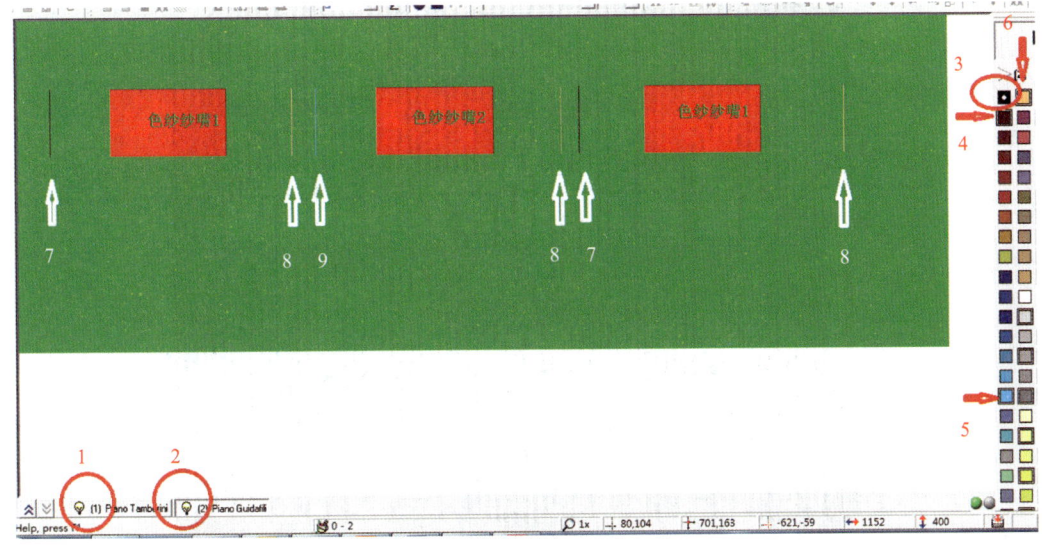

图 2-2-136　多色提花 DIS 图

1. 变换纱嘴的基本原理

编织左起第一块红色区域，使用一把纱嘴；编织左起第二块红色区域，使用另外一把纱嘴。两块红色区域之间必须保证足够的距离，以用于更换纱嘴，否则将出现一段重合编织两根色纱的情况。

例如，在图 2-2-136 中，在图左侧箭头数字 7 的位置，色纱纱嘴 1 进入工作，编织左起第一块红色区域，到箭头数字 8 的位置退出工作。之后在箭头数字 9 的位置，色纱纱嘴 2 进入工作，编织第二块红色区域，到箭头数字 8 的位置退出工作。然后在箭头数字 7 的位置，色纱纱嘴 1 再次进入工作，编织第三块红色区域，到箭头数字 8 的位置退出工作。

2. 变换原料的方法

变换原料的方法与多色提花的编织方法一样，只是要根据样品要求将色纱换成功能性纱线。

二、不同组织结构及实现方法

无缝内衣机可以编织的织物结构变化非常多，这里仅以提花添纱结构为例，说明其编织方法，如图 2-2-137 所示。

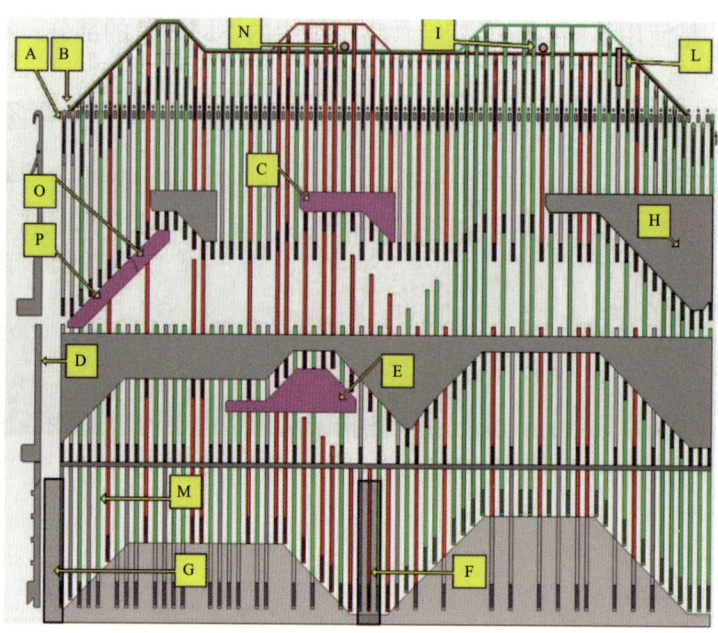

图 2-2-137 走针轨迹图

1. 集圈与退圈

图中集圈三角 P 和退圈三角 O 进入工作，所有织针升起退圈，然后被护针三角压回到集圈高度。

2. 垫入第一色纱与地纱

图中红色选针片、中间片和织针被第 1 选针器 G 选中，沿选针片三角运行。中间片进入中间片三角 E，继续上升到退圈高度，吃到第一色纱纱嘴 N 的色纱，然后被降针三角 C 压回到集圈高度，最后吃到地纱纱嘴 L 的弹力纱。

3. 垫入第二色纱与地纱

图中绿色选针片、中间片和织针被第 2 选针器 F 选中，沿选针片三角再次升起到退圈高度，吃到第二色纱纱嘴 I 的色纱，然后被成圈三角 H 压回到弯纱成圈深度，最后吃到地纱纱嘴 L 的弹力纱。

最后被选中的红针和绿针编织的是 2 色提花 + 添纱织物，而被选中的黑灰针只吃到弹力纱纱嘴 L 的纱，编织平针结构。

三、毛圈结构

这里需要学习的是编织真毛圈的程序，利用掌握的 DIGRAPH3PLUS 软件，在 SM8 TOP2V 机器程序中添加关于毛圈的指令即可。

制作多色块、多原料、多组织、全毛圈等成型服装制版程序

步骤1 绘制花型与 DIS 图

（1）多色块、多原料程序编制

如图 2-2-136 所示，多个颜色和多种原料在编制程序时的方法是一样的，按照图中数字依次执行即可，具体如下。

1）在花型第一层面（图示数字 1），用鼠标右键点击灯，使小灯亮起。

2）在花型第二层面（图示数字 2），用鼠标右键点击灯，使小灯亮起。

3）在花型第二层面，按住 SHIFT 键的同时用鼠标左键点击黑色颜色栏（图示数字 3）。黑色框中心出现白色点，表示第一层面的花型被传送到第二层面，便于在需要更换纱嘴的位置给出纱嘴指令。

4）图示数字 4 所指的颜色可用于色纱纱嘴 1 进入工作位置时的指令。用该颜色画到花型图中白色数字 7 对应箭头所指位置，色纱纱嘴 1 到此处就会进入工作位置。图中左起第一块红色区域将编织色纱纱嘴 1 所穿的纱线的颜色。

5）图示数字 5 所指的颜色可用于色纱纱嘴 2 进入工作位置时的指令。用该颜色画到花型图中白色数字 9 对应箭头所指位置，色纱纱嘴 2 到此处就会进入工作位置。图中第二块红色区域将编织色纱纱嘴 2 所穿的纱线的颜色。

6）图示数字 6 所指的颜色可用于色纱纱嘴 1 和色纱纱嘴 2 退出工作位置时的指令。用该颜色画到花型图中白色数字 8 对应箭头所指位置，色纱纱嘴 1 或 2 就会退出工作位置，结束使用该纱线的编织。

（2）多组织程序编制

与其他花型绘图方法相似，在 SDI 花型图中，按照分析织物得到的各种组织结构绘制 PAT 图，再将 PAT 图填入 SDI 图，最后得到可以上机的 DIS 图。多组织结构图的关键在于织物分析。

（3）全毛圈程序编制

1）绘制毛圈三角裤的款式与花型图，如图 2-2-138 所示，图中写有"毛圈"字样的部位为三角裤底裆部位，将在此处编织毛圈结构。

图 2-2-138　毛圈样品花型的 SDI 图

2）在图 2-2-138 中各个区域填入相应的组织结构，效果如图 2-2-139 所示。

图 2-2-139　底裆毛圈部分使用平针组织的 DIS 图
1—毛圈开始；2—毛圈结束

步骤 2　按照服装要求修改程序指令

（1）选取与服装要求相近的模式程序。这里选取单扎口带橡筋的模式程序。

（2）修改编织毛圈的指令。在程序中毛圈开始处写入毛圈三角、沉降片罩、毛圈纱纱嘴、纱线张力盘、吸风阀等进入工作位置的指令（为方便查看，仅写入第 1 路指令，其他路类似），如图 2-2-140 所示程序的第 13 步。

在毛圈结束处写入毛圈三角、沉降片罩、毛圈纱纱嘴、纱线张力盘、吸风阀等退出的指令（仅以第 1 路为例），如图 2-2-140 所示程序的第 16 步。

（3）修改其他指令。插入事先绘制的款型，修改循环、密度、纱嘴、纱线张力等指令。

图 2-2-140　程序及 DIS 模拟图

步骤 3　编程后上机编织

对照制版检查编织的衣坯是否与要求相符。注意：需要调节毛圈纱纱嘴高低、沉降片罩转动角度等，否则无法织出毛圈线圈。

学习单元 4　制作单扎口、双扎口等组织的成型服装制版程序

掌握根据工艺单使用专用软件制作单扎口、双扎口等组织的成型服装制版程序的方法。

利用 PHOTON 软件和 DIGRAPH3PLUS 软件编辑 SM8 TOP2V 机器程序，并理解扎口制作的原理。

一、扎口起头原理

如图 2-2-141 所示，利用选针器在每 4 枚针中选出 1 枚针，利用哈夫针三角，将哈夫针向外推出针盘；垫入蓝色扎口线到织针和哈夫针上；织针下降，哈夫针三角半收回哈夫针，即完成扎口起头。

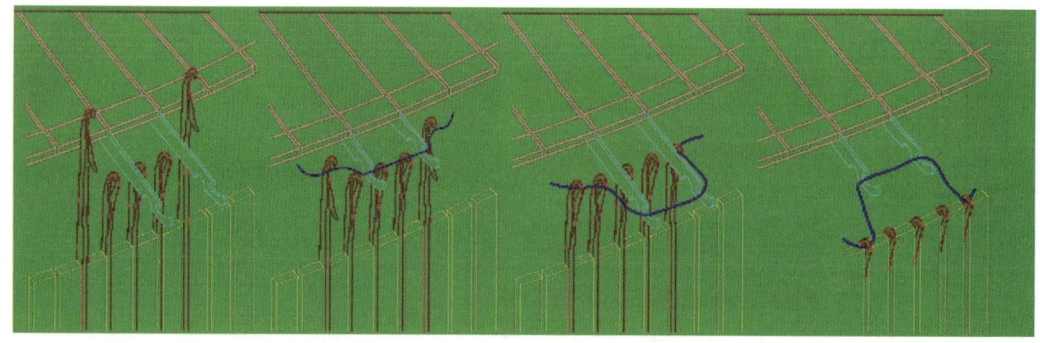

图 2-2-141　扎口起头原理示意图

二、扎口结束原理

如图 2-2-142 所示,利用选针器在每两枚针中选出 1 枚针,利用哈夫针三角,将哈夫针向外推出针盘;其中 1 枚针应从两枚哈夫针之间伸出来,将哈夫针上的蓝色扎口线转移到织针上;哈夫针三角收回哈夫针,即完成扎口。

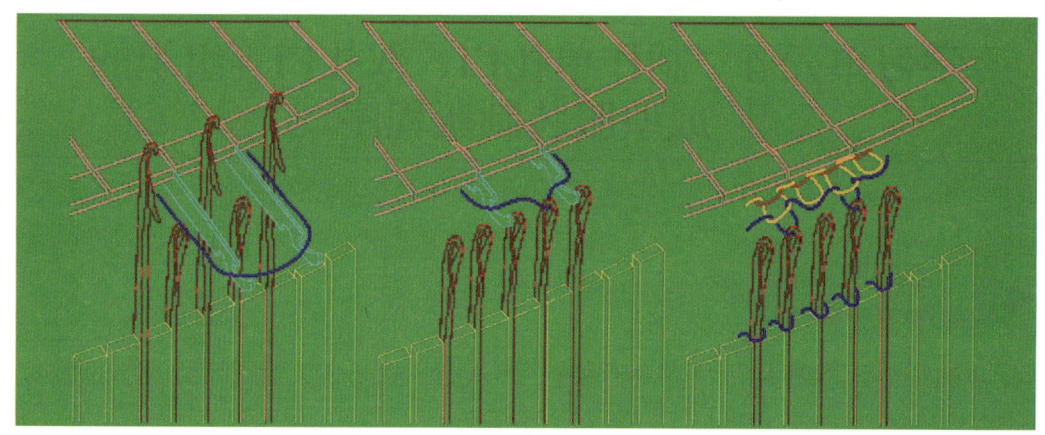

图 2-2-142　扎口结束原理示意图

制作单扎口、双扎口等组织的成型服装制版程序

步骤 1　选取模式程序

因为扎口指令全部包含在模块程序中,若只是编织平针,则可以不用另外画

图。选取与成型服装要求最相近的单扎口或双扎口模式程序，模式程序中的扎口指令部分无须修改，可以直接套用。

步骤2　按照服装要求修改程序指令

插入事先绘制的款型或不改变花型，修改循环、密度、纱嘴、纱线张力等指令。

步骤3　编码后上机编织

对照制版检查编织的衣坯是否与要求相符。

学习单元5　制作经编贾卡同向有底成型T恤的制版程序

掌握根据实物来样或设计图纸要求制作经编成型T恤工艺结构版型，并使用专用软件制作经编贾卡同向有底成型服装制版程序的方法。

常见的经编成型服装产品主要分为含有氨纶成分的高弹性贴身或紧身内衣类服装和不含氨纶的宽松休闲服装两大类。这两类产品在服装纵向长度尺寸上（如衣长、袖长等）的成品规格要求相同，都是以符合人体部位长度净尺寸为基准，并结合具体款式确定的。但是在服装横向围度尺寸上（如胸围、臀围等）的成品规格要求则完全不同，含氨纶的弹性服装通常围度尺寸均小于人体实际尺寸，氨纶含量越高横向围度尺寸越小。不含氨纶的服装，其围度尺寸是以符合人体围度净尺寸为基准，并结合具体款式增加适当放松量确定的。

经编成形短袖T恤通常不含氨纶。区别于圆型纬编成型设备只能织造单筒结构，经编成形设备可以织造单筒、分支筒、多筒结构等。这里以男式连身袖T恤为例，其成品规格尺寸见表2-2-20。

表 2-2-20　男式连身袖 T 恤成品规格（客供）

尺码	型号	肩宽 /cm	胸围 /cm	衣长 /cm	袖长 /cm
S	165/88A	44	96	68	14

根据经编成型不含氨纶成品织片的密度参数值（横密为 11.25 线圈 /cm、纵密为 26.16 线圈 /cm）换算出具体工艺参数规格尺寸，见表 2-2-21，工艺参数要求为取偶数的整数值。

表 2-2-21　男式连身袖 T 恤工艺参数规格

尺码	型号	肩宽（线圈纵行）	胸围（线圈纵行）	衣长（线圈横列）	袖长（线圈横列）
S	165/88A	496	1080	1778	170

制作贾卡同向有底成型 T 恤制版程序

步骤 1　连袖 T 恤制版

（1）基于换算后的工艺参数规格尺寸，使用通用绘图软件如 PHOTOSHOP 等画出连身袖 T 恤前片与后片的平面版型结构图，如图 2-2-143 所示。

图 2-2-143　连袖 T 恤平面版型结构图

（2）在 T 恤的大身区域绘制几何图案，用不同颜色的色块进行图案区域填充，如图 2-2-144 所示，将填好色的图案存储为 .bmp 格式图片文件。

图 2-2-144　连袖 T 恤平面图案色块图

步骤 2　工艺绘制

（1）打开 WKCAD 软件，新建文件，输入花高、花宽、机型等参数，如图 2-2-145 所示。

（2）导入 .bmp 图片文件，在第 1 贾卡界面使用贾卡组织换色 功能，使用定义色号进行填充，贾卡领口、袖口图案边缘的厚组织填充 –1 号色，肩部、腋下和袖口的厚缝合组织填充 –23 号色，其余需要填充贾卡图案组织区域用非定义色块进行填充，如图 2-2-146 所示。

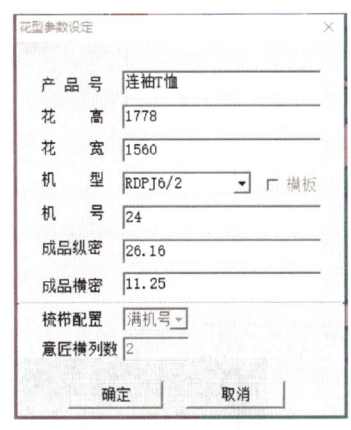

图 2-2-145　花型参数设定

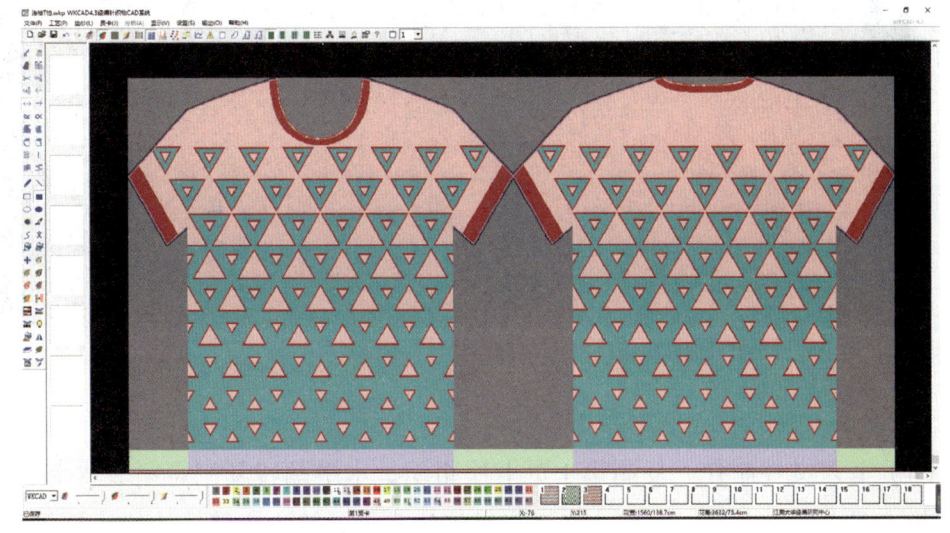

图 2-2-146　导入 T 恤位图

（3）贾卡图案组织填充。点击鼠标右键，选择组织填充功能，在贾卡组织库中选取网孔组织填充对应非定义色块区域，如图 2-2-147 所示。确定后完成贾卡图案组织填充，如图 2-2-148 所示。

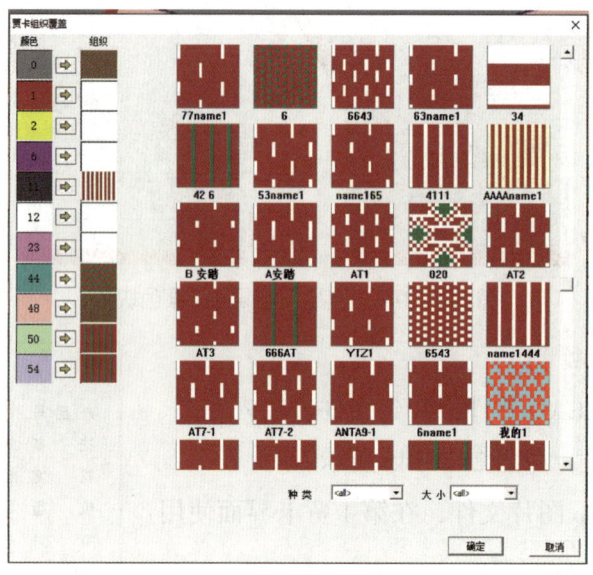

图 2-2-147　贾卡图案组织选择界面

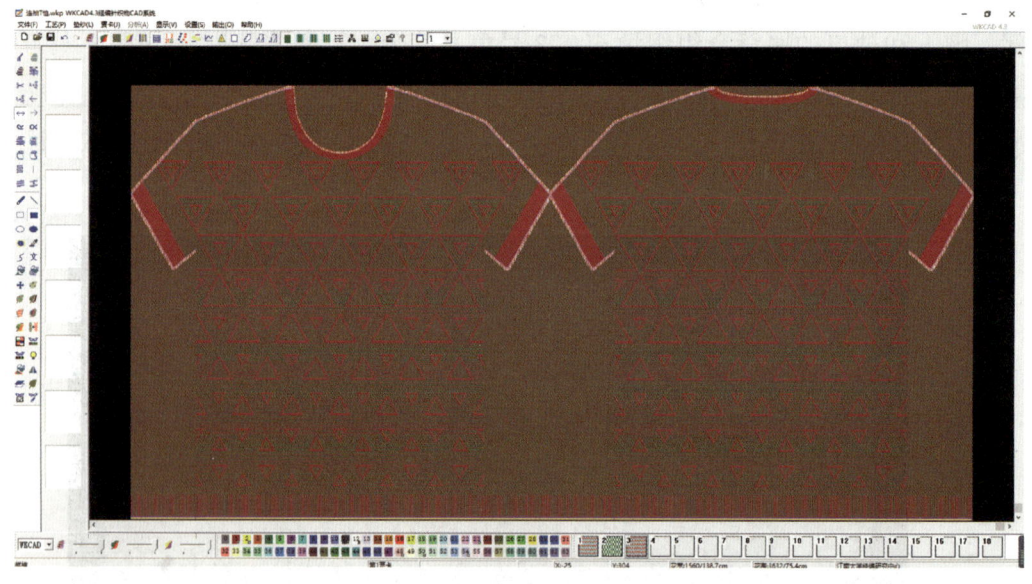

图 2-2-148　贾卡组织填充界面

（4）工艺文件制作。复制第 1 贾卡层组织，水平翻转复制至第 2 贾卡层后，返回第 1 贾卡层点击鼠标右键，选择自动连边功能，输入中缝连边终止横列线圈高度值，完成 T 恤整个筒片的侧面连接。再单独使用框选功能，单独选中 T 恤腋下大身侧缝处纵行，替换连边组织色块，即完成工艺文件制作。T 恤工艺组织图如图 2-2-149 所示。

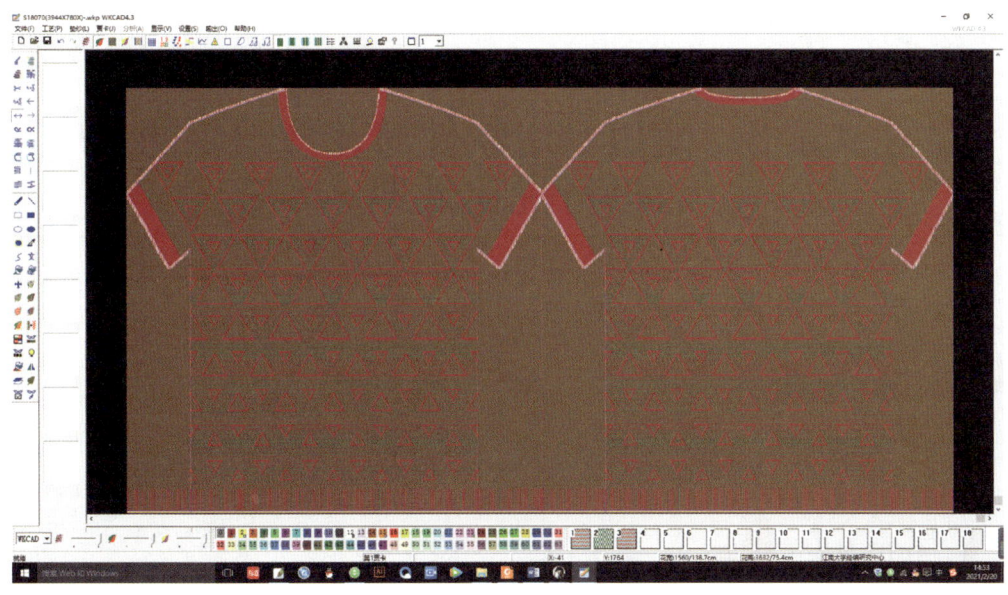

图 2-2-149　T 恤工艺组织图

步骤 3　织物仿真

完成贾卡组织填充后，点击 织物仿真按钮，会显示连袖 T 恤的垫纱仿真效果，在该界面检查组织垫纱图案效果以及连边分离边情况。由于工艺线圈个数较多，进行局部放大会更清晰，如图 2-2-150 所示。

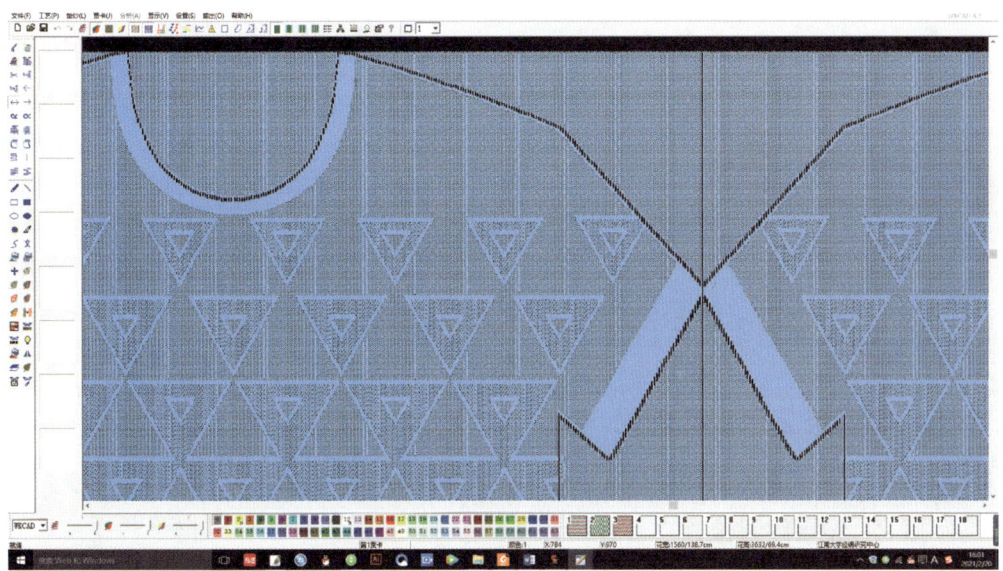

图 2-2-150　贾卡仿真效果界面

学习单元 6　使用专用软件对花型组织的程序进行优化处理

以提花组织为例,掌握在专用软件上进行提花组织花型优化的方法。

一、单系统 2 色提花优化

单系统 2 色提花优化无法做到提花顺序完全一致,只能做到在保证花型不变的情况下,通过左右各摆放一把纱嘴实现优化。

二、双系统 3 色提花优化

双系统 3 色提花优化在增加纱嘴的情况下可以实现提花顺序一致。

优化单系统 2 色提花和双系统 3 色提花

一、单系统 2 色提花优化

步骤 1　打开 2 色提花花型(见图 2-2-151)

步骤 2　设置纱嘴位置

将 3 号纱嘴初始位置设置在右边,如图 2-2-152 所示。

职业模块 2　样板绘制和程序编制

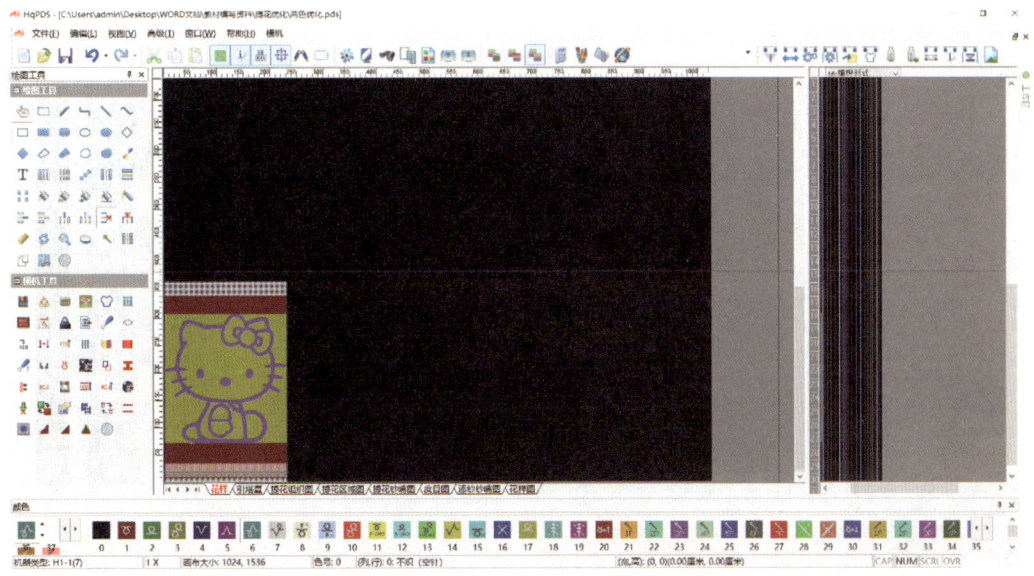

图 2-2-151　2 色提花花型图

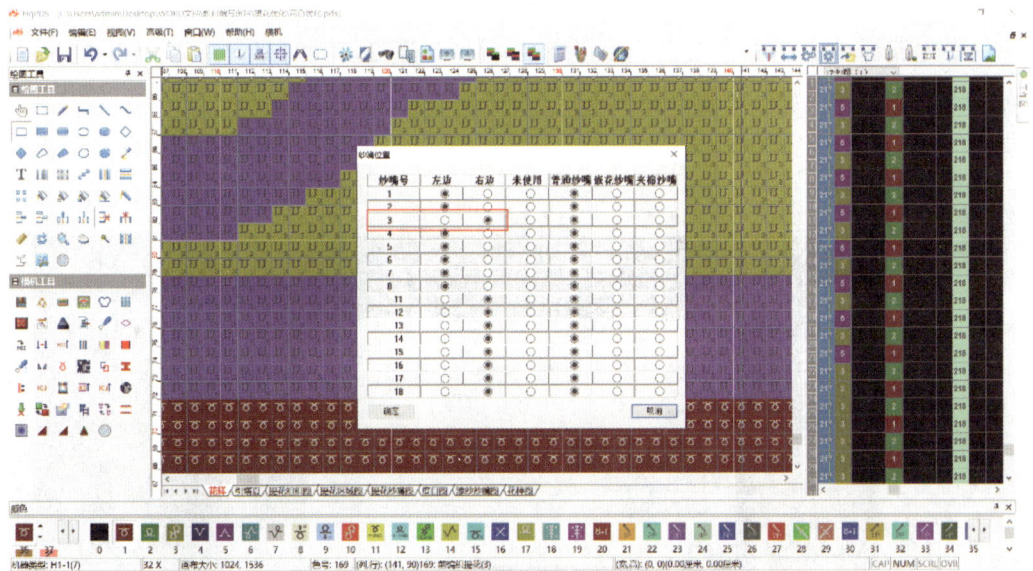

图 2-2-152　纱嘴初始位置修改

步骤 3　设置纱嘴组

将纱嘴组设置成无空行循环方式，如图 2-2-153 所示。

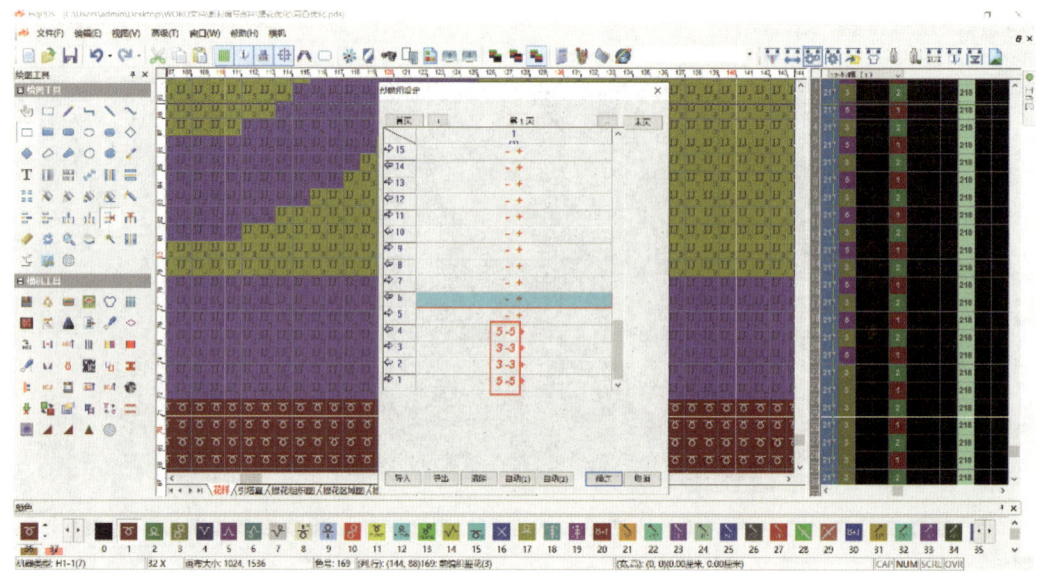

图 2-2-153 纱嘴组设置

步骤 4　编译花型并检查

修改编译信息，原机头总行数为 848 行，如图 2-2-154 所示。修改后的机头总行数为 614 行，如图 2-2-155 所示。

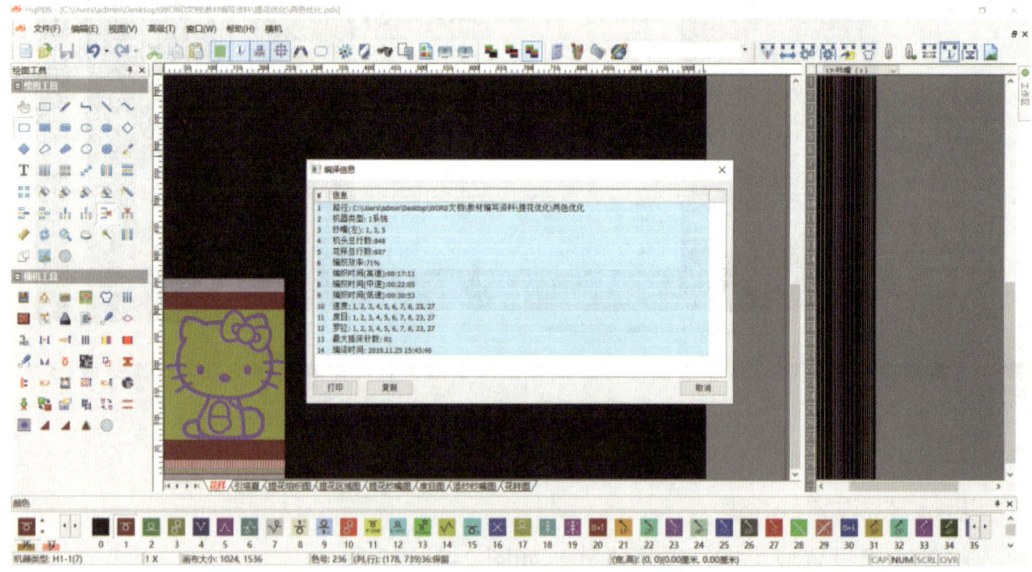

图 2-2-154 原花型编译行数

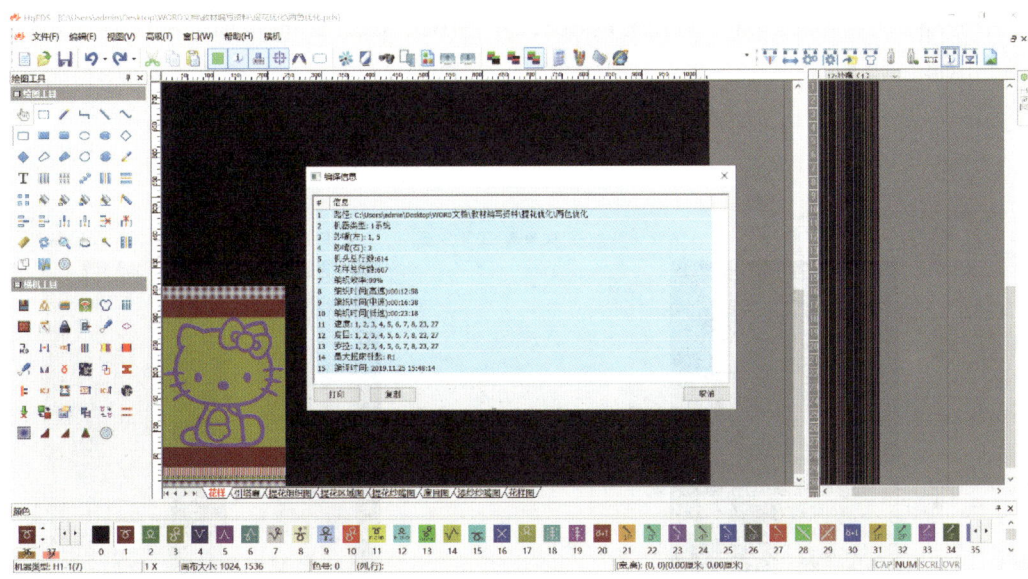

图 2-2-155　修改后花型编译行数

二、双系统 3 色提花优化
步骤 1　打开 3 色提花花型（见图 2-2-156）

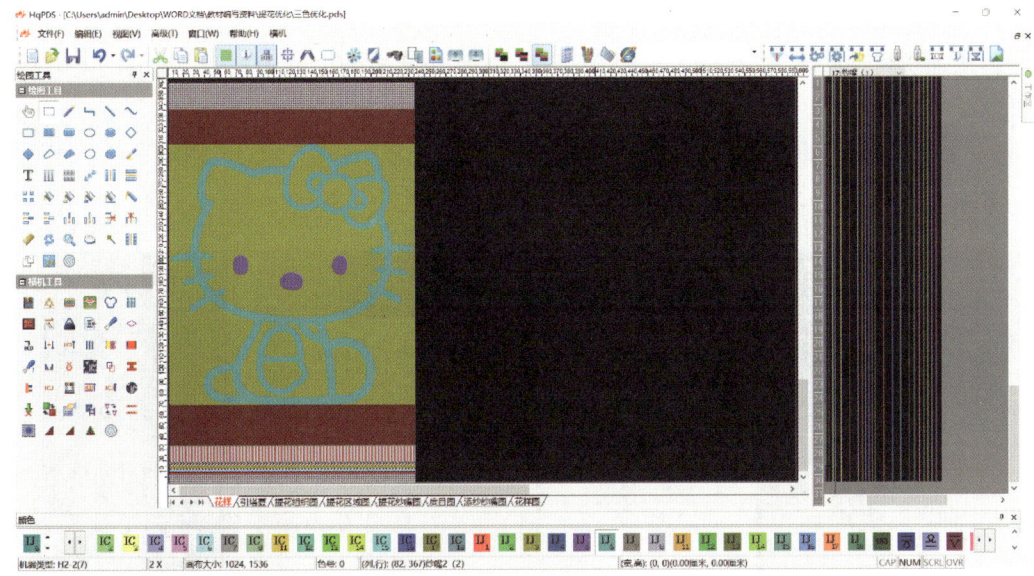

图 2-2-156　3 色提花花型图

步骤 2　设置纱嘴初始位置

修改思路：A、B、C 三种颜色中每种颜色使用两把纱嘴，分别为 A1、B1、C1、A2、B2、C2。第一个循环为右行 A1、B1，左行 C1、A2，右行 B2、C2，第二个循环为左行 A1、B1，右行 C1、A2，左行 B2、C2，此时纱嘴全部回到原始位置。因此，设置 A1、B1、B2、C2 纱嘴初始位置为左侧，C1、A2 纱嘴初始位置为右侧。原图使用 6 号、5 号、3 号纱嘴，如图 2-2-157 所示。

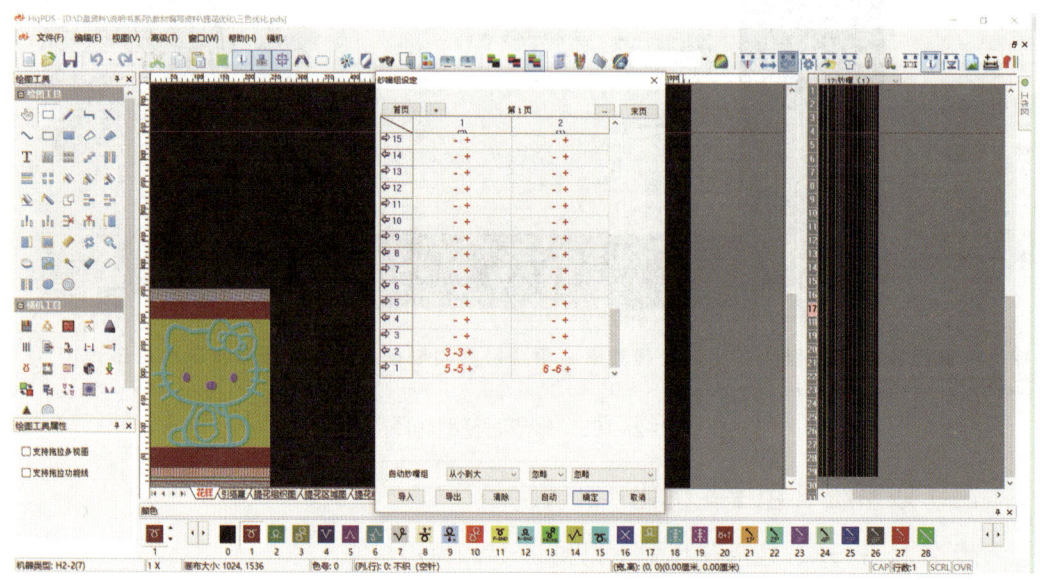

图 2-2-157　原图纱嘴组设置

增加 2 号、4 号、7 号纱嘴，定义 3 号、2 号纱嘴初始位置为右侧，如图 2-2-158 所示。

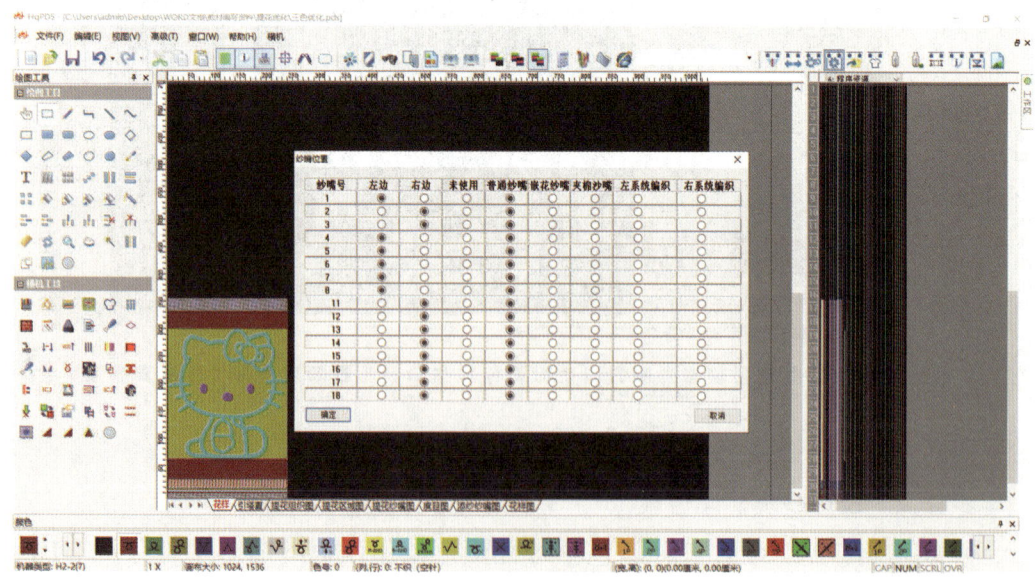

图 2-2-158　修改纱嘴初始位置

步骤 3 设置 6 把纱嘴编织并注明穿纱提示

6-6、5-5、3-3 是默认的纱嘴。增加的纱嘴按纱嘴方向顺序设置为 6-2、5-4、3-7，如图 2-2-159 所示。

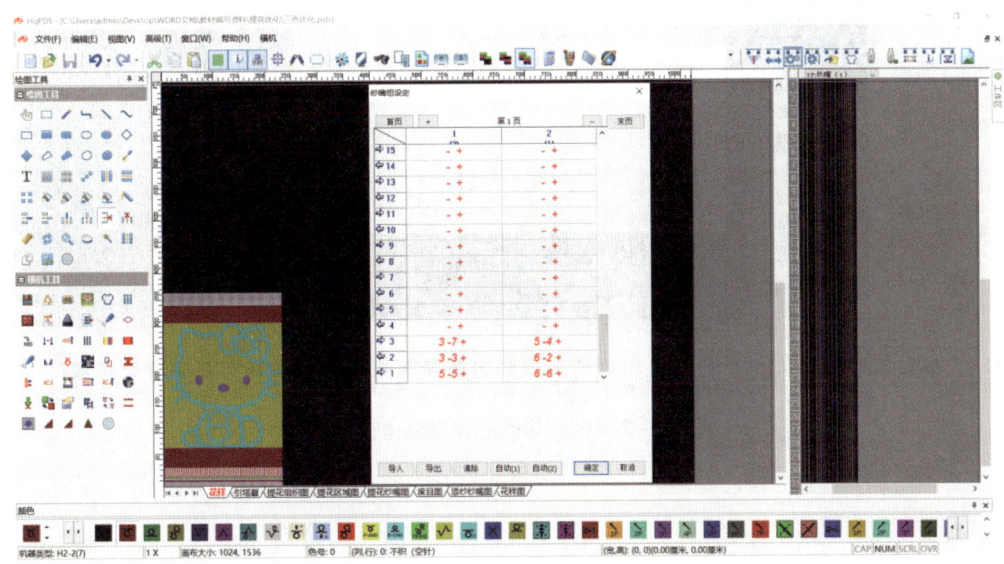

图 2-2-159 重新设置纱嘴组纱嘴编织顺序

步骤 4 编译花型并检查

修改编译信息，原机头总行数为 840 行，如图 2-2-160 所示。修改后的机头总行数为 482 行，如图 2-2-161 所示。

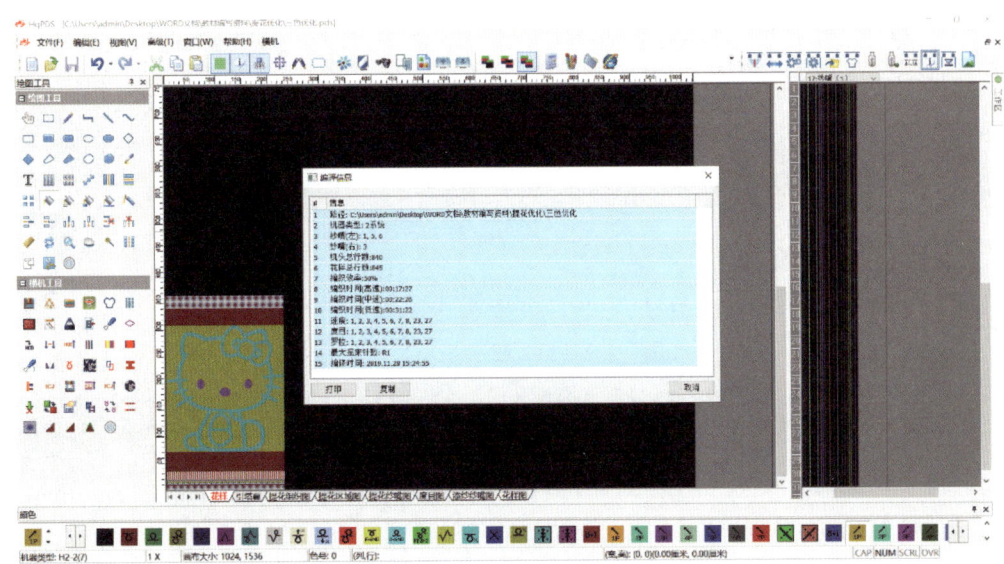

图 2-2-160 原花型编译行数

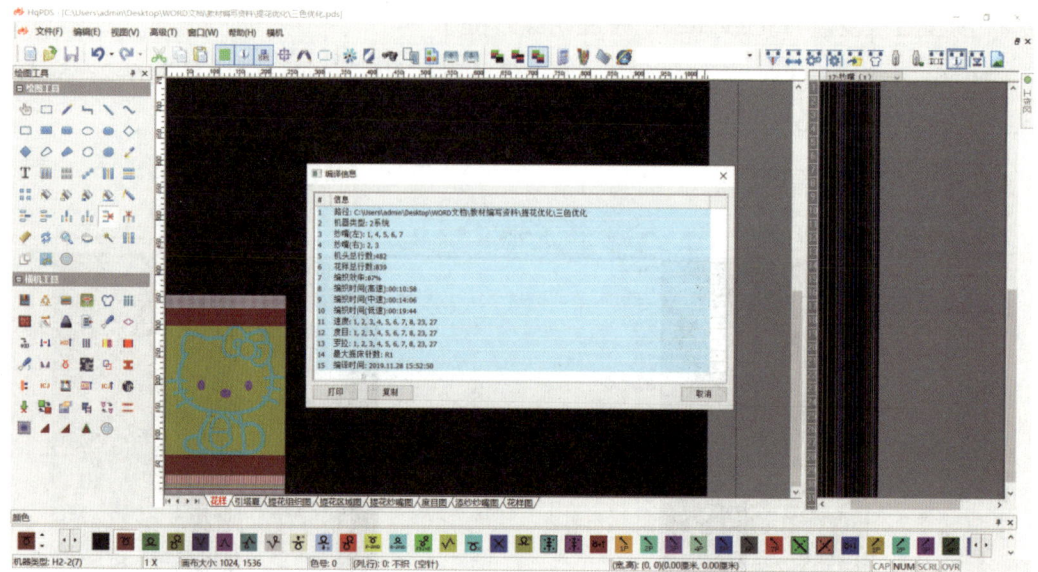

图 2-2-161　修改后花型编译行数

职业模块 ❸
系列样板制作

培训课程 1 试样制作

学习单元 1　优化织机速度、牵拉力、密度等编织参数

掌握优化织机速度、牵拉力、密度等编织参数的方法。

一、针织成型设备各系统简介

下面以使用最多的电脑横机为例,对编织系统、送纱系统和牵拉系统进行简单介绍。

1. 编织系统

对于两系统电脑针织横机来说,每个系统都可以单独完成编织、翻针、吊目、紧编、紧吊等动作。

2. 送纱系统

送纱系统一般分为积极式和消极式。积极式送纱器主要通过卷筒减少送纱时的摩擦力,增进送纱速度。消极式送纱器主要通过调节对纱线的夹力或者弹力控制送纱的张力。

3. 牵拉系统

（1）牵拉梳（又称起底板）

1）牵拉梳按默认值设置即可，可以根据花型宽度适当调节最大值。

2）开始工作前，打开牵拉梳挡板，清洁牵拉梳，并查看牵拉梳上是否有落下的布片。

（2）主罗拉

1）打开主罗拉。起底板机器复位后默认主罗拉打开，普通机器复位后默认主罗拉闭合。

2）关闭主罗拉。可以通过先打开再关闭主罗拉进行测试。

（3）副罗拉

1）打开副罗拉。副罗拉复位后默认打开。

2）关闭副罗拉。在不使用的情况下关闭副罗拉。

二、优化程序

1. 斯托尔 M1plus 制版系统

（1）单针床补偿横移，在横移位置编织。标准的双针板机器，前针板为固定针板，通过后针板横移完成移圈。而使用单针板编织的花型行，可以在横移位置编织，从而优化动程，提高编织效率。其设置如图 3-1-1 所示，可选择花型参数"设置"窗口，在"更多设定"选项下"每个动程横移"选项卡中勾选 □ 单针床补偿动程横移。

（2）翻针设置。在织片过程中，为了提高翻针的稳定性，可以通过花型参数"设置"窗口中"翻针"选项

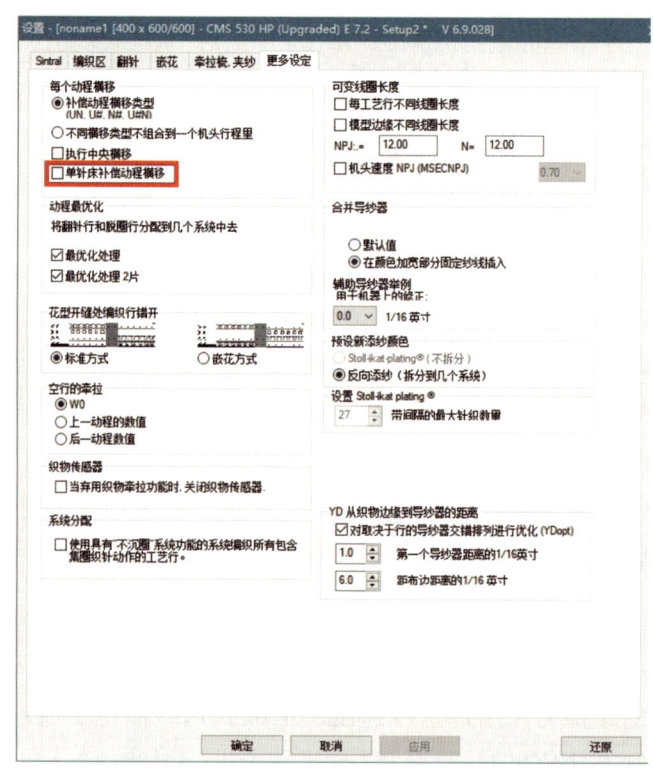

图 3-1-1　单针床补偿动程横移复选项

进行设置，如图 3-1-2 所示，图中各选项与功能见表 3-1-1。

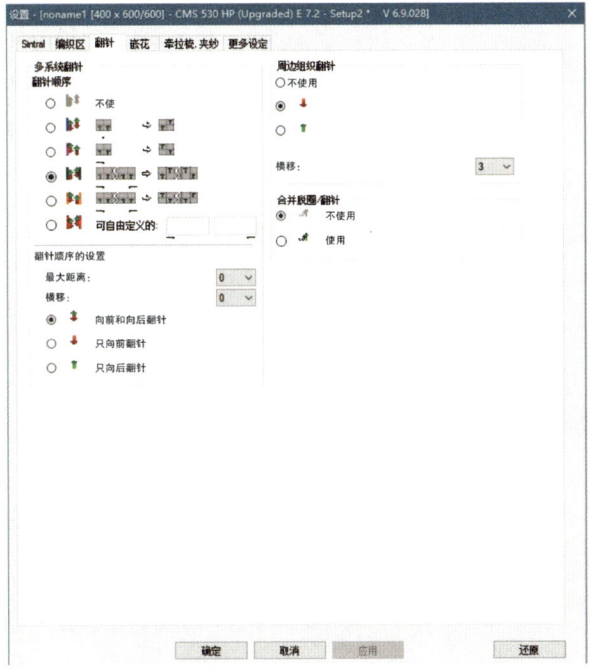

图 3-1-2 翻针界面

表 3-1-1 翻针选项与功能

多系统翻针选项	
选项	功能
↕	翻针过程将不会被拆分
↑↓ ↑→↑	相邻的翻针处理会被分为两个工艺行，左侧第一个织针将在第一个工艺行翻针
↑↓ ↑→↑	相邻的翻针处理会被分为两个工艺行，右侧第一个织针将在第一个工艺行翻针
↑↓ ↑↑→↑↑	相邻的翻针处理会被分为两个工艺行，左侧或右侧的第一个织针将在第一个工艺行翻针
↑↓ ↑↑→↑↑	相邻的翻针处理会被分为两个工艺行，左侧或右侧的第一个织针将在第二个工艺行翻针
↑↓ 可自由定义的： □ □	从左向右或反方向可自定义顺序。相邻的翻针处理最多会被分为 6 个工艺行，因此，此处可以输入数字 1~6，最多可输入 8 个数字，数字序列必须完整，这个顺序将被重复

续表

翻针顺序的设置	
最大距离	小于或等于这个数目的空针可以出现在两个相邻翻针之间，以便可以拆分到两行里
横移	选择要应用翻针顺序的横移幅度。列表区域只有在翻针顺序被激活时才可用
向前和向后翻针	设置特定翻针方向的翻针顺序
只向前翻针	
只向后翻针	
周边组织翻针	
不使用	周边组织将不会翻针
	前针床上周边组织翻针
	后板周边组织翻针
横移	选择要进行周边组织翻针的横移幅度。列表区域只有在翻针周边组织的选项被激活时才可用
合并脱圈/翻针	
不使用	脱圈和翻针不会合并
使用	 将连续的脱圈行和翻针合并到一行里。这里翻针和脱圈动作不可以重叠，而且必须具有相同的横移数据

（3）模块排列。

1）模块插入顺序设置。结构花型在花型扩展时，翻针移圈动作会被按照模块设置自动拆分到工艺行中。在同一个花型行中出现两个或两个以上花型模块时，应按照指定的方式排列翻针顺序。如图3-1-3所示是默认设置，该顺序会因大横移导致不参与移圈的线圈扭曲变形，影响之后的移圈稳定性。

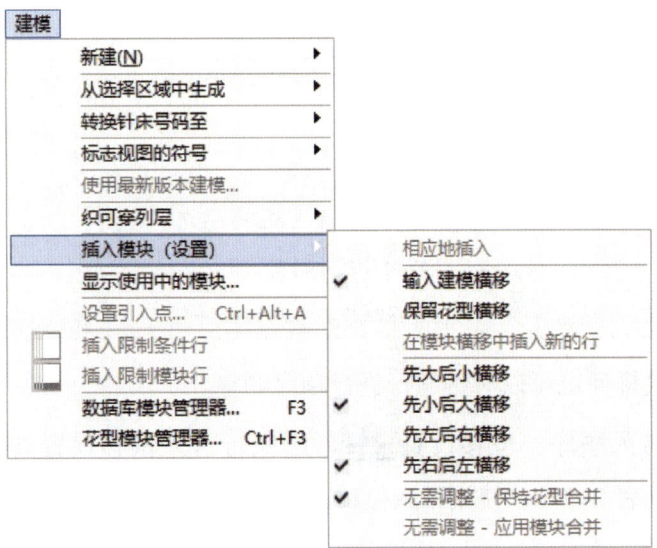

图 3-1-3 模块插入顺序设置

2)模块排列编辑器。调出模块排列编辑器,在花型的标志视图中选择行区域,调出模块菜单,将选择区域生成模块排列 ,并进行合理的翻针安排,运行菜单栏"模块_新的_模块排列"功能,双击所选定的模块排列。模块排列编辑器界面如图 3-1-4 所示,各项目及功能见表 3-1-2。

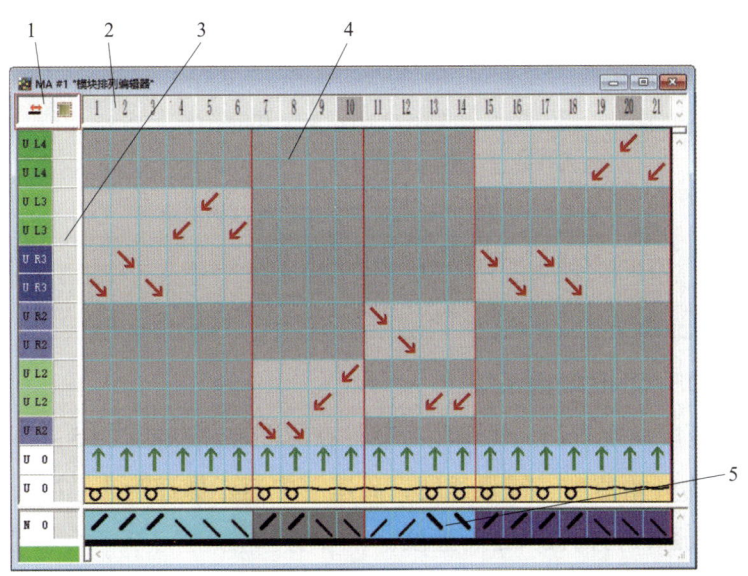

图 3-1-4 模块排列编辑器
1—控制列;2—列号;3—行号栏;4—编辑区;5—搜索区

表 3-1-2　模块排列编辑器项目及功能

项目	功能
控制列	所有控制列都可用
列号	对应编辑区坐标列号
行号栏	对应编辑区坐标行号及控制列设置
编辑区	显示扩展后织针动作排列
搜索区	显示从选择区域中搜索到的模块

注意：模块排列也可以对编织行进行顺序调整。

（4）纱嘴带入顺序、位移设置。编织行带入偏移设置如图 3-1-5 所示，其选项与功能见表 3-1-3。使用带入位移，可以控制将纱嘴带入的位置。

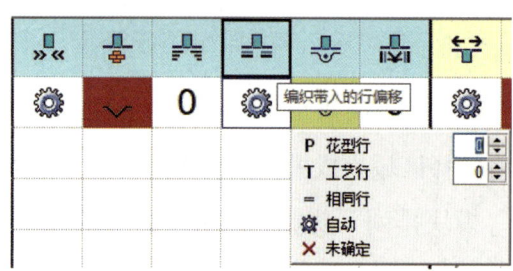

图 3-1-5　编织行带入偏移设置

表 3-1-3　编织行带入偏移设置选项与功能

选项	功能
P 花型行	输入纱线区域开始之前多少花型行时编织带入
T 工艺行	输入纱线区域开始之前多少工艺行时编织带入
= 相同行	纱线区域开始之前立刻编织带入纱线
✕ 未确定	空白单元格。第二行的标准设置将被应用

2. 岛精 SDS-ONE 制版系统

（1）织机速度设定方法。岛精制版软件在原图左侧功能线 L5、L6 上设定速度段号，速度分为开始速度、错误速度、高速、中速、低速与 1~7 段，共有 11 段可控编织速度或翻针行的机头运行速度。

1）L5 功能线。L5 功能线控制编织行的机头运行速度。编织行是指需编织的组织行，应根据不同的组织结构设定其编织速度。如纬平针组织，由单针床编织，负荷小、线圈结构简单，适合较高的速度；一行中含有不同的组织结构如集圈、四平等，组织复杂、成圈要求不同，则速度相对偏慢。填 0 号色时默认为高速，直接在"高速"中设定速度值；或根据组织及密度等因素，在 L5 功能线左侧填写 11 ~ 16，分别指定不同编织行相应的速度段控制其机头运行速度。编织速度、翻针速度的设定如图 3-1-6 所示，电脑横机速度设定画面如图 3-1-7 所示。

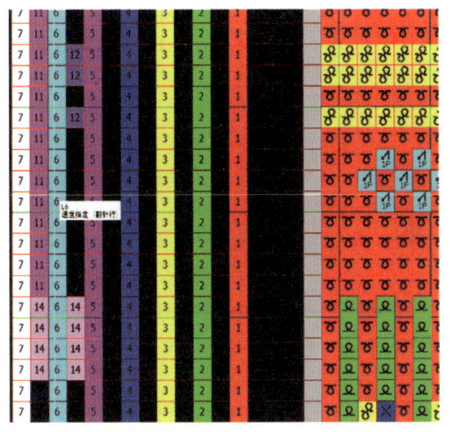 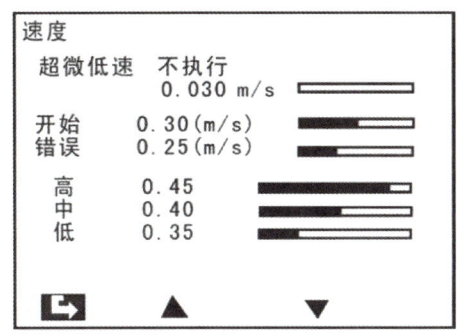

图 3-1-6　功能线速度设定示意图　　　图 3-1-7　电脑横机速度设定画面

2）L6 功能线。L6 功能线能控制翻针行的机头运行速度。有翻针动作时，可以降低速度，增加织针运动的稳定性，减少针头晃动，减少撞针、撞扩圈片（翻针片）的几率，提高翻针质量。

根据组织结构及密度等因素的不同，在 L6 功能线左侧填写 11 ~ 17，可以分别指定不同翻针行相应的速度段控制其机头运行速度，其段号不应与编织行相同。

3）机头空跑速度。机头空跑是指机头不带纱嘴、无编织动作的机头移动行，此行设定默认为第 7 段。

4）下摆罗纹编织速度。制版时系统默认为下摆罗纹段的编织，翻针速度为第 4 段，如有需要可以进行改动。

5）摇床速度。摇床速度是指控制针床的移动速度，摇床时针床移动速度过快，会影响纱线的拉伸，导致织针针头歪斜等问题，从而造成断纱、翻漏针等情况。摇床速度设定如图 3-1-8 所示。

在 L17 功能线相应行指定 1 ~ 255 号色时，在自动控制参数设定界面中设定摇床的段号，并在相应的机器上设定数值（百分数），或在"调整编织"菜单中制作成 **.999 文件进行指定。自动控制参数设定如图 3-1-9 所示。

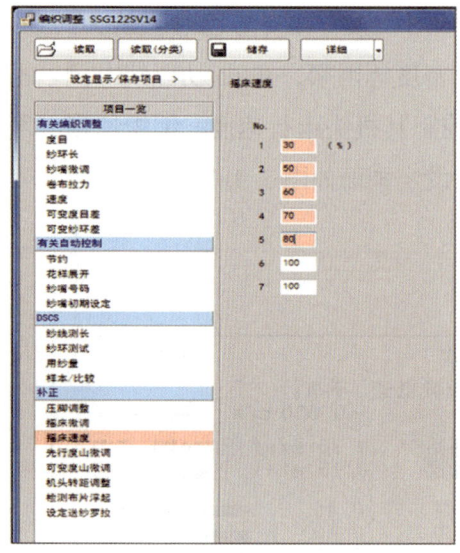

图 3-1-8 摇床速度设定示意图

图 3-1-9 自动控制摇床设定示意图

（2）牵拉力设定方法。岛精电脑横机的牵拉卷布系统由起底板、主罗拉、副罗拉构成，如图3-1-10所示。起底板起第一段牵拉作用：起口后起底板自动挂上，开始承担牵拉，至起底板下降到主罗拉下方时，主罗拉接替工作即主罗拉闭合旋转，与织物之间产生摩擦力，向下牵拉形成牵拉力（卷布拉力）。织物受到牵拉后横向幅宽缩窄，有些组织回缩较大，对边针形成较大的压力，使退圈困难，造成破边的现象。为有效解决此问题，设计在离织口较近位置安装一组罗拉，由于空间较小，罗拉直径较小，因此称之为副罗拉或高位罗拉。副罗拉在使用时作用点离织口较近，减少了回缩量。

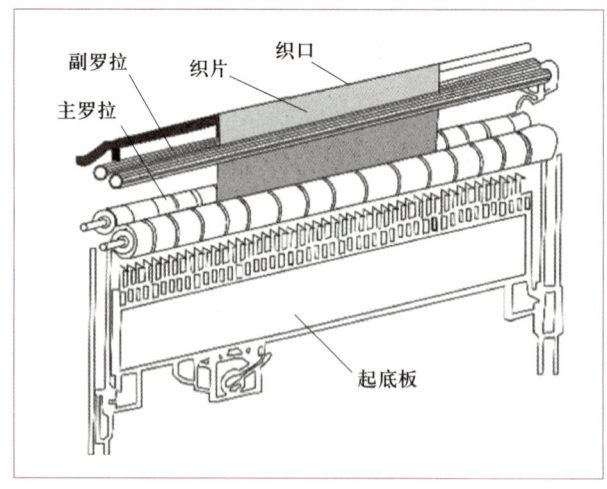

图 3-1-10 牵拉卷布系统示意图

1）牵拉梳（起底板）。

①牵拉梳位置检查。在正常情况下，牵拉梳位于最下方，打开盖板即可显示，使用前应对其进行检查，发现有纱线、线头或织物时应该及时清除。未下降到原位时机器会报错。在“手动操作”中“起底板”菜单下，将光标移至“初期”，按 F5 键，起底板即可回到原点。

②起底针操作。起底板上安装有起底针，用于勾住纱线，可以在“手动操作”中“起底板”菜单下设置起底针伸出或关闭。

2）主罗拉。主罗拉夹住布片向下旋转产生拉力，在编织过程中具有自动开合的功能。在编织斜片类型的衣片时，衣片两侧的牵拉力因其长短不同而不同。设置好主罗拉开合功能后，到指定位置主罗拉自动打开，织物松弛后马上闭合，从而使得各位置拉力均衡。

①主罗拉控制。在相应编织行功能线 L10 上填写段号 +100，设定开关动作，如图 3-1-11 所示。或停车后在“手动操作”菜单中手动控制主罗拉的开合动作，放松织物。

图 3-1-11　主罗拉设定开合示意图

②副罗拉控制。在“卷布拉力”设定界面中设定副罗拉作用或不作用，如图 3-1-12 所示。图中设定副罗拉的数值即为作用，其数值为“0”则为不作用（打开），通常数值范围为 50～80。

卷布拉力 号码	针的支数 min	max	卷布拉力资料 min	max	起底板	副/起底板	副
1	1	576	30	30	90	80	50
2	1	576	35	50	90	80	60
3	1	576	35	50	95	80	60
4	1	576	35	50	90	80	60
5	1	576	35	50	90	80	60
6	1	576	30	60	90	80	60
7	1	576	30	60	90	80	60
8	1	576	30	60	90	80	
9	1	576	35	40	90	80	
10	1	576	35	40	90	80	

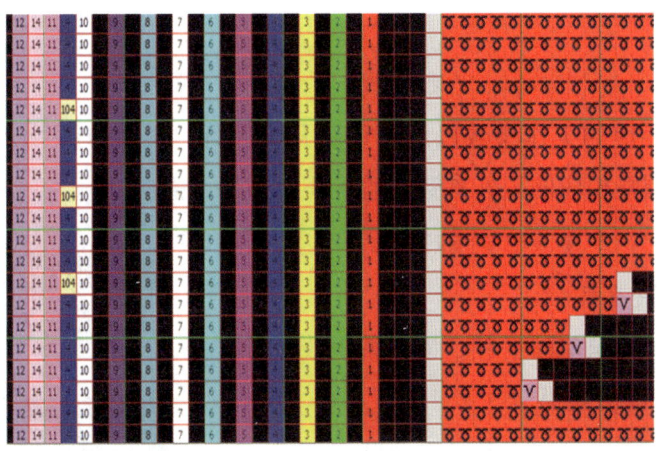

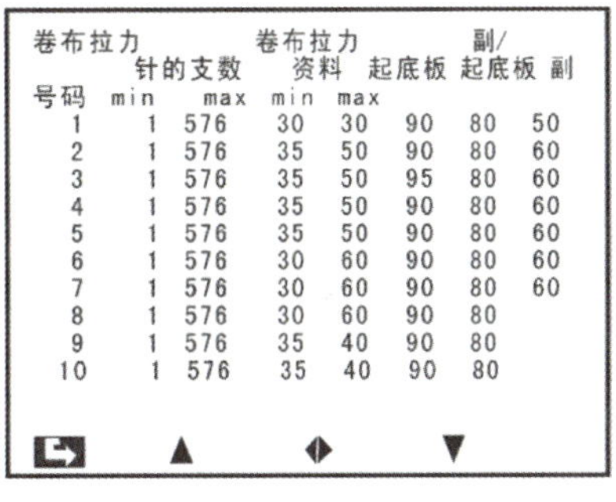

图 3-1-12　副罗拉拉力设定示意图

优化织机速度、牵拉力、密度等编织参数

一、恒强 HQPDS16 制版系统

步骤1　停机或将机器停在零位

使用拉杆暂停机器,或者复位后重新编织。

步骤2　进入面板相应页面

找到对应设置界面,点击进入。

步骤3　优化速度、牵拉力、密度等编织参数

根据不同组织设置速度段,四平、翻针等组织可以适当调小速度值。

牵拉值:在局部编织的翻针部分调小牵拉值,双面部分适当调大牵拉值。

密度值:根据不同组织设置不同密度值,通过查看织物线圈大小,调整不同组织的密度值。

步骤4　开机继续编织,观察修改后的情况

调整完成相应的工作参数以后,重新开机运行,再检查织物效果。根据织物效果可以再次调整相应的工作参数,直到织物效果满意为止。

二、斯托尔 M1Plus 制版系统

1. 提升编织效率

在横移位置编织单面平针,提高编织效率。

步骤1　创建新花型

(1)新建花型结构为 150 针 × 200 行。

(2)新建花型基本组织为带翻针前针床线圈。

步骤2　添加挑孔移圈模块

绘制基本花型单元,如图 3-1-13 所示阴影区域,使用填充工具填充整个花型。

步骤3　将模块结束后的下一个编织行设置使用模块最后翻针的横移位置

在横移控制列中修改后针床横移位置,如图 3-1-14 所示。

图 3-1-13　绘制花型

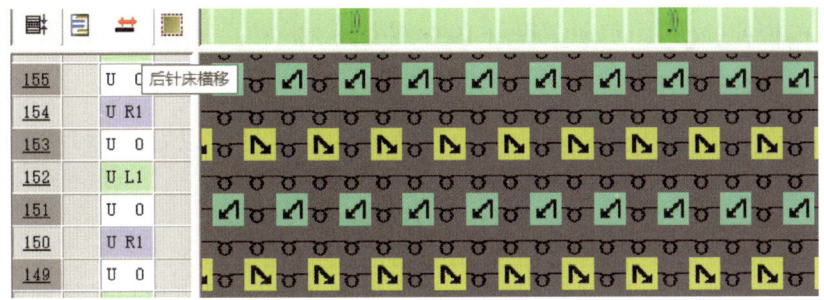

图 3-1-14 设置横移位置

步骤 4   在花型设置对话框中设置单针床补偿横移

（1）在"花型参数_设置_更多设定"选项中勾选☐**单针床补偿动程横移**。

（2）设置多系统翻针为不使用。

步骤 5   生成上机程序

（1）运行 ⚙，处理为上机程序。花型中将不再因为编织行与翻针行横移位置不一致而增加新的行程，如图 3-1-15 所示，编织行程被优化。

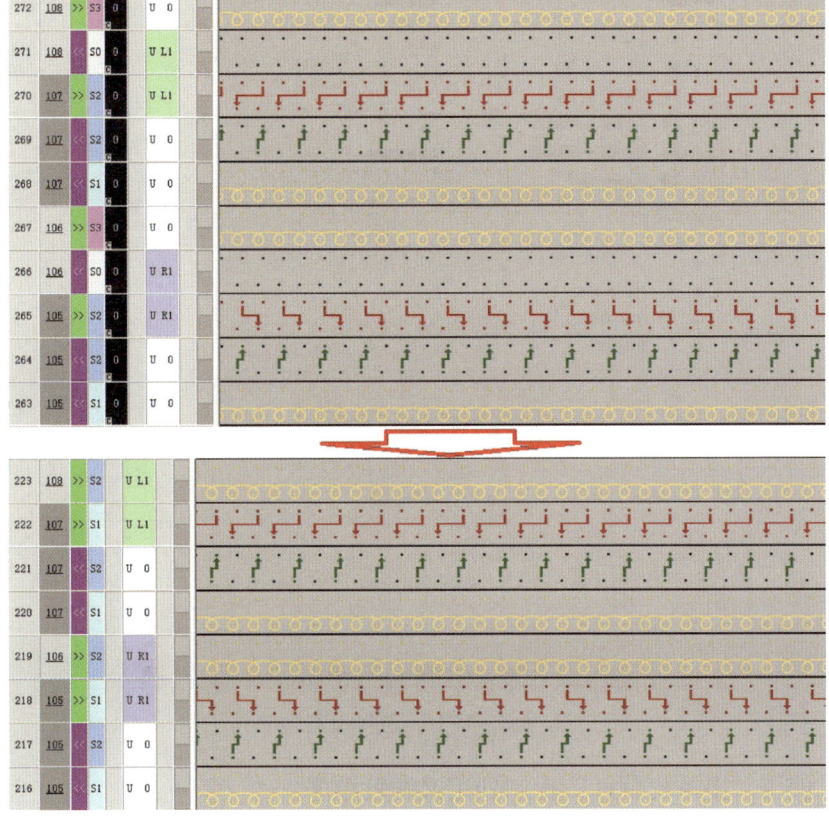

图 3-1-15   一个完整的花型循环优化后机头行程减少

（2）模拟检验 ![icon]，实现空程由 19% 减少到 1%。

2. 提升编织稳定性

使用细针花型，提升模型边缘收针移圈的稳定性，以背肩后片为例，使用 QL010-H 模型。

步骤 1　打开花型 QL010-H

打开花型文件，点击"运行步骤—导入模型花型"，导入模块扩展前的花型。

步骤 2　通过多系统翻针控制列设置翻针顺序，改善因织片边缘内卷、翻针时线圈张力不匀引起的掉套问题

（1）使用翻针设置。在"花型参数"—"设置"—"翻针"选项中设置翻针顺序，如图 3-1-16 所示，点击"应用"将设置应用到花型中。

注意：参数设置窗口中的设置是应用于整个花型的，默认设置选择使用 2 系统翻针，从左侧开始循环。

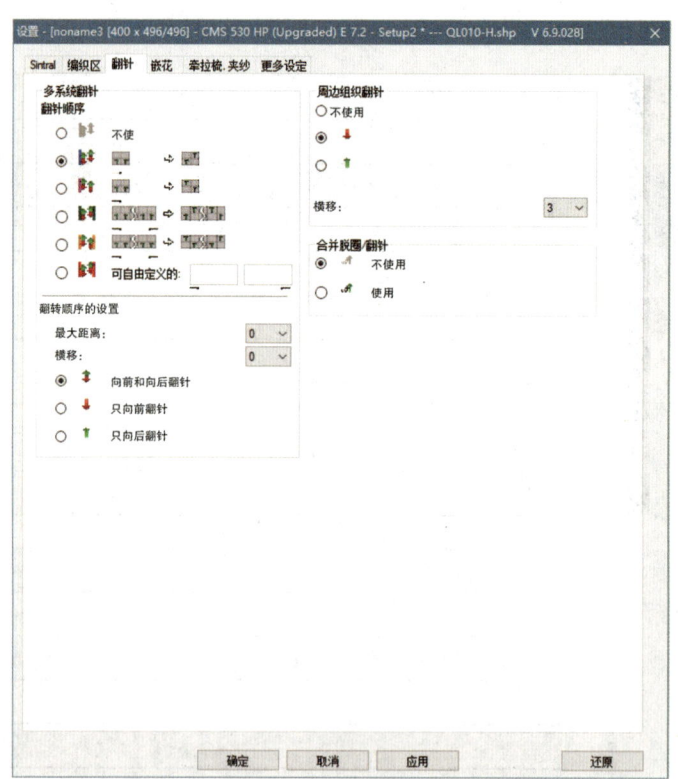

图 3-1-16　翻针设置

（2）使用"多系统翻针"控制列定义翻针顺序。

1）设置的 2 系统翻针在控制列中的显示如图 3-1-17 所示，使用右键级联菜单可以针对当前行单独设置翻针顺序。

图 3-1-17 多系统翻针控制列

2）收针模块设置与扩展效果见表 3-1-4。

表 3-1-4 收针模块设置与扩展效果

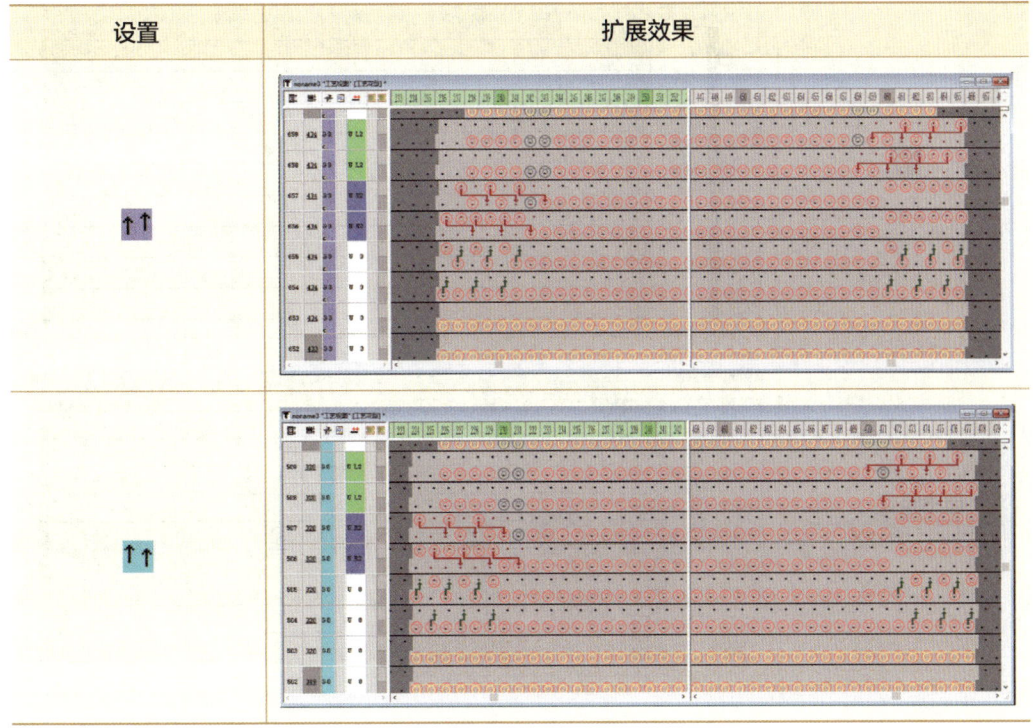

续表

设置	扩展效果
↑↑	
↑↑	
↑↑	
↑↑ 自由定义 1122　1122	

续表

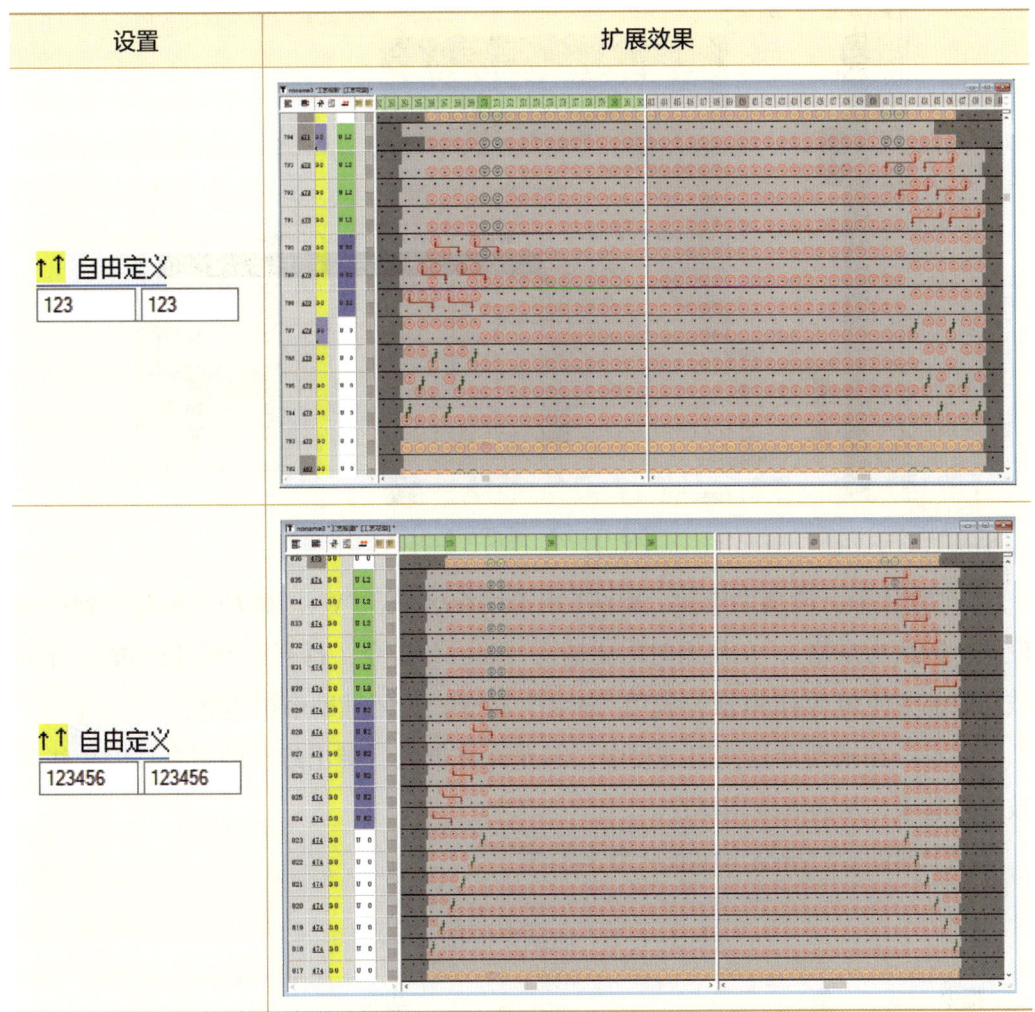

注意：根据织机运行时织针上线圈受力情况自定义翻针顺序。通常先翻较松的线圈。多系统翻针会增加编织行程，通常不会设置在整个花型区域，应针对织片上的问题区域在控制列的局部使用。

步骤3 使用辅助牵拉改善翻针上浮的问题

（1）单面平针编织细针花型，编织速度较高时，织片两侧区域因机头折返在高度上一次增加两个线圈，以致牵拉不能很好地作用到边缘的织针上，织片会被上行脱圈的织针带起而不完全脱圈，从而形成蝴蝶针疵点。应打开辅助牵拉予以改善。

（2）在花型辅助牵拉控制列中增加辅助牵拉段，如图3-1-18所示。

1）打开辅助牵拉控制列，在右键级联菜单中选择"附加值"，打开"辅助牵拉表"，从列表中选择牵拉段添加到花型中需要使用的区域，如背肩收针区域。

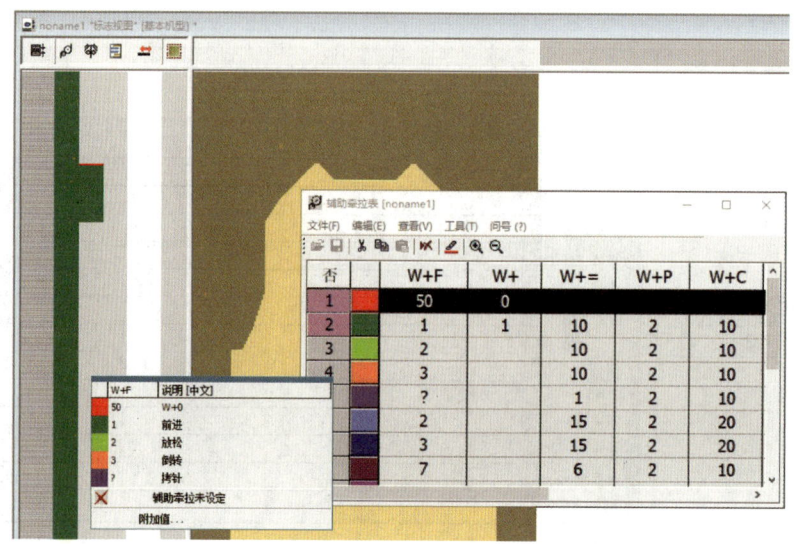

图 3-1-18 辅助牵拉设置

2）默认第一段辅助牵拉。W+F1 用于编织区域，"W+"辅助牵拉开关列中未设置（默认为空格），在使用时需要输入"W+1"指令，打开辅助牵拉功能；在区域结束部分使用 W+F50 段，调用"W+0"指令，关闭辅助牵拉功能。

注意：在辅助牵拉使用过程中，不允许有带入、带出纱嘴的指令，以免线头被罗拉卷入，从而缠绕副罗拉。

（3）辅助牵拉指令与功能见表 3-1-5。

表 3-1-5 辅助牵拉指令与功能

指令	值	功能
W+F	1~99	牵拉组
W+	1	使用辅助牵拉功能，辅助牵拉辊将被合上。辅助牵拉的速度 W+=n 被激活
	0	关闭辅助牵拉功能，辅助牵拉辊将被打开
W+=	1~15	辅助牵拉速度
W+P	0~10	辅助牵拉接触压力
W+C	0~100	织物牵拉监控系统数

步骤 4　运行程序，生成上机程序

步骤 5　在机器上编织，检验修改效果

3. 设置纱嘴引入顺序

花型中间局部废纱区域改善，合理设置纱嘴的引入顺序，以后片领底平去部分的废纱模块为例，使用 QL010-H 模型。

步骤 1　打开花型 QL010-H

打开花型文件，点击"运行步骤—导入模型花型"，导入模块扩展前的花型。

步骤 2　新建废纱模块

（1）新建"废纱＋脱圈"模块，如图 3-1-19 所示，绘制模块织针动作并设置线圈长度、脱圈牵拉等。

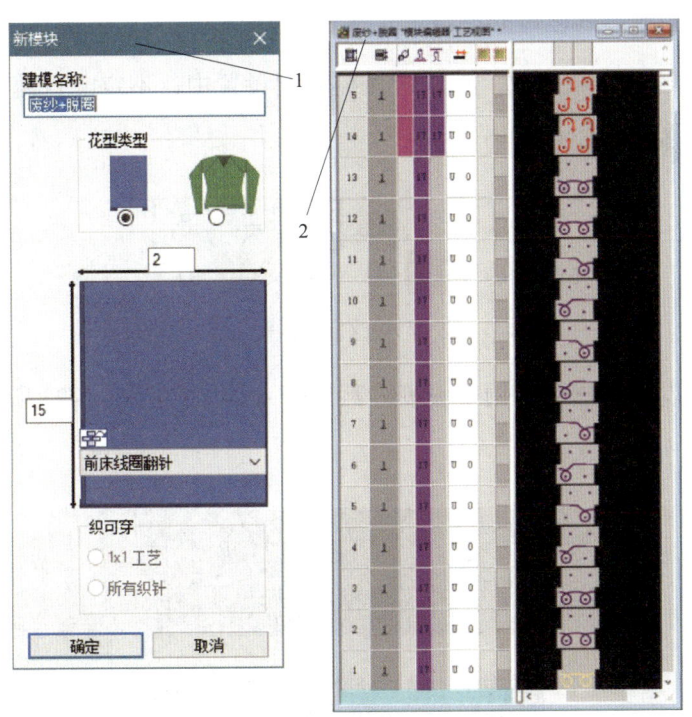

图 3-1-19　"废纱＋脱圈"模块编辑器
1—新模块对话框；2—模块编辑器

（2）关闭模块编辑器，保存模块到数据库中的新建模块组中。

步骤 3　将模块应用到花型中的开领位置

（1）将花型显示中模型边缘激活，使用模型属性工具中的"删除所有模型属性"，将后领中平去位置（见图 3-1-20）的拷针模块删除。

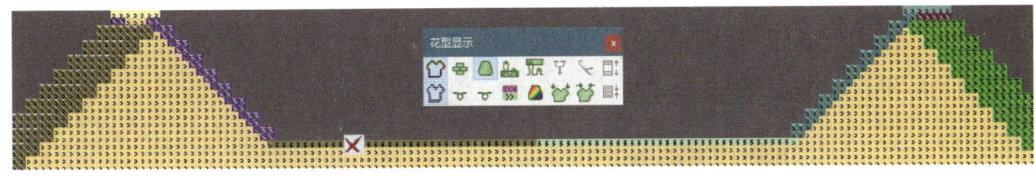

图 3-1-20　后领中平去位置（以颜色作为背景显示）

（2）将选定编辑好的"废纱+脱圈"模块绘制到平去位置，如图 3-1-21 所示。

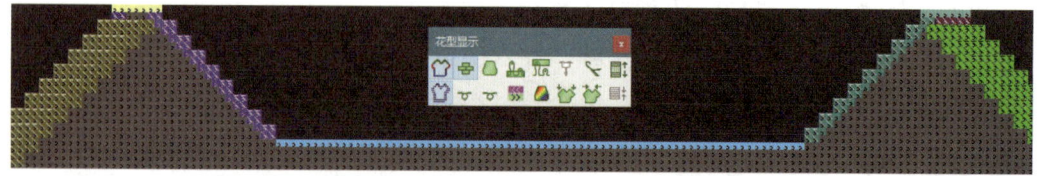

图 3-1-21　后领中平去区域（以模块作为背景显示）

步骤 4　打开纱线区域对话框，定义领底废纱的带入、带出方式

（1）打开纱线区域分配，默认带入控制列设置中，不定义行偏移 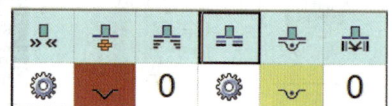。默认设置为自动，如图 3-1-22 所示。

图 3-1-22　纱线区域带入模块默认设置

（2）运行花型扩展后，领平去废纱默认带入顺序。图 3-1-23 所示为扩展后的编织顺序。

图 3-1-23　默认自动排列的编织顺序

步骤 5　根据需要提前带入废纱，以提高编织的稳定性

（1）废纱纱嘴通常使用两侧导轨上的位置，有时会影响到纱线喂入的稳定性，提前将纱嘴带入编织区，可使纱线垂直增加喂纱角度，从而改善编入的稳定性。设置领平去废纱的带入行偏移为提前 3 个花型行，如图 3-1-24 所示。

图 3-1-24　纱嘴带入位移设置

（2）运行花型扩展后，领平去废纱带入顺序。图3-1-25所示为扩展后的编织顺序。

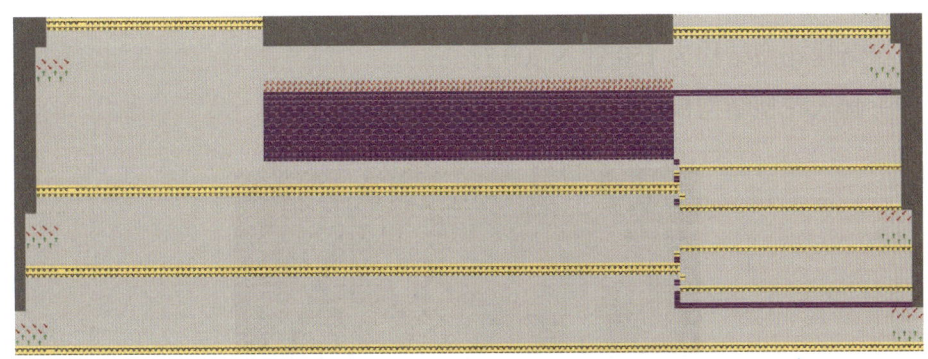

图3-1-25 扩展后的编织顺序

若系统在运行过程中检测到废纱纱嘴停放位置在选针区，会自动插入踢纱嘴的动作，让开停放的纱嘴编织。

步骤6　花型扩展后，移动脱圈位置，改善脱圈牵拉

（1）由于废纱部分只在领中部分局部编织，这一区域的线圈的牵拉力不足，在脱圈过程中易上浮，导致脱圈不完全，使极个别的线圈遗留在织针上，进而造成废纱脱散。

（2）在标志视图上，选择脱圈行，使用绘图工具，拖放到开领编织6行以后，如图3-1-26所示，使脱圈时牵拉能够作用到织针上。

图3-1-26 废纱脱圈位置上移

步骤7　再次运行程序，生成上机程序

注意：花型的修改可以在程序运行完所有步骤后进行，已经完成的花型文件可以直接修改后再次运行，生成新的上机程序。

4. 应用模块排列

应用复合结构花型中的模块排列，改善移圈结构编织稳定性。

步骤1　新建2×1阿兰菱形及2×2绞花结构花型

（1）新建花型结构为150针×200行。

（2）画入花型结构模块，如图3-1-27所示。

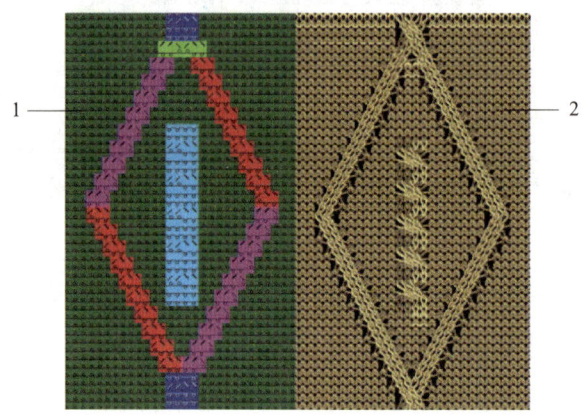

图3-1-27　2×1阿兰菱形及2×2绞花复合结构示意图
1—标志视图；2—织物视图

步骤2　为花型创建模块排列

（1）选择拥有不同翻针模块的编织行，如图3-1-28所示。

图3-1-28　选择编织行

（2）单击工具栏中的图标 ![icon]，或运行"模块"菜单栏中的"从选择区域中生成模块排列"功能。

（3）打开"模块排列编辑器"，翻针顺序按照默认模块插入顺序扩展，如图3-1-29所示，相同横移位置的翻针行被合并到同一个行程中。

"模块/插入模块（设置）"菜单中的设置决定了模块排列中的横移优先顺序。如果翻针处理的顺序在模块排列中被指定，"模块/插入模块（设置）"菜单中的优先设置会被忽略。

（4）点击绘图工具 ![icon] 图标。

（5）激活工具属性对话框中的行选项，如图3-1-30所示。

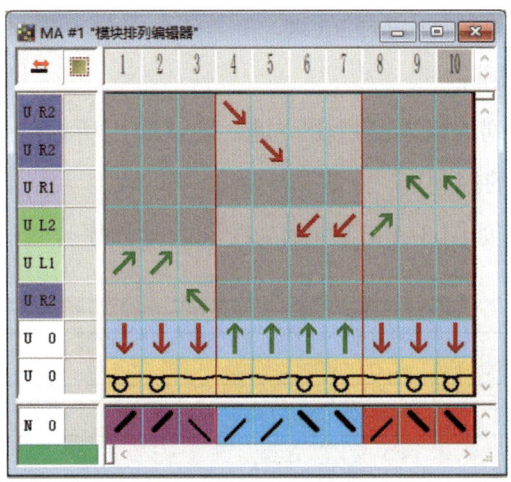

图 3-1-29 选择区域生成模块排列的模块排列编辑器

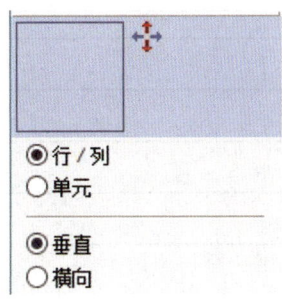

图 3-1-30 移动工具属性设置

（6）点击会被阿兰翻针影响到的绞花翻针，移动鼠标将其拖放到合适的位置。选定的翻针动作会被移动到辅助行，如图 3-1-31 所示。

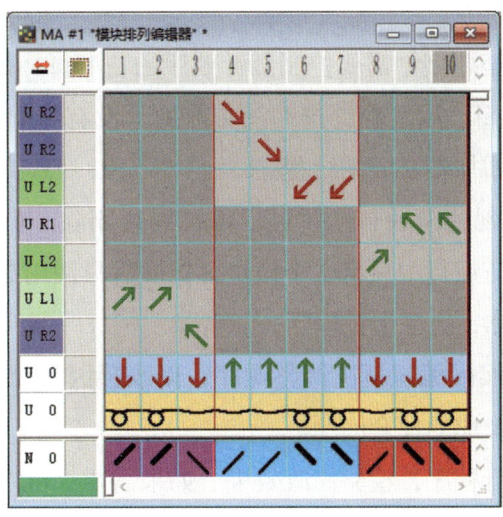

图 3-1-31 修改过的模块排列

(7)对所有需要的翻针行按此处理。

(8)选择空行并删除。

(9)关闭模块排列编辑器,点击"是"确认应用所做的修改。模块排列会自动输入选定花型区域的控制列。

(10)扩展花型,如图 3-1-32 所示为线圈翻针顺序。

图 3-1-32　2×1 阿兰及 2×2 绞花翻针顺序排列

步骤 3　设置花型中的所有翻针顺序

可以将模块拖放至花型中需要控制翻针顺序的花型行,如图 3-1-32 所示,基本组织为后板单面线圈,阿兰翻针排在绞花前面。没有编织问题的花型行不需要设置模块排列,避免增加不必要的行程。

花型行中没有出现的模块自动跳过,将扩展行删除。例如,模块排列中有 3 个模块的排列顺序,花型行中只有 2 个模块,扩展后只调用 2 个模块的排列顺序。

步骤 4　运行程序,生成上机程序

(1)根据机器上实际编织情况调整顺序,以改善因翻针顺序不合理从而部分线圈被来回横移拉松形成的掉套问题。

(2)在机器上运行程序,检验修改效果。如果需要,可以再次调整翻针顺序。

三、岛精 SDS-ONE 制版系统

步骤1　停机或将机器停在零位

向内侧转动操纵杆,使机头停在编织区域的左边或右边。点击"手动原点",转动操纵杆使机头停在左侧原位。

步骤2　进入面板相应页面

在主屏幕的主菜单中,移动光标到"编织调整"菜单,点击 F5 键进入。选择"速度"或"卷布拉力""度目"菜单进行相应的设置与调整。

步骤3　优化速度、牵拉力、度目等编织参数

(1)优化速度。编织速度包含机头启动速度(开始速度)、结头捕捉速度(错误速度)、罗纹编织速度、大身编织速度(高速)、空车速度(机头空跑)、翻针速度等。

1)机头启动速度(开始速度)。进入"速度"设定界面,其中,"开始速度"是指操作杆转动后机头开始编织的第一行、衣片结束行的速度,下一行自动转为高速编织。由于机头突然启动,对纱线拉动和织针运动的加速度较大,因此,此行不宜过快,一般设定为 0.3 ~ 0.5 m/s 为宜。

2)结头捕捉速度,即"错误速度"。编织过程中捕捉到小结头时,系统会自动降速执行"错误速度",待小结头通过织针针钩后自动提升为高速编织。此处根据实测,以小结头不撞坏针钩、结头不脱散为前提,调整为不大于 0.35 m/s。编织行数根据编织幅宽设定,结头到针钩距离为 1 ~ 1.5 m,根据不同的组织设定错误编织行数,在"纱嘴微调"界面中设定行数。

3)罗纹编织速度。系统默认下摆罗纹段为第 4 段速度,具体需根据不同下摆组织结构进行设定,一般设定为 0.4 ~ 0.6 m/s。满针罗纹(四平)起底时另设一段,速度不大于 0.4 m/s。本例将 1×1 罗纹优化为 0.7 m/s。

4)大身编织速度。大身编织速度系统默认为"高速",具体需根据不同组织结构设定相应的速度值,如纬平针、1×1 罗纹设为 0.8 ~ 1.2 m/s,2×1 罗纹、芝麻点提花设为 0.8 ~ 1.6 m/s 等。本例为 4×4 绞花,纬平针编织行设定了"高速",优化为 0.9 m/s。

5)空车速度。空车速度是指机头空跑(不选针、无动作)时的速度,为减少机头空跑时间,一般设为 1.2 m/s。

6)翻针速度。翻针速度是指执行翻针时的速度,通常指定为第 1 段。为保证翻针稳定,应适当降低速度,可以设为 0.3 ~ 0.5 m/s。本例翻针行为第 2 段,优化

为 0.5 m/s。

7）摇床速度。在执行摇床时，需针对不同的摇床针距进行详细设定。在"微调（选项）"菜单中，进入"摇床自动设定"子菜单，设定摇床 1P 为 60%、2P 为 50%、3P 为 30% 等，摇床柔和减少断纱。本例摇床速度设定摇床 2P 为 60%。

（2）优化牵拉力。进入"卷布拉力"设定界面，对编织罗纹段段号对应的副罗拉输入 60，以设定副罗拉作用，减少罗纹的回缩。在翻针段也可以设定为"作用"，使翻针时拉力稳定。

将起底板作用段第 2 段拉力设定为 30~50，利用系统按开针数自动分配拉力值的功能进行自动调整。起底板作用力的百分数根据主罗拉的新旧程度设定在 80%~120% 之间，使起底板与主罗拉的拉力保持均衡。

（3）优化度目。检查各段度目值的设定，应使其与工艺要求相符，各组织的度目数值参照表 3-1-6。

表 3-1-6　SSG、SIG 机型度目值设置参照表

基本组织	度目参考值	编织组织	度目参考值
满针罗纹（四平）	20~30	纬平针	40~50
1×1 罗纹	25~30	双罗纹	25~30
2×1 罗纹	30~35	芝麻点提花	25~40（后床略小）
2×2 罗纹	35~40	背面全出针提花	25~35
起底圆筒（元空）	35~40	圆筒提花	40~45
下摆圆筒袋编	35~40	罗纹下摆翻针行	35~40（第 15 段 +5~10）

步骤 4　开机并观察

开机继续编织，观察修改后的情况。如果不理想，重复上述动作，修改参数。

学习单元 2　调整沉降片设置、机器回转距、电子送纱器等编织工艺参数

根据织物性能和机器功能，掌握调整沉降片设置、机器回转距、电子送纱器等编织工艺参数的方法。

一、沉降片的工作原理及位置对织物布面风格的影响

沉降片俗称信克、生克片，是电脑横机和无缝内衣机上的辅助牵拉装置，配置在两枚织针中间。

对于电脑横机而言，沉降片位于针床齿口部分的沉降片槽中。两个针床上的沉降片相对排列，由三角控制沉降片片踵，使沉降片前后摆动。当织针上升退圈时，前后针床中的沉降片闭合；当织针下降弯纱成圈时，前后针床中的沉降片打开。沉降片由步进电机控制，步进电机对应有一个零位感应器，在沉降片行程的最右边，数值为 0，向左边移动，数值随之增大，到最左边时其数值为 350。在机头运行改变方向的时候沉降片马达工作，将沉降片三角从一边移动到另外一边。

对于无缝内衣机而言，在压针深度、线圈长度相同的条件下，同时推进的沉降片片数越多或者越深（见图 3-1-33，蓝色箭头指向处），纱线从线圈部分转移到沉降弧部分越多，沉降弧变长，线圈变小。线圈中的纱线转移到沉降弧后，线圈列与列间距变大，纵向织物纹路变得紧密且清晰。织物长度变短，门幅变宽，如图 3-1-34 所示。但这时应对纱线的强力要求更高，否则容易出现织物断纱、破洞等织疵。

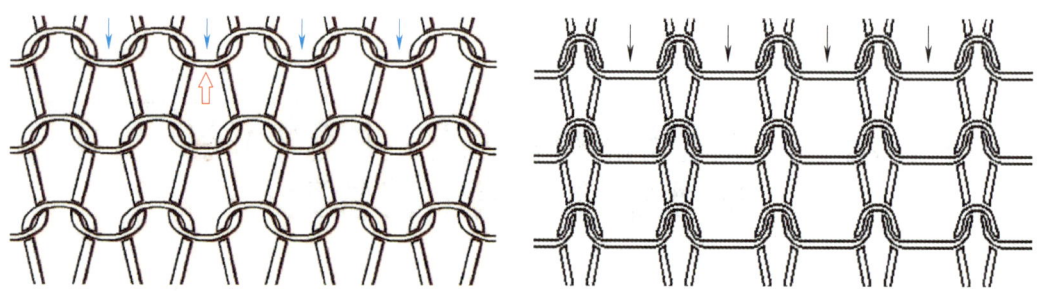

图 3-1-33 正常线圈图　　　　　图 3-1-34 转移后的线圈图

二、回转距的概念、作用及影响

回转距是指电脑横机机头在编织过程中离选针区的最远距离，如图 3-1-35 所示中 1~4 之间的距离。回转距一共包括三部分：1 和 2 之间为纱嘴停放点、2 和 3 之间为纱嘴落下提前量、3 和 4 之间为机头回转距。纱嘴停放点指在编织时，纱嘴位于选针区外的停放位置与选针区边针的距离；纱嘴落下提前量指换色电磁铁滑块推动纱嘴时，滑块下落位置与纱嘴停放位置的距离，即滑块提前落下的针数；机头回转距指机头运动方向发生改变的位置和换色电磁铁滑块落下的位置之间的距离。机头回转距和纱嘴落下提前量属于机器系统参数，机器调试时会确认使用一个定值，在编织过程中一般不对其进行调整，纱嘴停放点需要根据实际编织情况进行调整，调整时应注意是否使用多把纱嘴、是否编织扳花组织、是否使用宽纱嘴等因素。

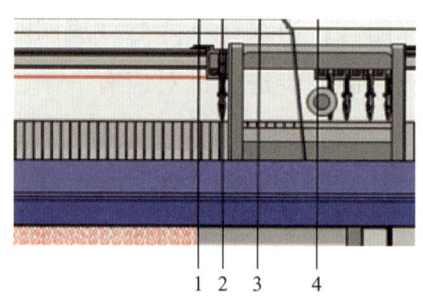

图 3-1-35 机头转向停止状态

三、电子送纱器对织物的密度、尺寸和弹性的影响

送纱器在电脑横机运行过程中辅助送纱，将消极式送纱转变为积极式送纱。消极式送纱是一种无外力辅助，靠织针处纱线成圈拉力送纱的喂纱方式，对纱线强度有一定要求，纱线无须驱动直接被送入编织处，这种方式在横机上应用尤为

广泛，编织所需的纱线张力一般由夹线盘产生。由于纱线的每一端都具有或多或少的弹性，因此，喂纱张力不可避免的波动会导致喂纱量的不匀。与消极式送纱相比，积极式送纱可减少张力波动对织物密度的影响。由于送纱器对纱线提供了助力，纱线张力减小，线圈变得蓬松，与不用送纱器相比密度变小，弹性增加，尺寸变大。

在无缝织物编织时，弹力纱张力在一定范围内对织物的影响很大。张力加大（尤其是伸缩比大的包纱），织物下机尺寸变小，弹性变大。

调整沉降片设置、机器回转距、电子送纱器等编织工艺参数

一、电脑横机（以龙星牌电脑横机为例）

步骤1 停机或将机器停在零位

当机头运行到布边左侧时，将机器停下。观察机头和纱嘴，确保机头和纱嘴都在选针区外，然后在运行界面进行参数调节，如图3-1-36所示，对应调整沉降片、机头回转距和送纱器速度等编织参数。

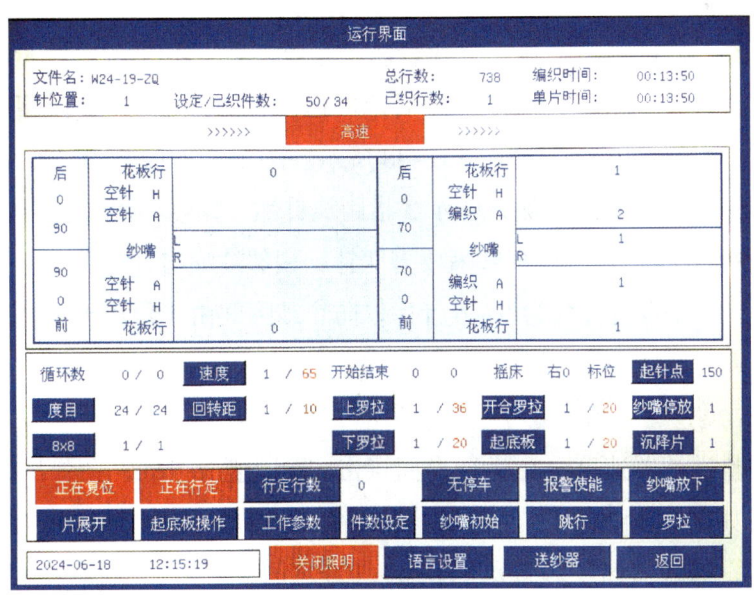

图3-1-36 运行界面

步骤2　调整沉降片位置

在运行界面，点击"沉降片"图标，会弹出沉降片设定界面，如图3-1-37所示，沉降片设定值调整范围一般在0~350之间。机头从左往右走时，沉降片闭合靠右，数值从0开始设置。反之机头从右往左走时，数值则从350开始设置。由于编织出针比翻针出针低，沉降片闭合位置后移，数值必须向中间偏移。如图3-1-37所示，机头右行时，编织数值比翻针数值略大；机头左行时，编织数值比翻针数值略小。每次一般调整5~10个数值。

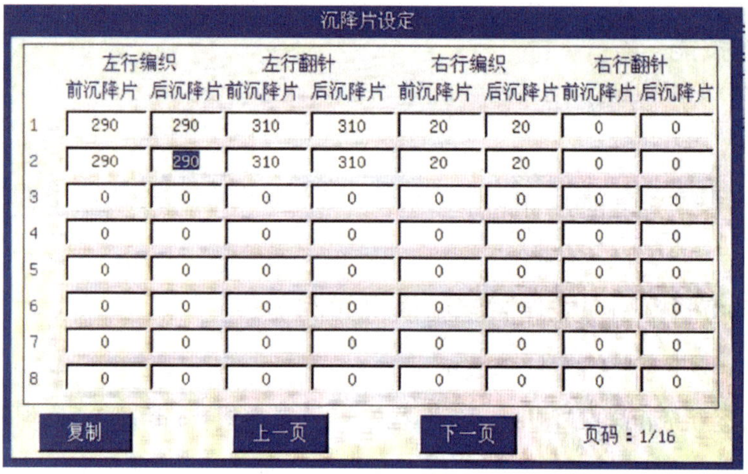

	左行编织		左行翻针		右行编织		右行翻针	
	前沉降片	后沉降片	前沉降片	后沉降片	前沉降片	后沉降片	前沉降片	后沉降片
1	290	290	310	310	20	20	0	0
2	290	290	310	310	20	20	0	0
3	0	0	0	0	0	0	0	0
4	0	0	0	0	0	0	0	0
5	0	0	0	0	0	0	0	0
6	0	0	0	0	0	0	0	0
7	0	0	0	0	0	0	0	0
8	0	0	0	0	0	0	0	0

图3-1-37　沉降片设定界面

步骤3　调整回转距

由于机头回转距和纱嘴落下提前量属于系统参数，不在运行界面调整，故只需调整纱嘴停放点。沉降片调整完毕后返回运行界面，点击"纱嘴停放"图标，会弹出普通纱嘴停放点界面，如图3-1-38所示。图示1表示1~8号纱嘴，图示2指纱嘴停在选针区左侧或右侧，图示3指距离针数（即纱嘴停放位置与编织样片边距）。宽纱嘴设置针数时比窄纱嘴要多两针，相邻纱嘴错开4针左右，不相邻纱嘴错开2针。最小设置针数为5~6针，以防止纱嘴间由于距离不够相撞或者纱嘴与选针区距离太近撞针。

步骤4　调整送纱器参数

最后调整送纱器速度。在运行界面点击"送纱器"图标，会弹出送纱器速度设置界面，如图3-1-39所示。图中1~16代表纱嘴，左送纱、右送纱代表左右两边送纱器，送纱器速度调整范围在0~100之间，可根据纱线材质和密度等调整对应纱嘴的送纱速度。调整送纱速度时应先确定纱嘴和纱线，在运行界面点击

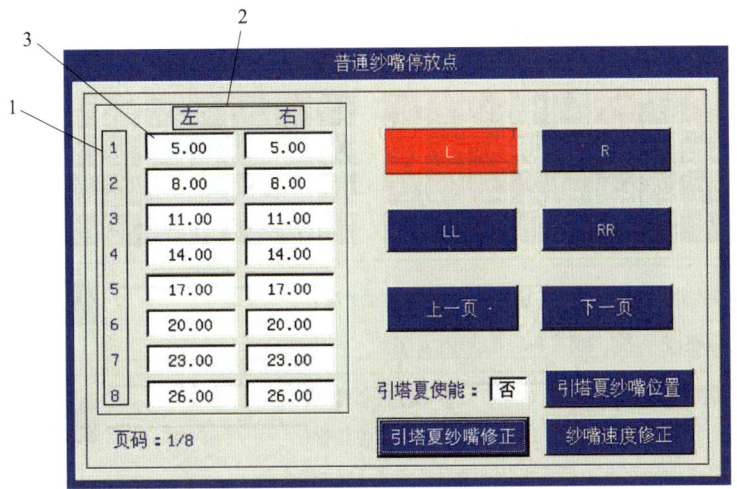

图 3-1-38 普通纱嘴停放点界面

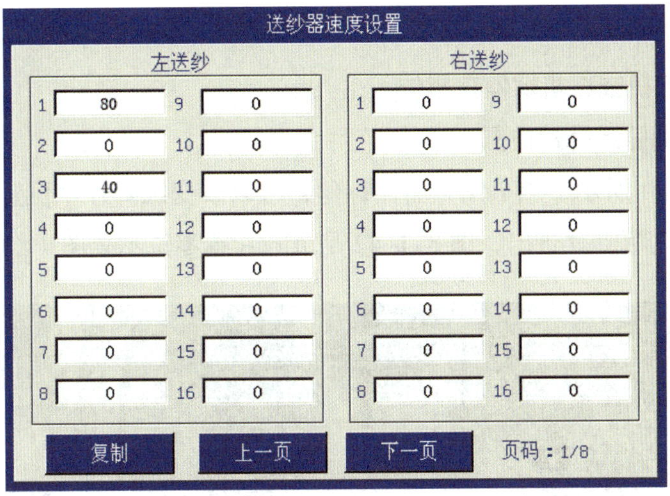

图 3-1-39 送纱器速度设置界面

"纱嘴初始"图标,会弹出纱嘴初始位置界面,如图 3-1-40 所示。左边 1 号纱嘴和 3 号纱嘴显示红色,由于平时使用纱嘴时,靠前和靠后的纱嘴用于拆线,中间纱嘴为主纱,所以这里 1 号纱嘴为拆线,3 号纱嘴为棉纱。调整送纱速度时,拆线表面摩擦力小,送纱速度数值要调大;棉纱表面摩擦力大,则数值相对要调小。

步骤 5 开机观察并试织

沉降片、机器回转距、送纱器等编织工艺参数调整完毕后,启动机头继续编织,观察样片编织情况,编织完好则样片下机;若样片有瑕疵,则重新调整参数。

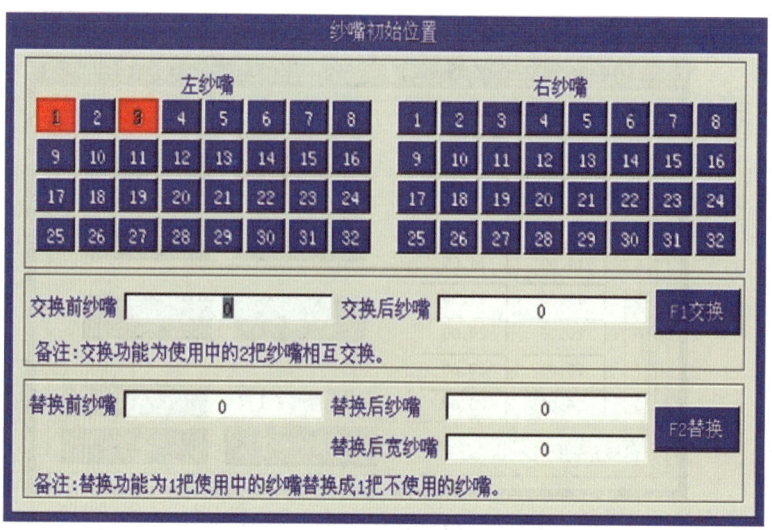

图 3-1-40　纱嘴初始位置界面

二、无缝内衣机

步骤1　停机或将机器停在零位

步骤2　调整沉降片位置

如图 3-1-41 所示,调节图中右侧螺丝,可以改变沉降片罩位置。沉降片罩内的三角可以改变沉降片进出,图 3-1-42 是沉降片罩零位示意图(红色箭头所示)。

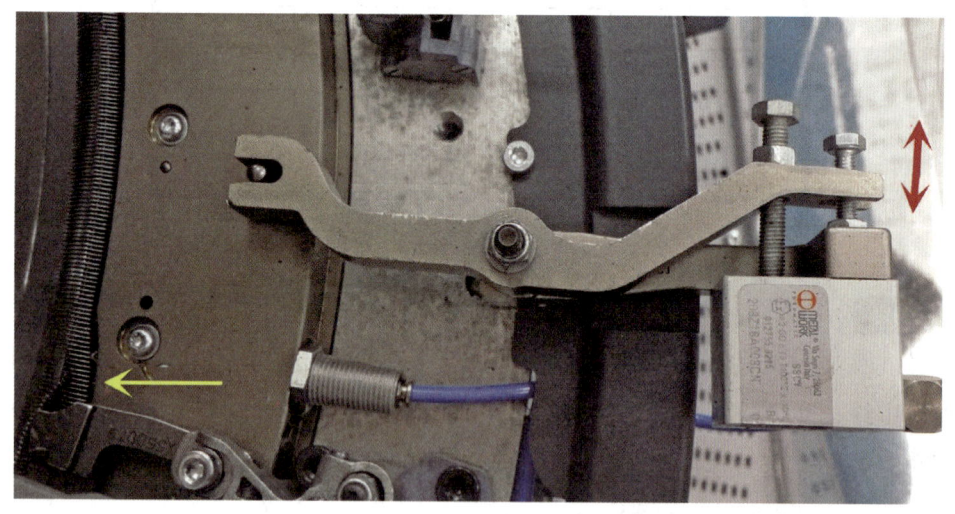

图 3-1-41　沉降片罩调节杆调节沉降片位置

改变沉降片罩的位置,可以改变两个箭头之间的沉降片片数(常规是 8~9 枚),进而改变织物风格和尺寸,如图 3-1-43 所示。

图 3-1-42 沉降片罩零位示意图

图 3-1-43 沉降片片数

步骤 3 调整送纱器参数

停机或将机器停在零位。利用 DIGRAPH3PLUS 软件，在程序中修改弹力纱张力值，编码后再次输入机器编织。在激活行，点击鼠标左键直接修改，然后点击 OK 键退出即可，如图 3-1-44 所示。

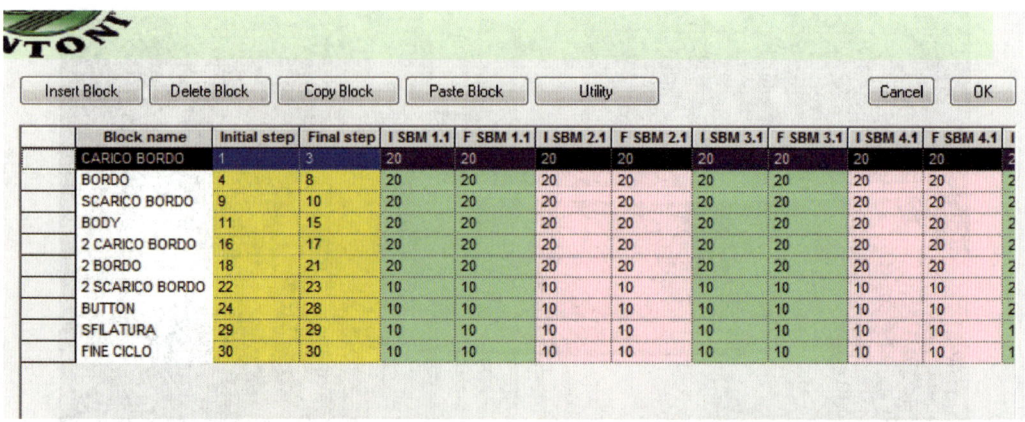

图 3-1-44　程序中纱线张力值调节

步骤 4　开机观察并试织

开机观察并试织，如果不符合要求，重复上述动作。

学习单元 3　优化制版程序

掌握根据试样编织情况优化制版程序的方法。

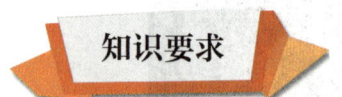

一、睿能 KDS 制版系统

1. 双系统优化

使用双系统编织时，可以将两把纱嘴穿同一种纱线，编织时，横机运行一次同时编织两行。如图 3-1-45 所示，废纱使用 1 号和 7 号两个纱嘴交错编织，从而减少横机行程，提高编织效率。

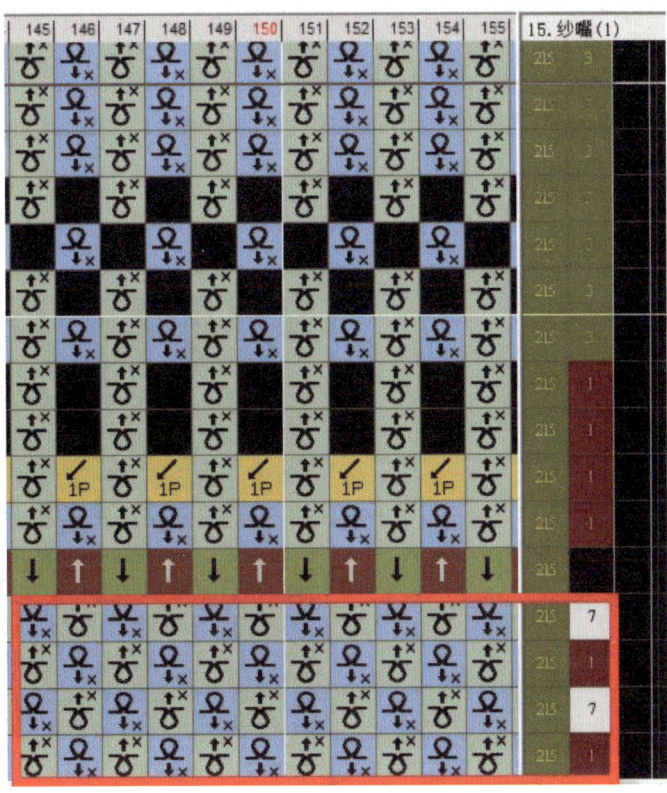

图 3-1-45　废纱两把纱嘴编织

2. 翻针与编织同行

编织时,前后针床一般为针对齿状态,而翻针时,前后针床为针对针状态,如图 3-1-46 所示。

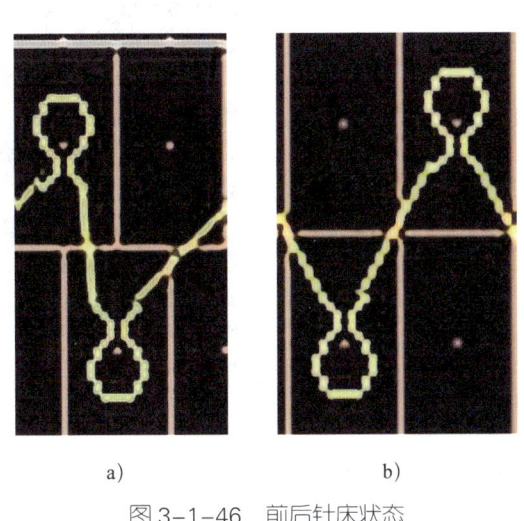

a)　　　　　　　　b)

图 3-1-46　前后针床状态

a) 针对齿　b) 针对针

因前后针床状态不一致,编织和翻针通常要拆行进行,以双系统桂花针花型为例,如图 3-1-47 所示。但当某行编织都为单面时,即同一枚针上只有一面针床出针,而另一面针床不动作时,可以采用针对针编织,使编织和翻针同行进行,如图 3-1-48 所示,从而减少行程,提高编织效率。

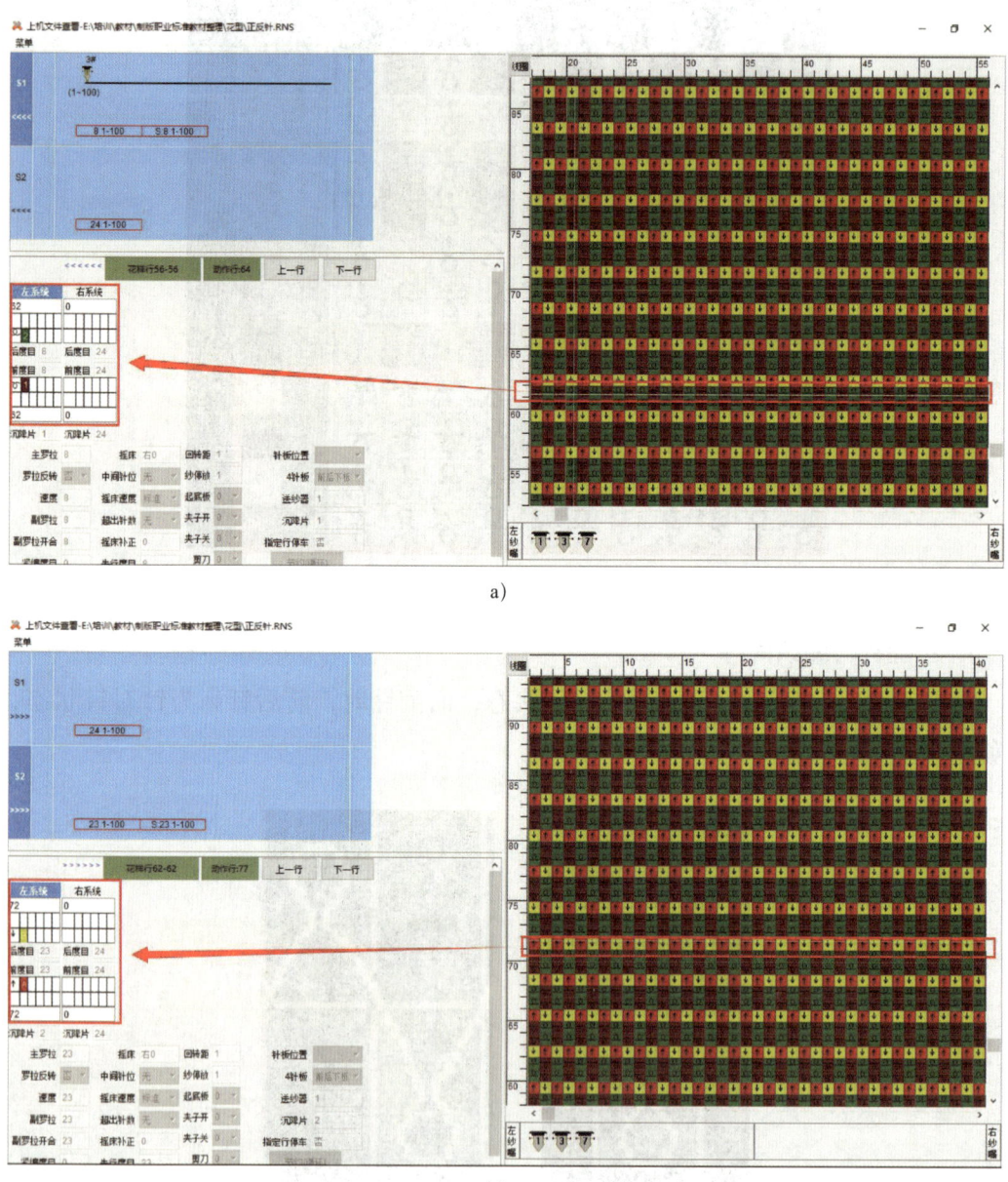

图 3-1-47 编织与翻针不同行
a)编织行 b)翻针行

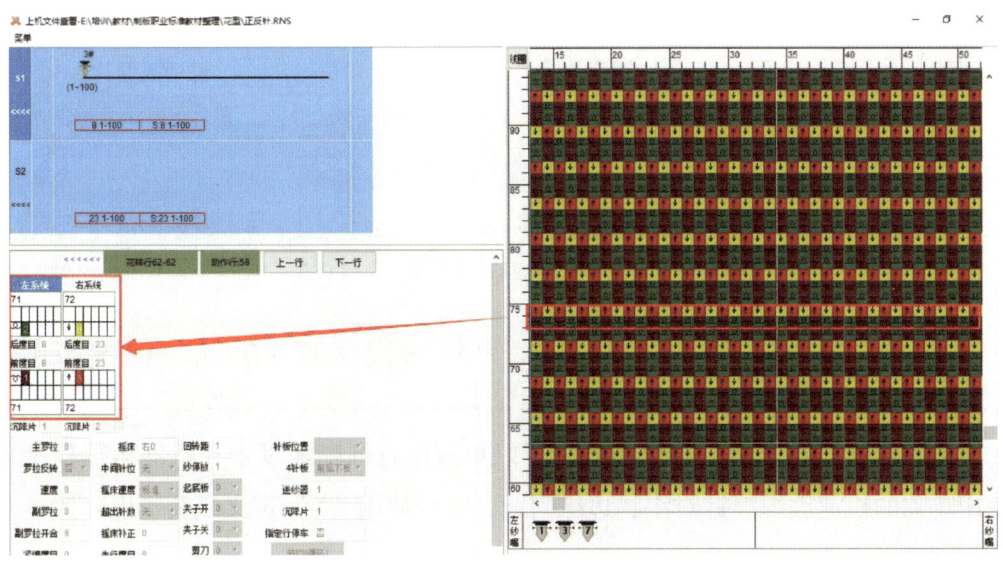

图 3-1-48 编织与翻针同行

二、斯托尔 M1plus 制版系统

1. 纱嘴修正

YCI 参数表的表头如图 3-1-49 所示,其指令说明见表 3-1-7。

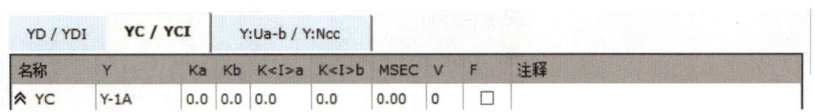

图 3-1-49 纱嘴修正参数表表头

表 3-1-7 参数表指令说明

指令	说明	数值范围
YC	直接进行纱嘴修正	
Y	1A 至 8D 纱嘴	
Ka	如果纱嘴位于织物范围内,纱嘴不摆动时的纱嘴修正值(机头向左)	最小值:-120 最大值:120 步宽: 0.5 nic=1/32 in=0.8 mm
Kb	如果纱嘴位于织物范围内,纱嘴不摆动时的纱嘴修正值(机头向右)	
K<I>a	嵌花纱嘴摆动时的修正值(机头向左)	
K<I>b	嵌花纱嘴摆动时的修正值(机头向右)	
MSEC	使用纱嘴时的机头速度	

续表

指令	说明	数值范围
V	降低纱嘴的机头速度。速度从机头折返点开始降低至75%，直到达到纱嘴的操作范围。最终可以在下列可能性中进行选择： 1= 加速至100% 2= 制动减速至50%，在5.08 cm的织物宽度上保持速度，再加速至100% 3= 制动减速至50%，在12.7 cm的织物宽度上保持速度，再加速至100% 0= 取消特定纱嘴的机头速度	
F	激活或禁用放针时自动跟踪纱嘴。如果纱嘴距离布边的距离太小，那么纱嘴将自动跟随织物边缘移动	

注意：针对花型中的特殊纱线，可以单独设置纱嘴速度，在机器运行程序时使用单独的机速编织。针对织物边缘问题，可以使用"V"定义机头折返降速，以减少因高机速造成的编织疵点。

2. 系统功能控制列

系统功能控制列设置菜单如图3-1-50所示，其图标功能见表3-1-8。

图3-1-50　系统功能控制列设置菜单

表3-1-8　系统功能控制列设置菜单图标的功能

图标	功能
浮雕编织/毛圈地纱	使用系统功能地纱
浮雕编织/毛圈图案纱	使用系统功能花型纱
前深下拉	使用集圈深度下拉系统功能。 需要对三角座进行改装，安装专用三角座。编织时通过相对针板上行的织针将织物向下按住
后深下拉	
前后深下拉	

续表

图标	功能
仅前板通过分针曲线成圈	只在前针床使用通过分针曲线成圈的系统功能。 $$n-m；前板通过分针曲线成圈，后板通过编织曲线成圈
仅后板通过分针曲线成圈	只在后针床使用通过分针曲线成圈的系统功能。 n-$$m；前板通过成圈曲线成圈，后板通过分针曲线成圈
前后板通过分针曲线成圈	在前后针床使用通过分针曲线成圈的系统功能。 $n-m；前后板通过分针曲线成圈
不沉圈集圈仅在前板	使用集圈织针动作作为不下沉集圈。 在花型参数—设置—附加设置标签选项卡里激活这个功能，用于所有工艺行。需要对三角座进行改装
不沉圈集圈仅在后板	
不沉圈集圈在前板和后板	
未确定	无系统功能设置

三、岛精 SDS-ONE 制版系统

1. 编织系统工作原理

（1）单系统机工作原理。单系统机在同一编织行中有编织和翻针动作时，机头共需运动三次，第一次先编织，第二次回到翻针位置做翻针动作，第三次回到带纱嘴位置，其中一次为空车行。

（2）多系统机工作原理。

1）多系统协同工作。双系统机在同一编织行中有编织和翻针动作时，机头只需运动一次，即第一系统编织，第二系统做翻针动作即可完成，相比单系统机减少了两次运动。三系统机可以做翻针＋编织＋翻针或编织＋翻针＋编织，在编织复杂花样时，具有较高的编织效率。

2）指定系统编织工作原理。多系统机编织时可以根据需要任意指定一个或多个系统进行工作，目的是达到编织要求或减少空程、提高编织效率，如指定 S1 系统编织、S2 系统翻针；或者使用双系统机、一个纱嘴编织时，右行使用 S1 系统编织，左行使用 S2 系统编织，可以缩短机头动程，提高效率。

2. 针床摇床移动规则

（1）左右摇床先后顺序。岛精电脑横机普通机型为两针床结构，前针床固定、后针床可以左右移动各 1 in，粗针机具有前后双摇床结构。在一个编织行中有向左或向右摇床的需求时，系统默认先执行向左摇床，后向右摇床。例如，同一行中

描绘有 61、71 号色时,摇床系统先执行 61 号色向左摇床翻针,再执行 71 号色向右摇床翻针,执行顺序如图 3-1-51 所示。

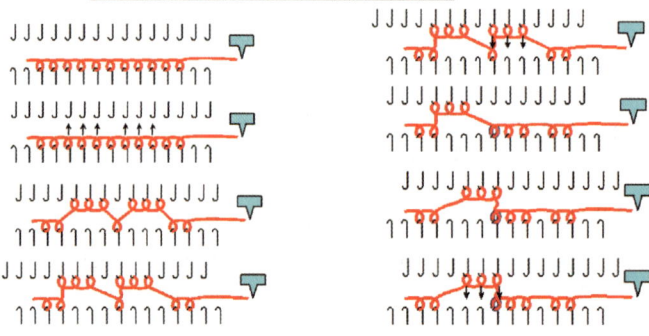

图 3-1-51 摇床顺序执行示意图

（2）移针执行规则。同方向有移针时,根据移针的针距大小先执行移动距离小的移针,再执行移动距离大的移针。如同一行中描绘有 61、62 等号色时,先执行 61 号色,再执行 62 等号色的移针动作。如同一行中描绘有 61、62、63、71、72、73 号色时,执行的顺序为：61、71、62、72、63、73 号色。

（3）单向移针与交叉移针动作执行顺序。同一行中有单向移针和交叉移针的编织动作时,先执行单向移针动作,再执行交叉移针动作。编织+翻针色码为 20、29、30、39 号色,且与 4、5 等号色在同一行时,先执行翻针动作,再执行交叉移针动作。

3. 优化编织效率

在自动控制设定中设置"提高衔接花样编织效率""优先处理衔接""编织优先（N 行 N 系统）",以及在花样展开中提高编织行、无空车（L1 填写 7 号色）的优化方案,如图 3-1-52 所示。

（1）提高衔接花样编织效率。这一设置在每两行就有一次翻针的花样进行单面编织时使用,根据翻针位置系统自动处理将减少机头转距,缩短编织时间。如编织两行正针两行反针组织时,有以下两种方案。

1）不勾选时,在编织过程中始终使用 1 系统编织、2 系统翻针,如图 3-1-53a 所示。

2）勾选时,编织、翻针时自动识别 1、2 系统转换,翻针时使用 1 系统编织、2 系统翻针或 1 系统翻针、2 系统编织,从而减少了机头动程,如图 3-1-53b 所示。

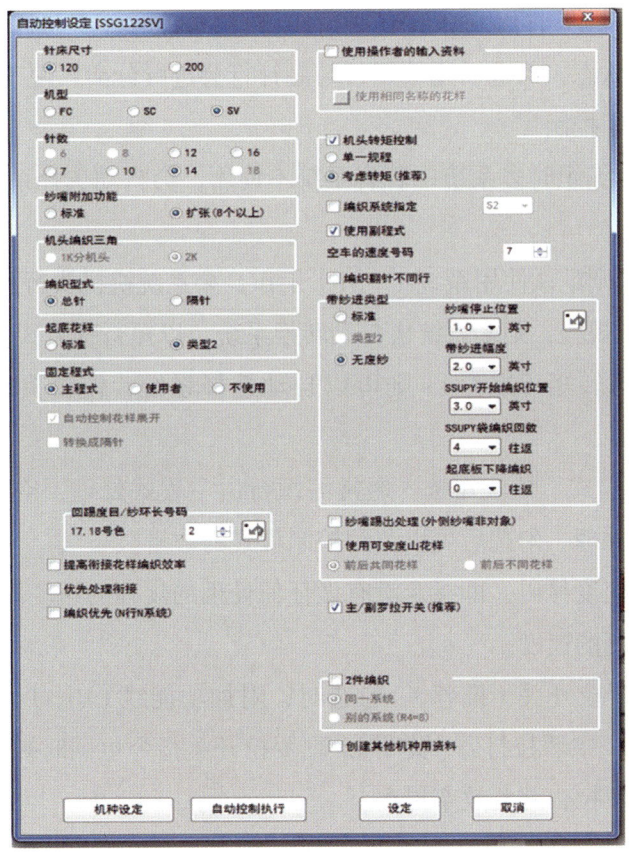

图 3-1-52 自动控制设定界面

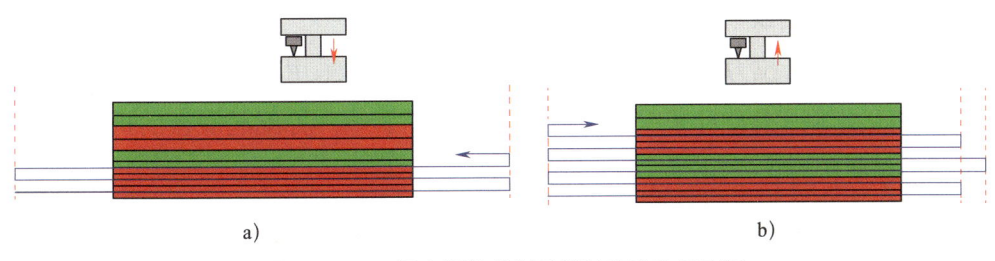

图 3-1-53 提高衔接花样编织效率动作示意图
a）不勾选　b）勾选

（2）优先处理衔接。这一设置用于处理同一行的移针和衔接，通常是先做移针的翻针，再做衔接的翻针。

（3）编织优先（N 行 N 系统）。编织行上有移针或翻针时，勾选"编织优先（N 行 N 系统）"会分成编织和翻针，如开领时两侧相距 1 in 以上的部分可使用双系统编织；小于 1 in 部分的编织和翻针不分离，以单系统方式编织，以减少机头动程，可以提高编织效率。

（4）编织翻针不同行。在同一行中有编织与翻针时，不易调节卷布拉力以应对编织或翻针的状态，勾选后则编织行与翻针行会进行分离，便于调整卷布拉力。

（5）机头转矩控制。

1）勾选，则编织时多系统中若有系统不使用，会自动选择系统以缩短机头的转矩。

2）不勾选，则默认使用系统1（S1）工作，多系统机机头行程较大。

3）勾选单一规程，则多系统机自动转换系统，以短行程方式工作。

4）勾选考虑转矩（推荐），则可以自动选择系统，使机头动程缩短，效率提高。

（6）使用副程式。默认勾选。通常编织行由主程式处理，空车及翻针会发生的情况由副程序处理。勾选后可以节约控制程式的数量。

（7）空车的速度号码，即指定没有做任何处理的规程的速度段号。默认为第7段，可以设定较高的速度。

（8）主/副罗拉开关（推荐）。勾选时，附加功能线L10、L11指定101~199（卷布号码1~99+主罗拉打开/关闭），副罗拉开关指令也同时被指定。开关主罗拉的同时开关副罗拉，开关效率提高。

以上选项，在编译时根据编织动作进行相应的选择，可以优化编织动作，减少编织时间，从而提高编织效率。

4. 改善大身编织牵拉力

编织过程中牵拉力的稳定与有效是重要的因素。采用起底板时，起底纱的材质、拉力匹配等因素会对编织稳定性造成一定的影响。标配起底板的机型牵拉方式可分为起底板直接作用法与主罗拉作用法。

（1）起底板直接作用法。使用程序直接生成，其特点是用纱量少、速度快，但对调整拉力、设定主罗拉开关等操作会产生一定的影响。

（2）主罗拉控制法。主罗拉控制法是指在自动控制参数设定"固定程式"页，设定增加废纱编织行数，设定画面如图3-1-54所示；或修改程序，如图3-1-55所示。编织废纱到起底板退出工作、主罗拉闭合后，再开始编织大身，此时卷布拉力充分，作用力均衡，主罗拉可以开闭动作，利于顺利编织。也可以重新制作罗纹起底花样，增加废纱编织行数，以利于拉力的控制，但这样做的缺点是废纱使用多、费时。

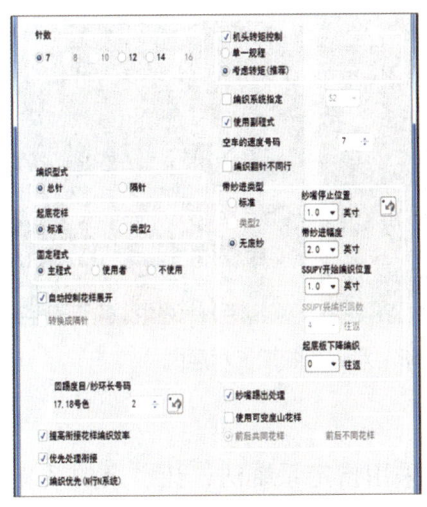

图 3-1-54 自动控制画面

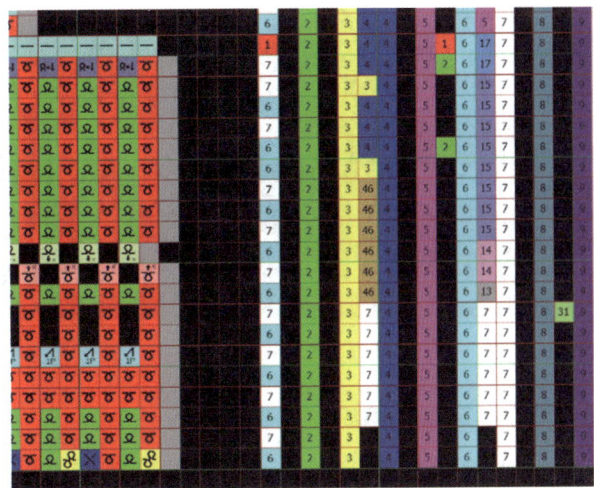

图 3-1-55 手动描绘起底花样示意图

5. 收针移圈时放松线圈

在挂肩无边收针时，若多个线圈同时移针，则线圈较紧，易发生断纱。可以采用交错翻针、松线圈法、两段密度法予以改善。无边收针交错翻针描绘如图 3-1-56 所示，空针翻针松线圈描绘如图 3-1-57 所示。

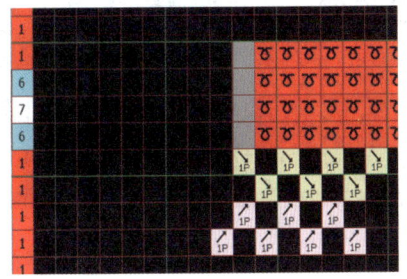

图 3-1-56 无边收针交错翻针示意图

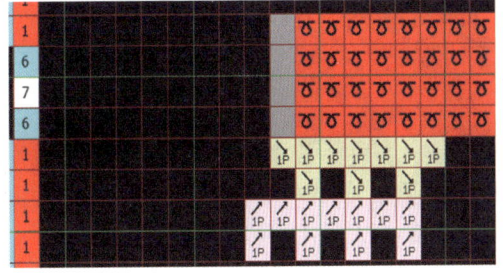

图 3-1-57 空针翻针松线圈示意图

6. 交叉移圈的编织程序

在多针绞花制版中，移圈距离较大，易发生断纱。为减少断纱，保证外观效果，可以使用多种加长线圈法改善移圈的可靠性。

（1）单侧线圈加长法。单侧线圈加长法适用于密度较松或纱线强力一般的情形，既能满足不断纱的要求，交叉的线圈加长又不明显，如图 3-1-58 所示。

（2）双侧线圈加长法。当单侧线圈加长不能满足要求时（如强力较小的羊绒纱），可以使用双侧线圈加长法，使加长的长度总量增加，如图 3-1-59 所示。如果还不能满足，则前后使用四平进行加长，但被加长的线圈正面较长，效果欠佳，如图 3-1-60 黑色箭头所指处。

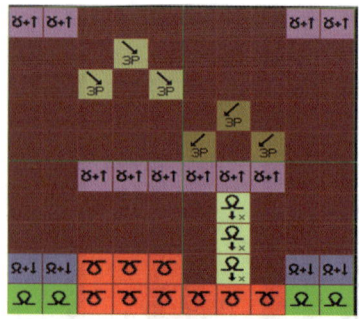
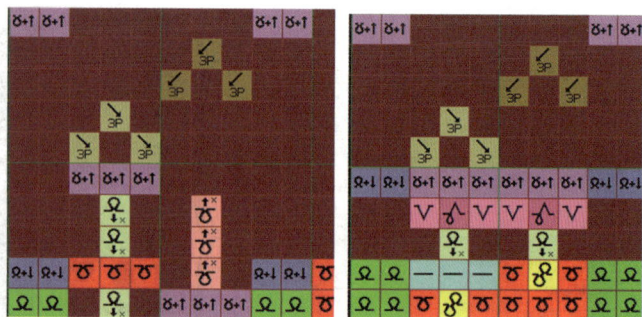

图 3-1-58 单侧线圈加长示意图　　　　图 3-1-59 双侧线圈加长示意图

7. 指定系统编织

利用多系统机的优势，编织某些花样时可以采用指定系统法，让空余的系统进行工作，以减少编织行数。如绞花中的线圈落布，单系统机需要 1 转，指定双系统工作时减少为 1 行，如图 3-1-61 所示。

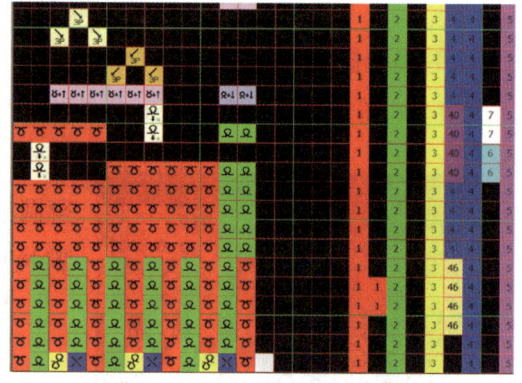

图 3-1-60 前后使用四平加长线圈效果　　　　图 3-1-61 指定双系统工作示意图

缩减编织行数的方法有很多，应根据电脑横机的动作顺序、机器类型、编织需求调整编织步序，设定合理的速度，与拉力和密度配合，在达到编织质量要求的前提下提高效率。

四、无缝内衣机制版系统

由于试样编织以后才可以看到样品真实的整体情况，因此，在出现以下常见问题时通常需要进行制版程序的优化才能达到要求。

1. 工艺单要求的尺寸不准确

这里包括工艺单要求的整体尺寸和花型各部位的位置、尺寸不准确，此时需要核准相关位置和尺寸。

2. 花型结构与原样不一致

此时需要重新分析原样，并修改花型结构图。

3. 织物重量与要求不符

此时需要在修改上述两项之后，改变织物密度和纱线编织张力。

根据试样编织情况优化制版程序

一、睿能 KDS 制版系统

1. 双系统优化

步骤 1 查看花样纱嘴编号（见图 3-1-62）

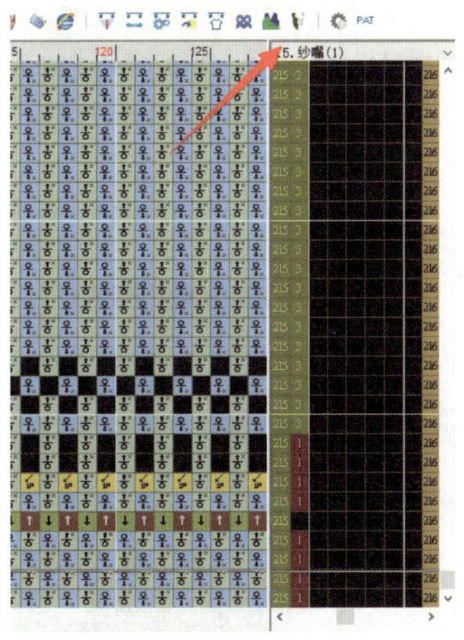

图 3-1-62 花样纱嘴编号

步骤 2 使用画笔工具修改纱嘴编号（见图 3-1-63）

若需要修改多行，可以使用线性复制工具，选择最小循环后，点击鼠标拖曳复制，如图 3-1-64 所示。

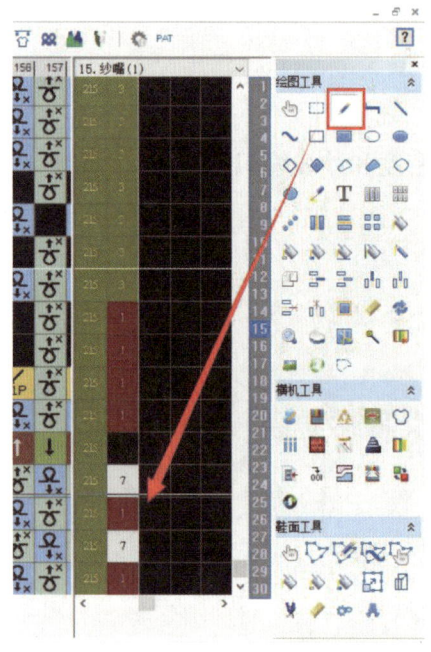
图 3-1-63 修改纱嘴编号

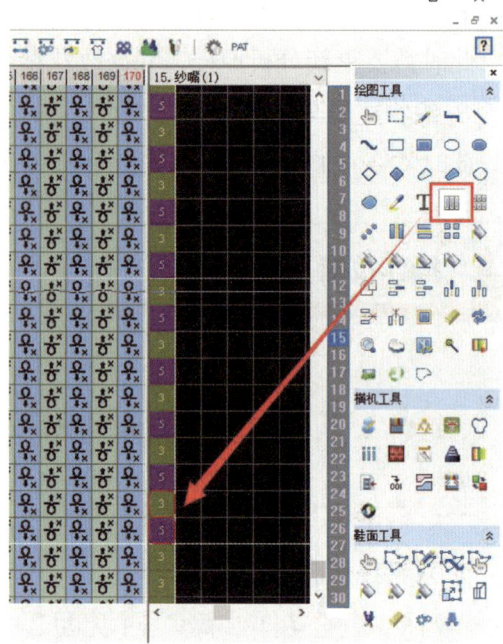
图 3-1-64 线性复制纱嘴编号

步骤 3 编译查看结果文件

废纱部分 1 号与 7 号两个纱嘴分别由两个系统控制,同时编织两行花样,如图 3-1-65 所示。

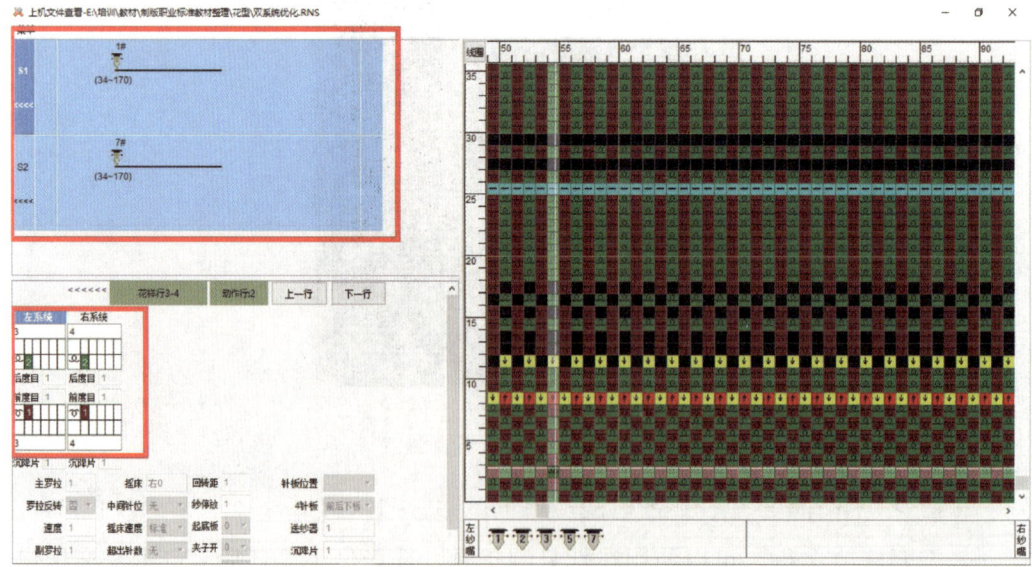
图 3-1-65 双系统同时编织

2. 编织与翻针同行（以桂花针花样为例）

步骤 1　打开花样（见图 3-1-66）

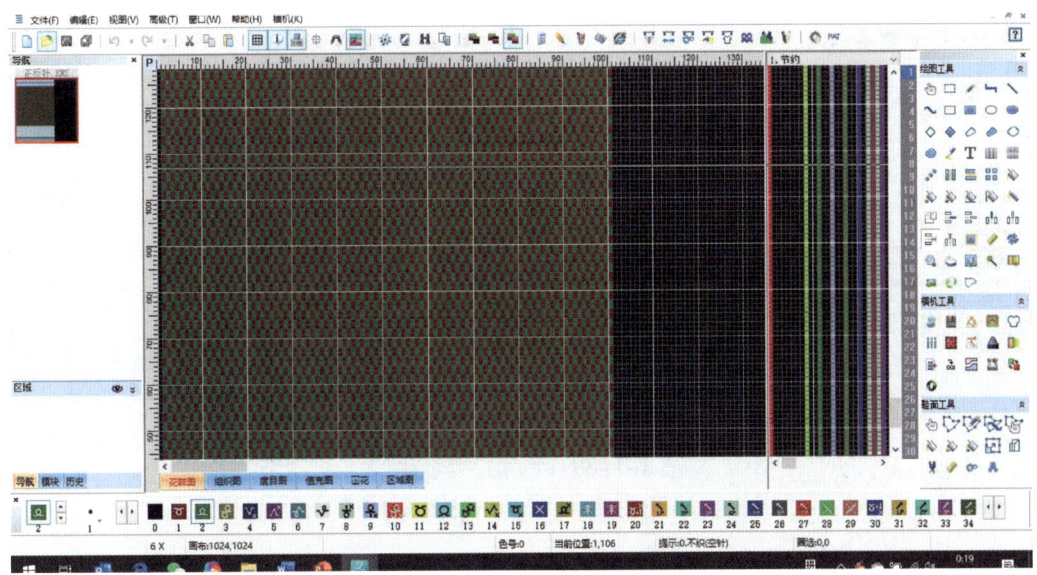

图 3-1-66　打开花样

步骤 2　编译

在编译时，勾选自动 * 位功能，如图 3-1-67 所示。

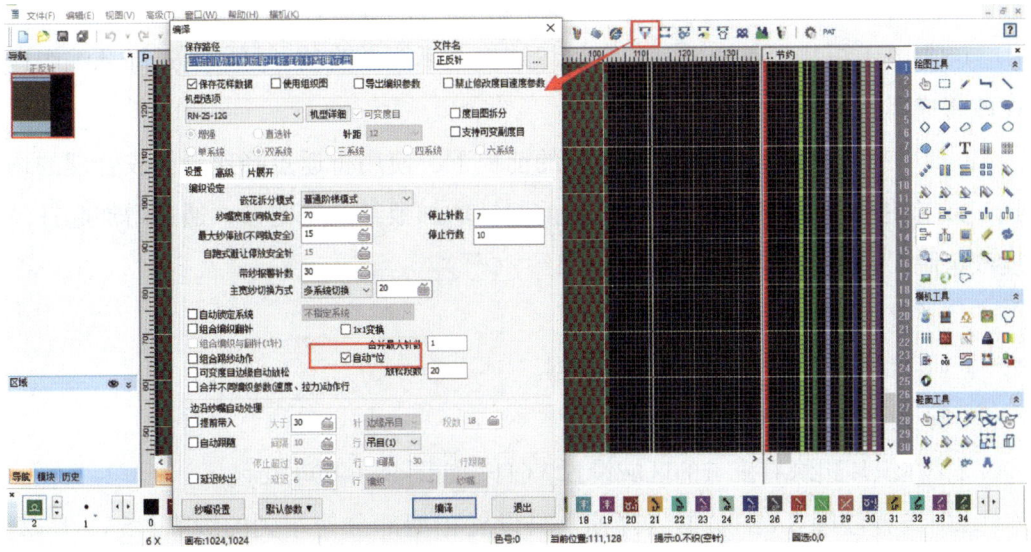

图 3-1-67　自动 * 位选项

步骤3　查看并对比两种编译结果

选择针对针编织时，行数比针对齿编织时减少，如图 3-1-68 所示。

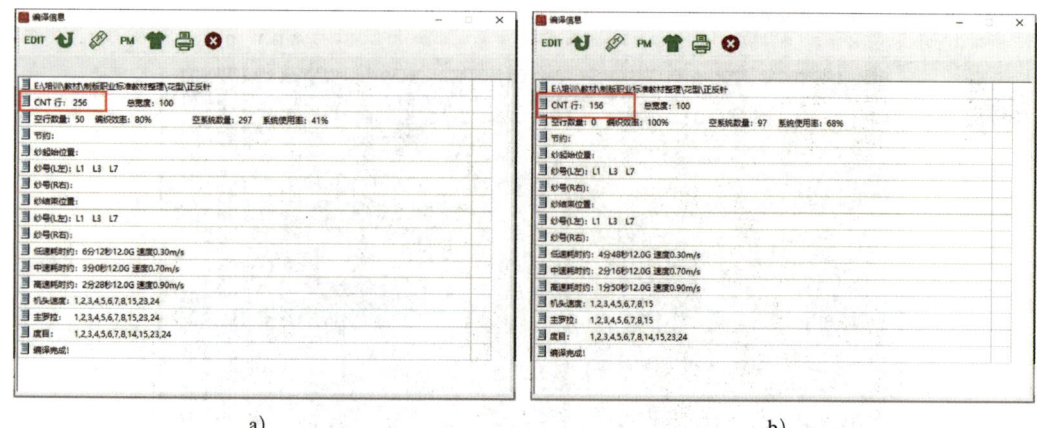

图 3-1-68　查看比对编译结果

a）针对齿编译结果　b）针对针编译结果

二、斯托尔 M1plus 制版系统

以 E16 单面平针紧密度编织后片，使用 QL010-H 花型为例。

步骤1　分析试样，找出需改进的地方

（1）织片密度紧，边缘不规律出现脱圈不完全形成的集圈（俗称蝴蝶针）。

（2）由于机速较高，织片边缘垫纱不稳定，形成豁边。

（3）由于织片为单面平针，在组织结构上不能做改动，可以通过降低编织速度改善成圈的稳定性。

（4）在不影响整个布片编织效率的前提下，使用折返点降速是比较合理的选择。或者使用分针曲线编织，通过提前起针增加喂纱的稳定性，通过增加起针高度改善脱圈问题。

步骤2　程序优化

（1）打开花型程序，导入模型花型。

（2）设置折返点降速。

1）在织片边缘有疵点的区域设置 YCI1，如图 3-1-69 所示。

2）设置纱嘴 5A 的折返点降速。只设置花型部分使用到的纱嘴：5A，$V=2$。在机器编织到 YCI1 区域时，机头在织片两侧 2 in 范围使用 50% 的当前设置机速进行编织，织片中间区域恢复设置编织速度，如图 3-1-70 所示。

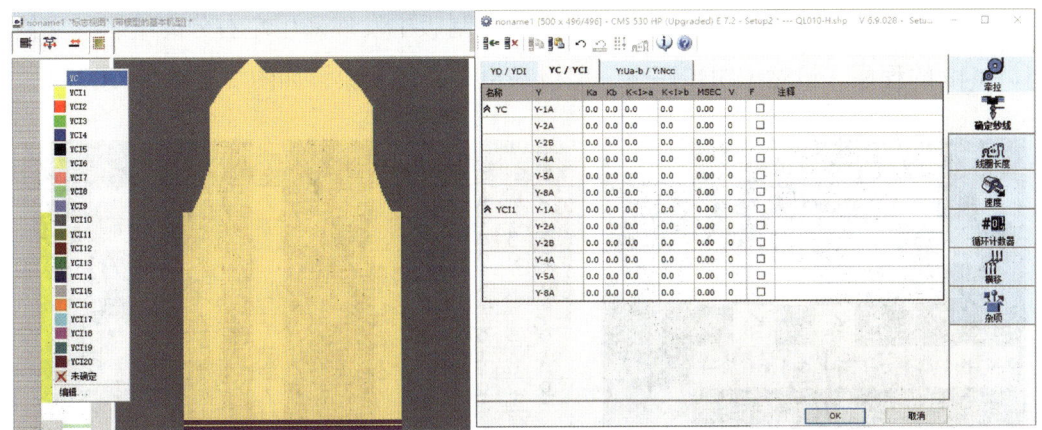

图 3-1-69　在花型中设置 YCI1

名称	Y	Ka	Kb	K<I>a	K<I>b	MSEC	V	F	注释
⋁ YC	Y-1A	0.0	0.0	0.0		0.00	0	☐	
⋀ YCI1	Y-1A	0.0	0.0	0.0		0.00	0	☐	
	Y-2A	0.0	0.0	0.0		0.00	0	☐	
	Y-2B	0.0	0.0	0.0		0.00	0	☐	
	Y-4A	0.0	0.0	0.0		0.00	0	☐	
	Y-5A	0.0	0.0	0.0		0.00	2	☐	
	Y-8A	0.0	0.0	0.0		0.00	0	☐	

图 3-1-70　设置 5 号纱嘴在机头折返时降速 2 in

3）关闭设置窗口。

（3）设置分针曲线功能。

1）打开系统功能 ⚙ 控制列。

2）将图标 ⚙ 填充到织片边缘有疵点的区域。注意：使用分针曲线编织时，花型行中不能同时出现集圈。

步骤 3　完成程序，上机调试

（1）运行程序，重新处理上机程序。

（2）保存程序并导出。

三、岛精 SDS-ONE 制版系统

步骤 1　分析试样，找出需改进的地方

（1）毛圈组织试样分析。编织毛圈时，起圈横列需进行固圈、落布（落圈）处理，编织图如图 3-1-71 所示。分析图中的程序，可见右侧边针有集圈，可能下一行编织中会出现掉边针、松边、破边的现象，因此应改用两个纱嘴、双系统机进行编织，或指定双系统进行编织，以增加稳定性。

（2）绞花试样分析。在 4×4 绞花试样的制版中发现采用左右分离编织、交错移针 4P 的程序，虽然编织步序少，但极易出现断纱现象，如图 3-1-72 所示。

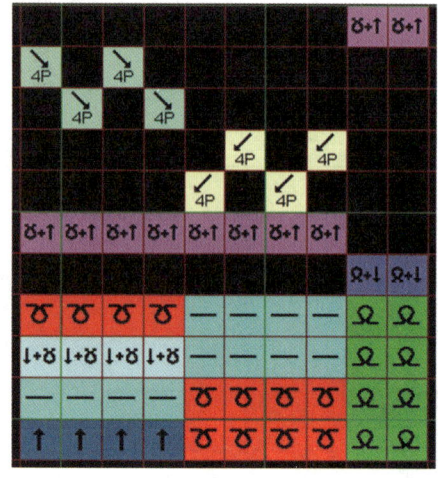
图 3-1-71　毛圈编织示意图

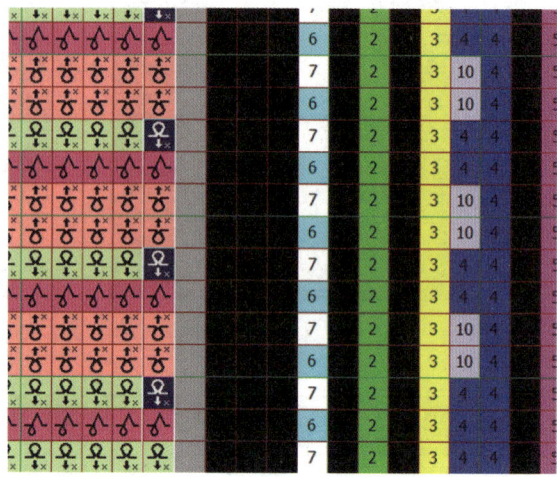
图 3-1-72　绞花编织示意图

（3）三色提花以及多个纱嘴编织。在三色提花中以及使用多个纱嘴编织时，若使用双系统机器，往往会出现机头空跑的现象。

步骤 2　程序优化

（1）毛圈编织程序优化

1）使用 2 个纱嘴。对于边针集圈易脱落的情况，可以使用两个纱嘴，将两行分开编织，集圈后使纱线固定不动，织针上升时由另一个纱嘴编织，可以使集圈不易脱落。

2）使用指定双系统。指定双系统同时带纱嘴编织，集圈行在前、成圈行在后，利用成圈行的成圈编织使集圈行线圈稳定，毛圈脱圈时不会造成脱散，如图 3-1-73 所示。

（2）绞花编织程序优化

减少线圈移动的距离，将一次移动 4P 的交叉移圈分解为四次 2P 的交叉移圈，如图 3-1-74 所示，既减缓了线圈的拉伸，又提高了编织的稳定性。编织的行程不变，时间相同。

在此基础上还有加长线圈、翻针拉松、交错翻针等多种优化方式，但编织时间有所增加。

（3）指定纱嘴位置优化

1）纱嘴初始位置设定。当编织多纱嘴织物时，设置纱嘴的初始位置在布片左

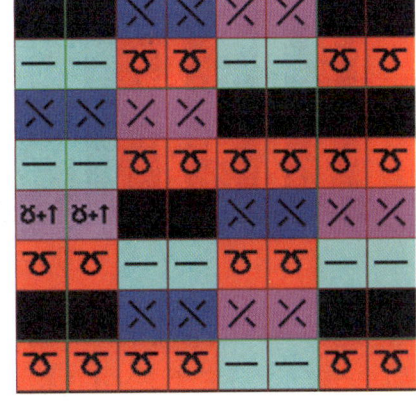

图 3-1-73 毛圈程序修改示意图　　图 3-1-74 绞花程序修改示意图

侧或右侧，配合多系统的指定，可以减少空车（空跑）行数，提高编织效率。

例如，编织三色提花时，为了减少机头空跑次数，可以采用双系统编织机，使用 6 把纱嘴进行编织。如图 3-1-75 所示，使用 1、2、3、4、5、6 号纱嘴进行编织，1、2、5、6 号纱嘴设置在左侧，3、4 号纱嘴设置在右侧。

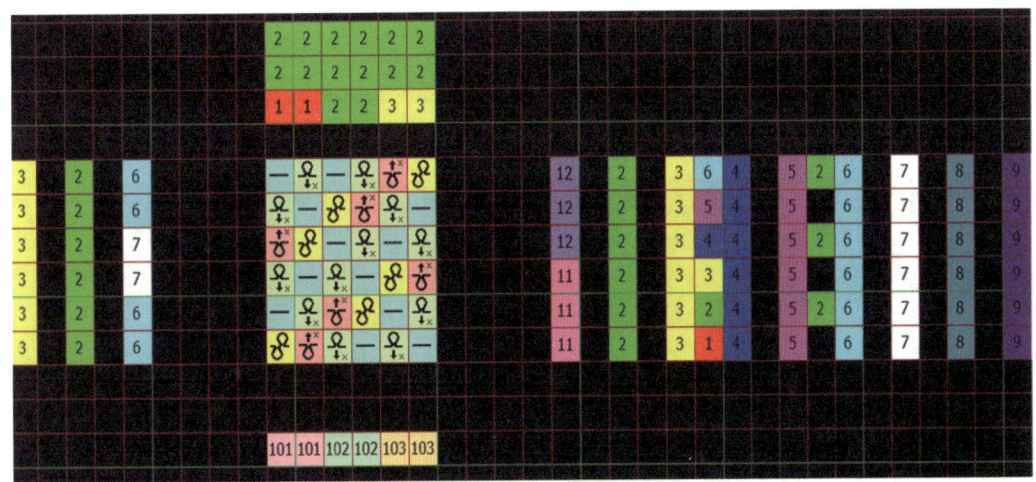

图 3-1-75 纱嘴设置示意图

2）设置纱嘴的编织顺序，用于提高编织效率。编织四色提花时，采用双系统机型，使用 1、2、3、4 号共 4 把纱嘴，将 12、34 编织顺序改为 12、34、34、12，使空车行数减少为零，如图 3-1-76 所示。

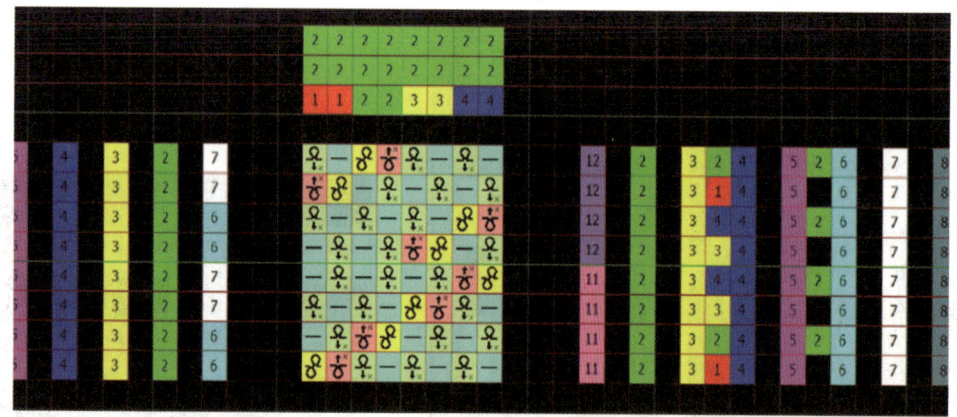

图 3-1-76 编织顺序设置示意图

四、无缝内衣机制版系统

步骤 1 分析试样，找出需要改进的地方

（1）尺寸不准确。裤腰下机尺寸为 36.5 cm、腰高 2.5 cm，如图 3-1-77 所示；实际要求裤腰尺寸为 26 cm，腰高 3 cm，如图 3-1-78 所示。此时需要调整橡筋张力、线圈密度等。

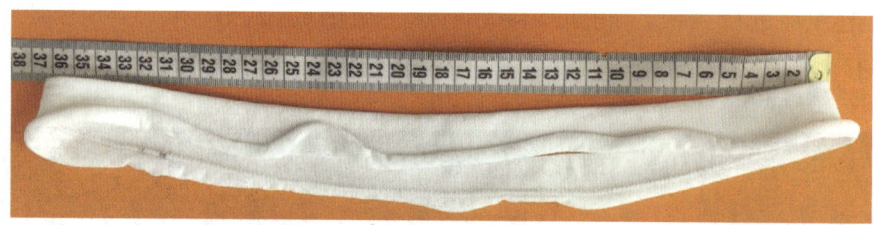

图 3-1-77 裤腰下机尺寸

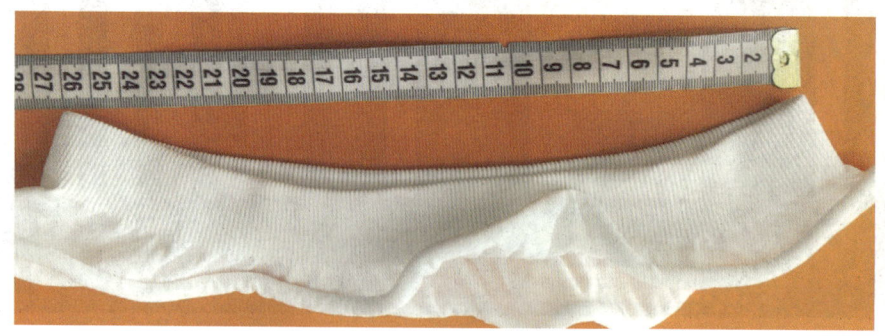

图 3-1-78 裤腰实际要求尺寸

（2）花型结构与原样不一致，需要重新分析原样，并修改花型结构图。同样参见图 3-1-77 和图 3-1-78，若下机后发现结构错误，重新修改结构 1×1 罗纹为 1×3 罗纹，则结果能够满足原样要求。

（3）织物重量与要求不符。需要在修改上述两项之后，改变织物密度和纱线编织张力，以调整织物重量。

步骤 2　优化程序和花型

步骤 3　需要多次反复进行优化，直到与工艺单要求完全一致

培训课程 2 质量控制

学习单元1　核验成型服装工艺

掌握根据参考样核验成型服装工艺的方法。

纬平针圆领、V领等背肩、平肩成型服装工艺分析的知识参考本书职业模块2培训课程2学习单元1制作纬平针组织的圆领、V领等背肩、平肩成型服装工艺单的内容。

根据参考样核验工艺单

步骤1　分析参考样

仔细阅读圆领套衫的成型服装编织工艺单,按照工艺单画出平面款式图,并对各个部位按照顺序进行标注。

对照样衣和平面款式图，将编写成型服装编织工艺单需用到的参数进行标注。将样衣放置在光滑的桌面上，整件样衣舒展轻轻拍平，不可拉伸（见图3-2-1a）。使用标准皮尺按图3-2-1b所示的标示测量样衣各部位的尺寸，检查工艺单对应部位尺寸是否相同。

（1）检查样衣。对照平面款式图得到结果，样衣结构与平面款式图基本一致。

a)

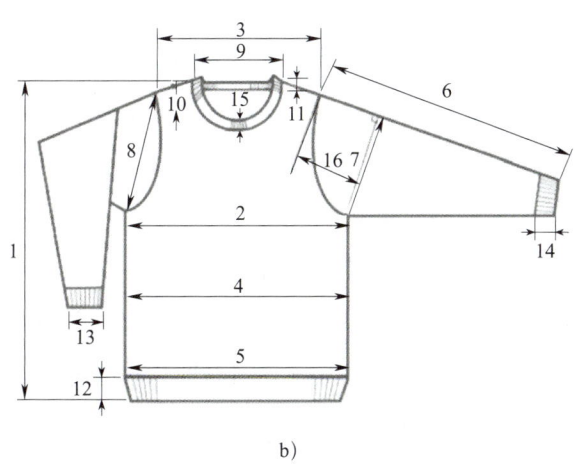

b)

图3-2-1 样衣和款式图

a) 样衣照片 b) 平面款式图

（2）按照平面款式图对样衣各个部位进行测量并记录，平面款式图中各个部位的名称及其尺寸见表3-2-1。

1）衣长。衣长是从领肩缝线处（内肩点）垂直到下摆罗纹边缘的长度，得到尺寸为68 cm。

表 3-2-1　圆领套衫测量尺寸表

序号	部位名称	尺寸/cm	序号	部位名称	尺寸/cm
1	衣长	68	9	领宽	19
2	胸宽	54	10	前领深	8
3	肩宽	44	11	后领深	2
4	腰宽	54	12	下摆罗纹高	8
5	下摆宽	52	13	袖口罗纹宽	9
6	袖长	59	14	袖口罗纹高	8
7	袖宽	19	15	领条高	2
8	挂肩	24	16	袖山高	12

2）胸宽。胸宽是袖窿点（挂肩底）下 2~2.5 cm 处横量的最大宽度，得到尺寸为 54 cm。

3）肩宽。肩宽是左右两侧肩与袖子缝线（外肩点）之间的宽度，得到尺寸为 44 cm。

4）腰宽。腰宽是从内肩点垂直向下按腰距尺寸取得腰节的位置，在此位置横向量取的宽度。此样衣腰节处平直无收腰，故不用测量。

5）下摆宽。下摆宽是下摆罗纹与大身交界处向上 1~2 cm 处横量的最大宽度，得到尺寸为 52 cm。

6）袖长。袖长是从肩与袖子缝线（外肩点）直量到袖口罗纹边缘的长度，得到尺寸为 59 cm。

7）袖宽。袖宽是从袖窿点到袖中线的垂直距离，得到尺寸为 19 cm。

8）挂肩。挂肩是从袖窿点到外肩点的直线长度，称为挂肩斜量（度）。此处的量法有垂直量和弯量两种，弯量是指沿着袖窿曲线度量袖窿点到外肩点的长度，对工艺要求最严，得到尺寸为 24 cm。

9）领宽。领宽是两侧领子与肩缝线之间的长度，得到尺寸为 19 cm。

10）前领深。前领深是内肩点与前领底缝线之间的垂直距离，得到尺寸为 8 cm。

11）后领深。后领深是内肩点与后领底缝线之间的垂直距离，得到尺寸为 2 cm。

12）下摆罗纹高。下摆罗纹高是从下摆罗纹与大身交界线处到罗纹边缘的垂直距离，得到尺寸为 8 cm。

13）袖口罗纹宽。袖口罗纹宽是袖口罗纹边缘的宽度（或有指定的罗纹中部或上部交界线的宽度），得到尺寸为 9 cm。

14）袖口罗纹高。袖口罗纹高是从袖口罗纹与大身交界线处到罗纹边缘的垂直距离，得到尺寸为 8 cm。

15）领条高。领条高是指领罗纹的高度，得到尺寸为 2 cm，领子为双层 1×1 罗纹组织，故领子实际高为 4 cm。

16）袖山高。袖山高是指从肩与袖子缝线（外肩点）处直量到袖窿点与袖长垂直交点处，得到尺寸为 12 cm。

步骤 2　确认领型与肩型

（1）领型。如图 3-2-2 所示，领宽 19 cm，前领深 8 cm，整个领子成圆弧状，领型为挖圆领。

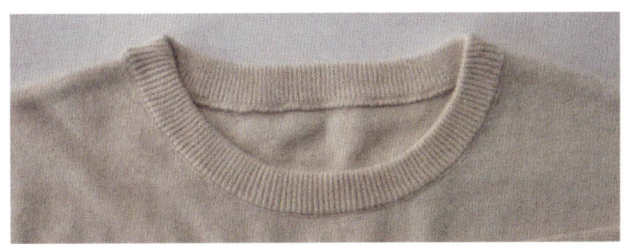

图 3-2-2　领型

（2）肩型。如图 3-2-3 所示，前片和后片肩部缝合线均处于肩部顶端。前后片肩部对称，内、外肩点均在肩部的顶端，领子缝线处比袖肩缝合处稍高，缝合线靠后，前、后片肩上应当设置高度差，肩型是平斜肩型。

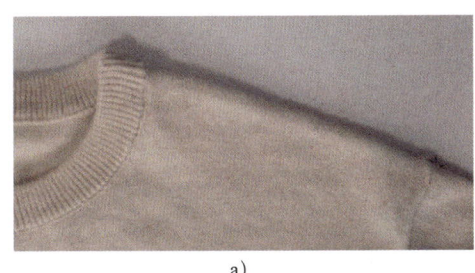 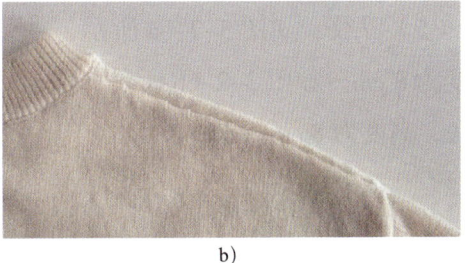

a)　　　　　　　　　　　　　　b)

图 3-2-3　肩型

a）肩正面　b）肩反面

（3）挂肩收针。如图 3-2-4a 所示，前、后片和袖子缝合处都有上下相连的线圈，收针痕迹不在最边上，收针痕迹离边缝有两针加套口两针。前、后片挂肩收针留边 4 支边，收针高度不超过挂肩高度的 1/3，袖子收针留边 4 支边，收针高度为挂肩的 2/3。挂肩夹下位置有平收针，如图 3-2-4b 所示，收针宽度约为 2 cm。

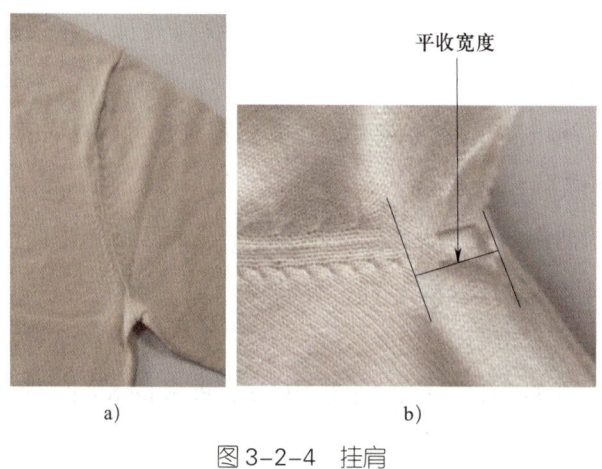

图 3-2-4 挂肩
a) 收针　b) 平收

（4）领子。如图 3-2-5 所示，领子为 1×1 罗纹，中间有空袋效果，领上无起底套口痕迹，领子为双层 1×1 罗纹组织，领条高 2 cm，罗纹高 4 cm。

图 3-2-5 领子

（5）罗纹。如图 3-2-6a 所示，袖口罗纹为 1×1 罗纹，袖口进行起底编织，高度为 8 cm。如图 3-2-6b 所示，前、后片下摆罗纹为 1×1 罗纹，最低处为罗纹起底，高度为 8 cm。

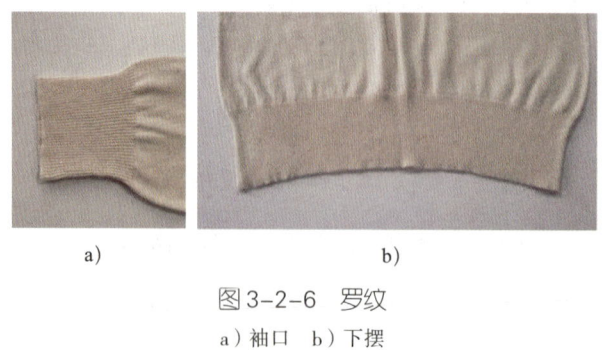

图 3-2-6 罗纹
a) 袖口　b) 下摆

（6）确认成型服装的织物组织。下摆罗纹、袖口罗纹、领罗纹为 1×1 罗纹，大身为纬平针组织。

步骤 3 核验工艺单参数

根据测量，样衣记录的尺寸数据与成型服装工艺单的尺寸相同，工艺单尺寸无错误。

检验核查工艺参数，如针数、转数、加针、收针。如图 3-2-7 所示，工艺单上有样衣密度，根据样衣尺寸和工艺单上的密度，对各部位参数进行验算。

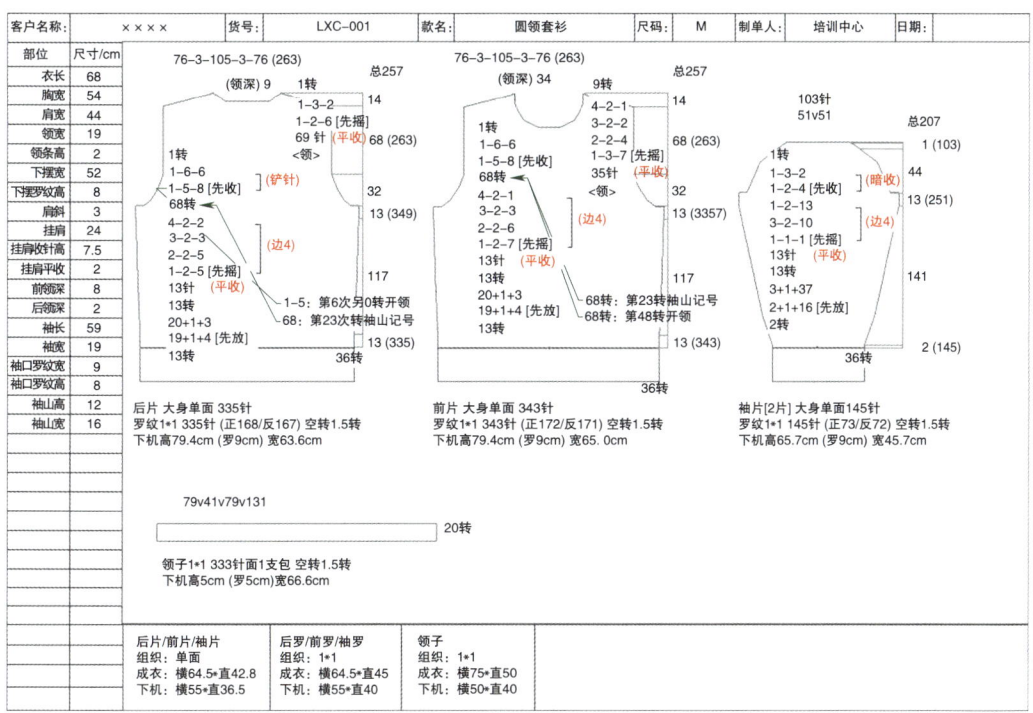

图 3-2-7 成型服装工艺单

（1）后片

如图 3-2-7 所示，对图中后片工艺参数进行计算还原，比对测量尺寸，若在允许范围内，则工艺单无误，可以进行样衣试织。

1）胸宽。

$$胸宽 =（胸宽针数 - 缝耗 \times 2）\div 横密 + 后折宽$$

$$=（349 针 - 2 针 \times 2）\div 6.45 针/cm + 1 cm$$

$$\approx 54.49 \text{ cm}$$

54.49 cm−54 cm=0.49 cm<1 cm，胸宽符合工艺要求。

2）下摆宽。

$$下摆宽 =（下摆针数 - 缝耗 \times 2）\div 横密 + 后折宽$$

$$=（335 \text{ 针} -2 \text{ 针} \times 2）\div 6.45 \text{ 针}/cm + 1 \text{ cm}$$

$$\approx 52.32 \text{ cm}$$

52.32 cm−52 cm＝0.32 cm<1 cm，下摆宽符合工艺要求。

3）肩宽。

$$肩宽 =（肩宽针数 - 缝耗 \times 2）\div 横密$$

$$=（263 \text{ 针} -2 \text{ 针} \times 2）\div 6.45 \text{ 针}/cm$$

$$\approx 40.16 \text{ cm}$$

40.16 cm ÷ 44 cm≈0.91，肩宽符合工艺要求。

4）领宽。

$$领宽 =（领宽针数 - 缝耗 \times 2）\div 横密$$

$$=（105 \text{ 针} -2 \text{ 针} \times 2）\div 6.45 \text{ 针}/cm$$

$$\approx 15.66 \text{ cm}$$

15.65 cm ÷ 19 cm≈0.82，领宽略偏小但基本符合要求。

5）下摆罗纹高。

$$下摆罗纹高 = 下摆转数 \div 罗纹纵密$$

$$=36 \text{ 转} \div 4.5 \text{ 转}/cm$$

$$=8 \text{ cm}$$

下摆罗纹高符合要求。

6）衣长。

$$衣长 =（衣长转数 - 缝耗）\div 纵密 + 下摆罗纹高$$

$$=（257 \text{ 转} -1 \text{ 转}）\div 4.28 \text{ 转}/cm + 8 \text{ cm}$$

$$\approx 67.81 \text{ cm}$$

68 cm−67.81 cm＝0.19 cm<1 cm，衣长符合工艺要求。

7）下摆罗纹。下摆罗纹采用下摆针数直接转换法设计，罗纹为1×1罗纹，针床相错，面包底排针，前床168条、后床167条。空转设计为罗纹起底后空转1.5转，使罗纹边口饱满、光洁、美观。下摆罗纹设计合理。

8）肩斜。

$$肩斜 = 肩斜转数 \div 纵密$$

$$=14 \text{ 转} \div 4.28 \text{ 转}/cm$$

$$\approx 3.27 \text{ cm}$$

3.27 cm ÷ 3 cm＝1.09，肩斜符合工艺要求。

9）挂肩。

①收针。

$$收针高度 = 收针转数 \div 纵密$$
$$= 32 \text{ 转} \div 4.28 \text{ 转}/\text{cm}$$
$$\approx 7.48 \text{ cm}$$

7.5 cm–7.48 cm＝0.02 cm，挂肩收针高度符合工艺要求。

$$收针宽度 = 收针针数 \div 横密$$
$$= 43 \text{ 针} \div 6.45 \text{ 针}/\text{cm}$$
$$\approx 6.67 \text{ cm}，其中 43 针为平收 + 收针数。$$

$$挂肩宽度 = (胸宽 - 肩宽) \div 2$$
$$= (54.49 \text{ cm} - 40.16 \text{ cm}) \div 2$$
$$\approx 7.17 \text{ cm}$$

6.67 cm÷7.16 cm≈0.93，挂肩收针宽度符合工艺要求。

$$挂肩平收 = 收针针数 \div 横密$$
$$= 13 \text{ 针} \div 6.45 \text{ 针}/\text{cm}$$
$$\approx 2.02 \text{ cm}，其中 13 针是工艺单平收数值。$$

2.02 cm–2 cm＝0.02 cm，挂肩平收宽度符合工艺要求。

收针分配比为：针数 10∶10∶10，即为 1∶1∶1；转数 5∶10∶17，约为 1∶2∶3。收针先急后缓符合收针要求。

②平摇。

$$挂肩高度 = (平摇转数 + 收针转数) \div 纵密$$
$$= (68 \text{ 转} + 32 \text{ 转}) \div 4.28 \text{ 转}/\text{cm}$$
$$\approx 23.36 \text{ cm}$$

23.36 cm÷24 cm≈0.97，挂肩高度符合工艺要求。

7.48 cm÷23.36 cm≈0.32，收针高度大约是挂肩的 1/3，符合工艺要求。

10）后领收针。后领收针分配为中落 69 针，1-2-6，1-3-2，1 转。

$$后领深 = 领深转数 \div 纵密$$
$$= 9 \text{ 转} \div 4.28 \text{ 转}/\text{cm}$$
$$\approx 2.10 \text{ cm}$$

2.10 cm–2 cm＝0.10 cm，后领深符合工艺要求。

收针为 9 转收针 18 针，领口平织 1 转，分配合理。

后片经验算得出结论为：除领宽略偏小外，其余各个部位工艺参数都符合工艺要求。

（2）前片

前片验算时，应与后片尺寸对比，横向尺寸中胸宽、下摆宽前、后片相差后折宽1~2 cm是在工艺允许范围内，肩宽和领宽前、后片相同；纵向尺寸除领深外前、后片各尺寸相同，如衣长、挂肩、肩斜等。

1）胸宽。

$$胸宽 =（胸宽针数 - 缝耗 \times 2）\div 横密$$
$$=（357针 - 2针 \times 2）\div 6.45针/cm$$
$$\approx 54.73\ cm$$

54.73 cm-54.49 cm+1 cm=1.24 cm，1.24 cm在工艺允许范围内，前片胸宽符合工艺要求。

2）下摆宽。

$$下摆宽 =（下摆针数 - 缝耗 \times 2）\div 横密$$
$$=（343针 - 2针 \times 2）\div 6.45针/cm$$
$$\approx 52.56\ cm$$

52.56 cm-52.32 cm+1 cm=1.24 cm，1.24 cm在工艺允许范围内，前片下摆宽符合工艺要求。

3）挂肩收针。收针分配比为：针数10∶12∶12，即为1∶1∶1；转数5∶10∶17，约为1∶2∶3。收针先急后缓符合收针要求。

4）前领收针。收针分配为中落35针，1-3-7，2-2-4，3-2-2，4-2-1，9转。

$$前领深 = 开领转数 \div 纵密$$
$$= 34转 \div 4.28转/cm$$
$$\approx 7.94\ cm$$

8 cm-7.94 cm=0.06 cm，前领深符合工艺要求。

前领收针转数为34转，收针针数为35针，圆领领口平织1/4为8.5转取9转，25转收针35针。收针分配比为：转数为8∶17，约为1∶2；针数为23∶12，约为2∶1。前领收针分配合理。

（3）袖子

检验尺寸及收针加针是否合适。

1）袖长。

$$袖长 = 总转数 \div 纵密 + 袖口罗纹高$$

$$= 207 \text{ 转} \div 4.28 \text{ 转}/\text{cm} + 8 \text{ cm}$$
$$\approx 56.36 \text{ cm}$$

56.36 cm÷59 cm≈0.96，袖长符合工艺要求。

2）袖宽。
$$\text{袖宽} = (\text{袖宽针数} - \text{缝耗} \times 2) \div 2 \div \text{横密}$$
$$= (251 \text{ 针} - 2 \text{ 针} \times 2) \div 2 \div 6.45 \text{ 针}/\text{cm}$$
$$\approx 19.15 \text{ cm}$$

19.15 cm−19 cm=0.15 cm，袖宽符合工艺要求。

3）袖口罗纹宽。
$$\text{袖口罗纹宽} = (\text{袖口针数} - \text{缝耗} \times 2) \div 2 \div \text{横密}$$
$$= (145 \text{ 针} - 2 \text{ 针} \times 2) \div 2 \div 6.45 \text{ 针}/\text{cm}$$
$$\approx 10.93 \text{ cm}$$

10.93 cm÷9 cm=1.22，袖口罗纹宽符合工艺要求。

4）袖山宽。
$$\text{袖山宽} = (\text{袖山针数} - \text{缝耗} \times 2) \div \text{横密}$$
$$= (103 \text{ 针} - 2 \text{ 针} \times 2) \div 6.45 \text{ 针}/\text{cm}$$
$$\approx 15.35 \text{ cm}$$

5）袖山高。
$$\text{袖山高} = \text{转数} \div \text{纵密}$$
$$= 44 \text{ 转} \div 4.28 \text{ 转}/\text{cm}$$
$$\approx 10.28 \text{ cm}$$

挂肩收针转数为44转，收针针数为61针，收针分配比为：转数为18∶31，约为1∶2；针数为40∶21，约为2∶1。挂肩收针分配合理。

6）挂肩。
$$\text{挂肩} = \sqrt{(\text{袖宽} - \text{袖山宽} \div 2)^2 + \text{袖山高}^2} + \text{袖山宽} \div 2$$
$$= \sqrt{(19.15 \text{ cm} - 15.35 \text{ cm} \div 2)^2 + (10.28 \text{ cm})^2} + 15.35 \text{ cm} \div 2$$
$$\approx 23.08 \text{ cm}$$

23.08 cm÷24 cm≈0.96，袖挂肩符合工艺要求。

7）袖加针验算。平收下面平摇13转，约3 cm，加针转数为127转，针数为53针，均匀收针分配合理。

（4）领条

领条针数记号为79∶41∶79∶131，尺寸比例为10.5∶5.5∶10.5∶17.5，尺寸比

例合理。

前、后片挂肩及袖子收针都有留 4 支边，经检验核算，各个衣片基本符合工艺指标要求，领子宽度稍微偏小，由于整体工艺没有发现问题，可试织之后再进行工艺单调整。

学习单元 2　核验成型服装制版程序

掌握根据参考样核验成型服装制版程序的方法。

一、成型服装轮廓的制版方法

毛衫的结构特点与领型、肩型、下摆等主要部位密切相关，不同结构的轮廓其制版成型方式也不同。

1. 领型

套衫基本款领型主要有圆领、V 领、半襟领、一字领等，不同领型制版成型方式不同。如图 3-2-8 所示为圆领、V 领的制版图，其中圆领领底中间部分留有一定针数，领边缘收针先快后慢，使衣领呈圆弧形状。

2. 肩型

毛衫常见肩型有平肩、背肩、插肩袖、马鞍肩等。

（1）平肩。平肩结构的特点是前、后片肩部对称，缝合线均处于肩部顶端，制版上前、后衣片肩型基本一致，如图 3-2-9 所示。

（2）背肩。背肩结构的特点是前片肩线为水平线，后片肩线为斜线，前、后衣片肩部缝合后，肩缝线处于肩部背后，如图 3-2-10 所示。

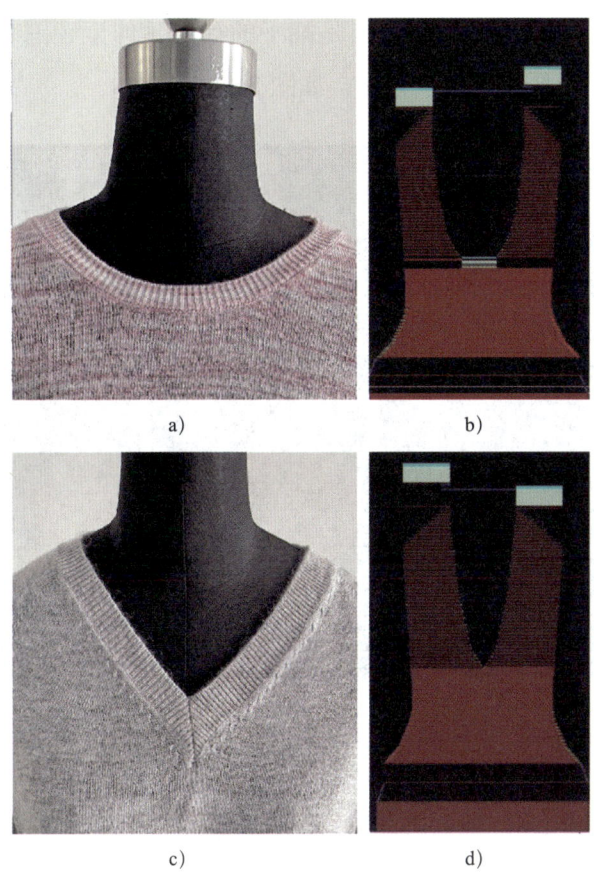

图 3-2-8 领型

a）圆领 b）圆领制版图 c）V 领 d）V 领制版图

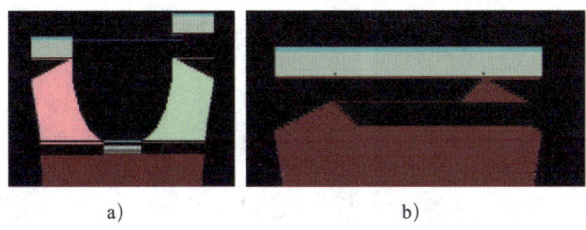

图 3-2-9 平肩制版图

a）前片 b）后片

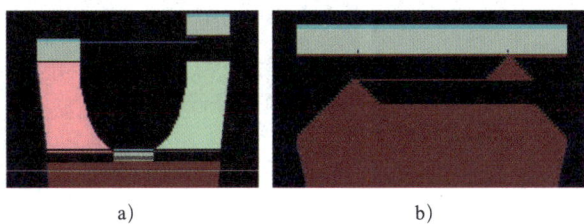

图 3-2-10 背肩制版图

a）前片 b）后片

(3)插肩袖。插肩袖结构的特点是袖子的袖山延伸至领围线,从前片与后片间插入,使肩部、袖部成为一个整体,如图3-2-11所示。

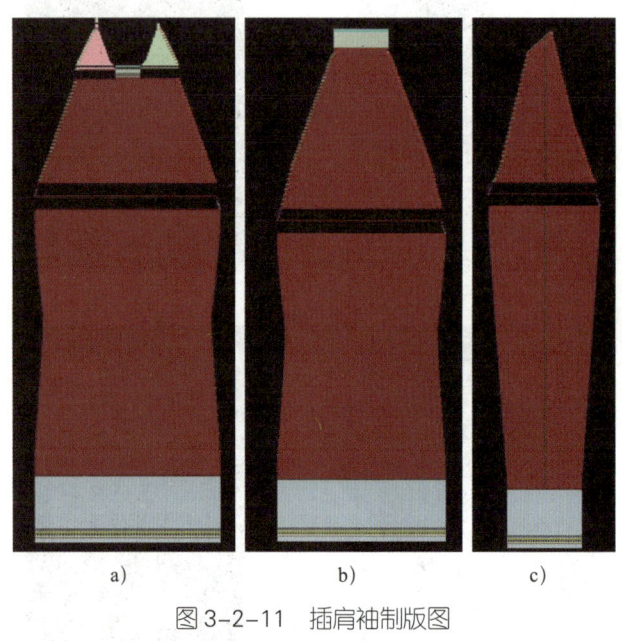

图 3-2-11 插肩袖制版图
a)前片 b)后片 c)袖片

(4)马鞍肩。马鞍肩是在插肩袖基础上加宽了袖山头,肩袖接缝处形似马鞍,如图3-2-12所示。与插肩袖相比,马鞍肩在前片增加了一定的宽度。

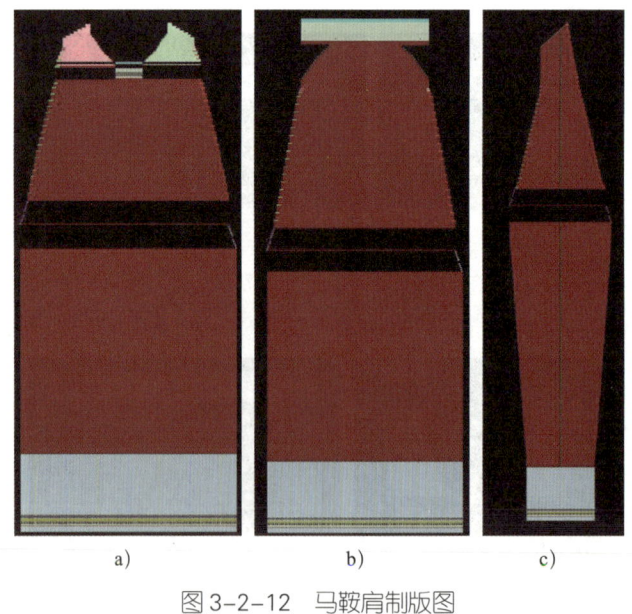

图 3-2-12 马鞍肩制版图
a)前片 b)后片 c)袖片

（5）袖身衔接。袖片与大身衣片的拼接线可以按照要求变换形状，不同工艺的衔接方式体现不同的性格倾向和设计感，在制版中可通过调节制版收针快慢顺序来实现，常见的有 S 型（快—慢—快）、折线型（先慢后快），如图 3-2-13 所示。

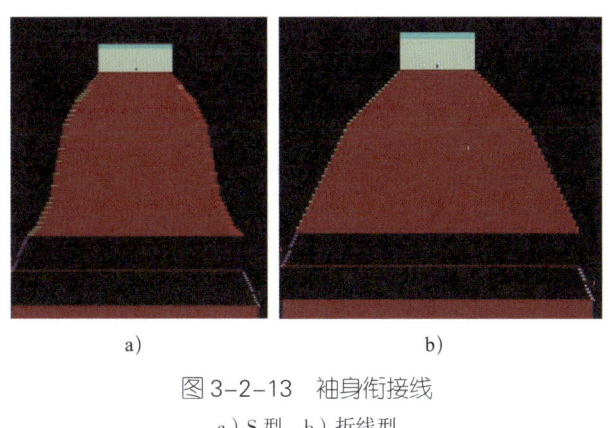

图 3-2-13　袖身衔接线
a）S 型　b）折线型

3. 下摆

常见的下摆结构有直筒结构、收腰结构、收摆结构等。罗纹至夹下衣片轮廓呈一直线，在制版上针数没有变化的为直筒结构，如图 3-2-14a 所示。罗纹至夹下先收再放，使之在腰部呈现收缩结构的为收腰结构，如图 3-2-14b 所示。罗纹至夹下放针，使之呈倒梯形状态，其胸、腰部分的宽度均大于罗纹宽度的为收摆结构，如图 3-2-14c 所示。

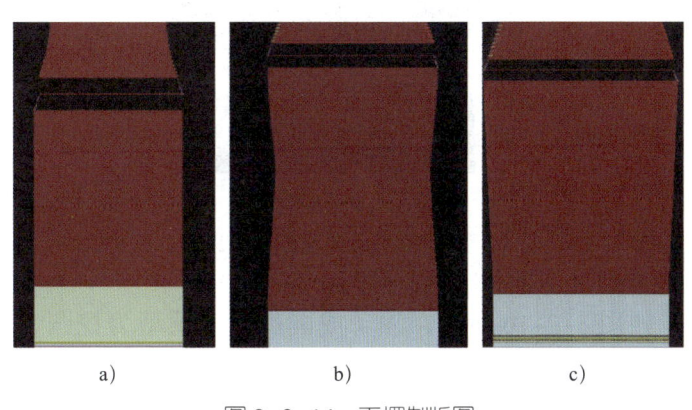

图 3-2-14　下摆制版图
a）直筒结构　b）收腰结构　c）收摆结构

二、组织核验

组织核验指根据参考样，比对制版程序中花型组织的位置、数量、结构、排针方式等要素,通常需要根据经验判断制版程序是否符合工艺要求并能够顺利编织。

根据样衣核验成型服装制版程序

步骤1 核验前准备

穿戴或放置样衣,并处于可以看清样衣纹路的光线(如自然光或灯光)下,如图 3-2-15 所示。

图 3-2-15 样衣

步骤2 样衣分析

(1)领型。如图 3-2-16 所示,领子成圆弧状,领型为挖圆领,领子组织为 1×1 罗纹。

图 3-2-16 领型

（2）肩型。如图 3-2-17 所示，前、后片肩部对称，缝合线均处于肩部顶端，为平肩型。

（3）下摆。如图 3-2-18 所示，罗纹至夹下先收再放，使之在腰部呈现收缩结构，为收腰结构，袖子和大身下摆罗纹组织为 1×1 罗纹。

图 3-2-17　肩型

图 3-2-18　下摆

（4）组织。观察样衣，大身前后片、袖子是 3×3 绞花组织。绞花高 18 行，宽 10 针，两列绞花之间间隔 11 针，前片完整的绞花共 7 列，呈中心轴对称分布，领底到下摆罗纹一共 12 个绞花，如图 3-2-19 所示。

图 3-2-19　花型组织

步骤 3　记录分析结果

确认样衣为圆领、平肩、收腰、全绞花套衫，绞花高 18 行，宽 6 针，左右各两枚后床编织，间隔 8 针，右压左，以中线为轴，两边对称分布。

步骤4　核验制版程序

（1）领型。如图3-2-20所示，领底中留29支针，收领先快后慢，呈圆弧结构，为圆领，符合工艺要求。

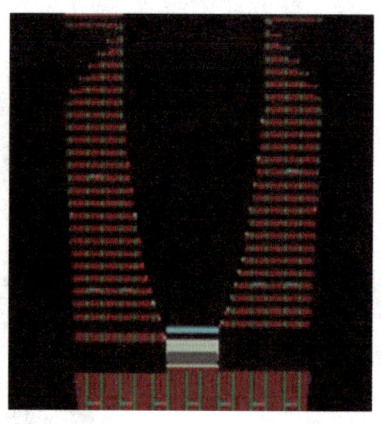

图3-2-20　领型制版图

（2）肩型。如图3-2-21所示，前、后片肩部对称，为平肩，符合工艺要求。

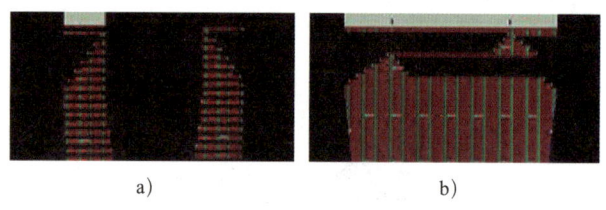

a)　　　　　　　　　　b)

图3-2-21　肩型制版图

a）前片　b）后片

（3）下摆。如图3-2-22所示，罗纹至夹下先收再放，使之在腰部呈现收缩结构，为收腰结构，符合工艺要求。

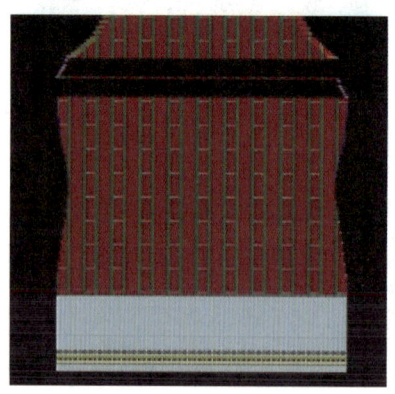

图3-2-22　下摆制版图

（4）组织。如图3-2-23所示，绞花组织花高18行，宽6针，左右各两枚后床编织，间隔8针，右压左，以中线为轴，两边对称分布，符合工艺要求。

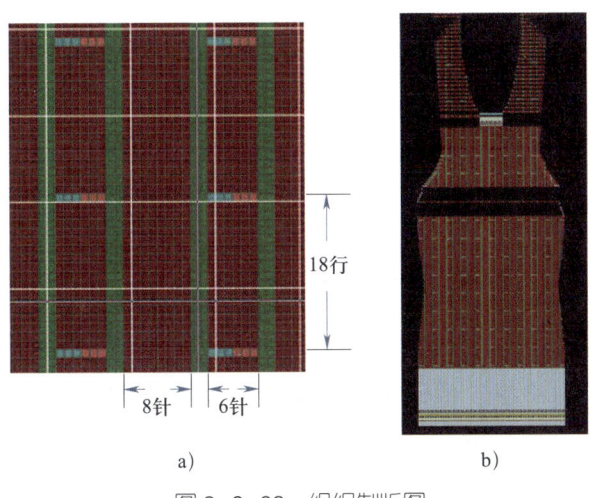

图 3-2-23 组织制版图
a）绞花组织 b）绞花分布

步骤 5　上机编织验证

制版程序核验后，可上机试织，第一片慢速编织，调整各编织参数，观察编织效果，看是否出现撞针、漏针等现象。下机整理后与参考样衣对比，不断试样，直至两者外观、手感一致。

学习单元 3　分析撞针、翻纱等机件损坏和织物疵点情况，调整制版程序与编织工艺参数

掌握根据撞针、翻纱等机件损坏和织物疵点情况调整制版程序与编织工艺参数的方法。

一、疵点知识

1. 撞针

纬编机在编织过程中，织针的针踵在各个编织三角轨道运行不畅会引起撞击，主要表现为针脚无声断落（打闷针）。此外，编织太紧织物、纱线太粗、机头内太脏等因素也会导致撞针。撞针会损伤针床、织针及三角本身，甚至会影响织物的质量。

双针床贾卡经编机撞针的情况主要包括：穿纱梳栉的导纱针与针床织针的对位不准；贾卡梳栉使用的弹性纱线太粗，送经量太低引起单针偏移动作不到位；针床上个别织针针头长时间织造使用后产生变形歪斜等。

2. 翻纱

翻纱指添纱组织（也叫面毛、盖面）在编织过程中由于各种原因，导致底色纱线和面色纱线互换，地纱线圈出现在正面。

二、疵点与制版程序、编织工艺参数的关系

1. 撞针的原因及修正

（1）电脑横机

1）度目（线圈长度）太小，纱线成圈时将织针拉紧，三角推动织针将其碰断。修正方法：适当加大度目值，将纱线成圈控制在合理范围内。

2）针在针槽中的位置不当，长针在针槽中位置过高或过低都会导致护山碰断长针针踵。修正方法：将针定于正确的位置。

3）纱嘴放置不当。开始编织之前有纱嘴停放在编织区域，织针编织时，路过的纱嘴和织针会和停放的纱嘴发生碰撞。修正方法：开始编织之前要保证将所有纱嘴停放在编织区域之外，且互相错开适当的距离，确认各纱嘴互不影响。

4）针槽太脏、太紧。由于清理频率不够，纱屑灰尘等细小脏物会在针槽里堆积，慢慢卡住织针，导致撞针。修正方法：可以根据实际生产安排定期做全面的清洁工作。

5）纱支使用不当。由于所有机器针距、针齿距固定，所以每种针型机器所使

用的纱线粗细都在一定范围内,过粗或过细的纱线都会导致编织出现问题,纱线过粗会导致撞针,纱线过细会导致断纱。修正方法:进行编织时应当使用适当支数的纱线。

6)长时缺油。针槽等关键位置长时间缺油会发生锈蚀现象,容易使织针、长针运行不畅,织针、长针可能被卡住。修正方法:适当增加加油次数,保持针槽光洁,确保织针、长针正常运行。

7)针床上掉有异物。机器运行时有大纱结线头或其他异物掉落到针板上,容易卡住运行的三角。修正方法:发现异物时必须及时停机清除异物。

8)针床左右位置偏移,使得针对针。前、后针板相对位置有针对针和针对齿,不同的相对位置可以编织不同的织物组织,当位置发生偏移,编织过程中前、后针将会发生碰撞。修正方法:调节针床位置,检查针零位是否正确。

9)山板上各三角部件起痕严重或破裂,发生多次撞针,可能会将度目三角等直接对针作用的三角撞裂或撞变形。修正方法:发生撞针后必须检查山板,将撞坏的三角进行磨光砂滑或调换。

10)针槽太宽或针槽有凹凸。针板长时间不保养,发生撞针之后易将针槽插片撞变形。修正方法:及时保养、检修针床的针槽。

11)织针硬度不够,吃线弯纱成圈过程中织针针钩容易断裂。修正方法:及时发现并更换已坏织针。

12)针踵发毛弯曲。长针针踵经过长时间磨损,针踵变窄,整体强度下降,更易变形。修正方法:更换长针。

13)针托露出针床表面。选针片在编织过程中,会垂直针槽上下运动,如果出现选针片高出针槽的情况,选针片会和三角发生碰撞。此外,调换及清除针槽积垢操作中放针高度不够,或出现漏针、破洞时也会引起撞针。

(2)无缝内衣机

一般电脑横机产生撞针的原因,多数是设备或清洁问题。但在无缝内衣机上,还存在程序指令错误的原因。

无缝内衣机上的一些有进出动作要求的三角,在没有程序指令时,是处于不接触织针的不工作位置。在机器运转的过程中,要通过指令,才能让三角进入工作位置。在针筒中,标配在规定的区域装有1/4圈的高脚针踵的织针,其余部分为低脚针踵织针,如图3-2-24所示。

图 3-2-24 高低脚针踵

初始状态时,三角在不工作位置。机器转动后,当低脚针踵织针到来时,给出程序指令让三角进入一级,但这时不会接触到针踵;机器继续转动,当高脚针踵的织针到来时,织针将会被三角驱动上升;机器继续转动,给出程序指令让三角进入第二级,这时因为三角已经作用到高踵针上,所以对织针的动作没有影响;机器继续转动,当低脚针踵织针到来时,也可以沿已经处在第二级位置的三角上升,顺利完成三角的进入动作。三角出来时也是如此,必须是在规定角度才能避免撞针。一旦给错三角动作角度,或插错针踵,就非常容易造成撞针。

(3)双针床经编机

双针床贾卡经编机主轴位于起始位置,检查确认所有导纱梳栉穿纱情况正常后,点按慢车使前后针床织针各完成一次成圈编织动作,分别在前后针床仔细观察导纱针是否从织针针件间隙居中位置摆过,有无擦针异响,如果一切正常,则从慢车切换为快车正常开机。观察下机布面是否有局部异常破洞,排除因撞针或者擦针造成的问题,确保机器正常运行。

2. 翻纱的原因及修正

(1)电脑横机

电脑横机翻纱的原因主要有:宽纱嘴带纱过于靠近窄纱嘴,针织吃线太快;宽纱嘴与窄纱嘴高度差不够,或者宽纱嘴羊角宽度不够宽;右行翻丝,宽纱嘴右侧的羊角过于靠近纱嘴;左行翻丝,宽纱嘴左侧的羊角过于靠近纱嘴。

修正方法:宽纱嘴的纱线阻力太大,可以考虑将纱线直接放在机器两侧。如果是双纱嘴,则宽纱嘴应该调高点。应保持穿线的纱嘴(窄纱嘴)尽量低,穿丝的纱嘴（宽纱嘴）尽量高。

（2）无缝内衣机

造成无缝内衣机翻纱的因素很多，主要有以下三种。

1）垫纱角度。实际生产时，通过调整纱嘴的高低（h）、前后（b）和左右（m）位置，以得到合适的垫纱纵角β和横角α（见图3-2-25）。对于编织添纱组织来说，一般要求面纱的垫纱纵角β大于地纱，垫纱横角α小于地纱，这样织针在下降过程中针钩先接触面纱，并且面纱占据了靠近针背的位置，地纱则靠近针钩尖，从而保证了面纱和地纱的正确配置关系，不容易发生翻纱。

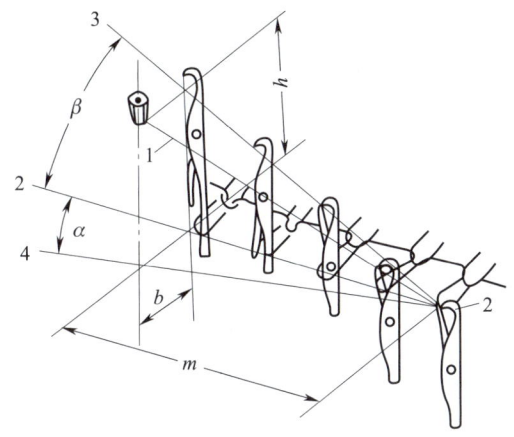

图3-2-25 垫纱角度

1—纱线；2—沉降片握持线；3—纱线在针筒面投影；4—纱线在水平面投影

2）纱线细度。如图3-2-26所示，当处于位置上方的纱线1（地纱）比下方的纱线2（面纱）细时，无法翻越下方纱线2，改变相对位置，所以不容易翻纱。

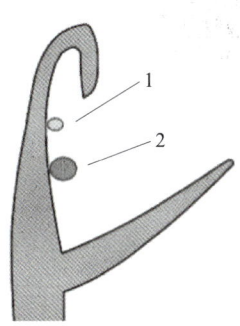

图3-2-26 纱线在针钩中的相对位置

3）纱线张力。如图3-2-26所示，当处于位置上方的纱线1比下方的纱线2张力小时，无法挤动下方纱线2，改变相对位置，所以不容易翻纱。

分析撞针、翻纱等机件损坏和织物疵点情况，调整制版程序与编织工艺参数

步骤1　识别撞针、翻纱等机件损坏和织物疵点

下面以电脑横机为例，撞针包括织针、长针、弹簧针、选针、沉降片等零部件的损坏。

例1：在编织过程中，机器发生异响但没有报警，继续编织时发现织针不能正常退圈，纱线堆积在针钩上，如图3-2-27所示。

纱线堆积在织针针钩上，织针损坏部位可能是针舌和针钩。针舌变形或者断裂会导致针舌不能正常盖住针钩，使得纱线退圈的时候没有从针舌和针钩上方退掉，直接落在了针钩里。针钩变形会导致针舌和线圈一样落到针钩里面，但是变形的针钩也会勾住纱线。

观察已损坏织针，如图3-2-28所示，发现织针没有针舌，在编织过程中，针织针舌被撞断。

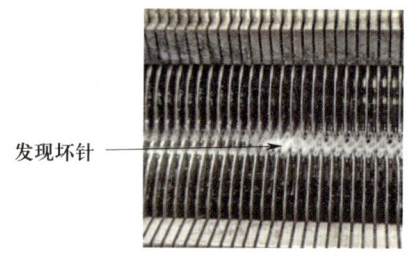

图3-2-27　织针不退圈

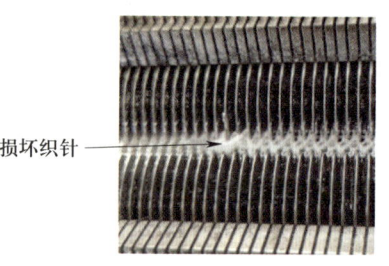

图3-2-28　已损坏织针

例2：听到异响，机器报警停机，推开机头，查看针床编织区域，检查编织情况。如图3-2-29所示，发现撞断针钩的织针，同时该针织对应的线圈有多个脱散。其他织针的线圈可以看到多行排列紧密，线圈特别小，线圈紧绷、圈弧、圈柱不匀称，线圈密度偏大。

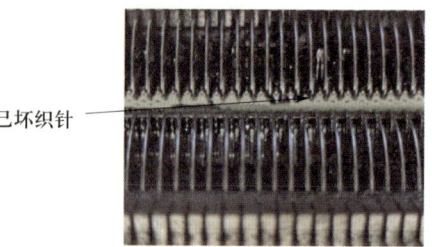

图3-2-29　撞坏的织针

例3：如图3-2-30所示为2×2绞花花型，其中图3-2-30b和图3-2-30c是编织下机后织片的照片，编织时发生撞针，虽然及时更换织针，但是织片编织完成后还是有散落的线圈。图3-2-30a是画版时的花样图，可以看到绞花时相邻线圈互相移位的动作，但是没有对线圈进行处理，导致移圈时发生撞针。

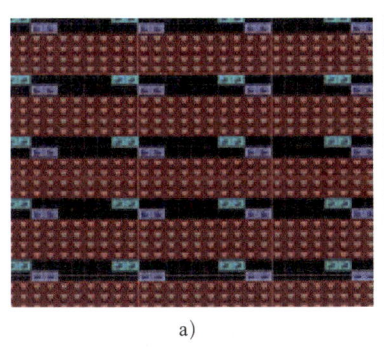 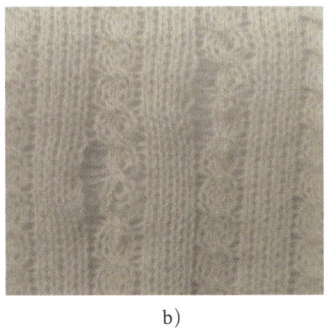 

a)　　　　　　　　　　　b)　　　　　　　　　　c)

图3-2-30　2×2绞花

a）花样图　b）正面　c）反面

例4：织片编织下机后，反面线圈圈弧可以看到氨纶丝覆盖纱线圈弧，正面编织线圈的圈柱也可以看到部分氨纶丝覆盖纱线圈柱，如图3-2-31所示。这种情况说明该织片翻丝，要对纱嘴进行调整。

步骤2　调整或修改程序、参数、编织工艺

（1）电脑横机

对应步骤1列出的4个机件损坏或织物疵点的例子，调整或修改电脑横机的程序、参数、编织工艺。

例1：将损坏织针上堆积的纱线清理，更换织针，再启动机器继续进行编织，即可正常编织。

例2：将坏针进行更换，然后调整对应段数的度目值，将度目值适当调大，继续编织线圈。织针正常，纱线能正常成圈、退圈，线圈能看到圈弧，圈柱匀称不紧绷，如图3-2-32所示。此时已可正常编织，拆下已坏织片重新起

图3-2-31　翻纱

图3-2-32　正常编织

底编织。

例3：对2×2绞花制版进行更改，上锁骨和下锁骨采用错行不编织的方法，使得线圈移动时上锁骨线圈和下锁骨线圈不相连，下锁骨编织完先将线圈翻至后针板，让与上锁骨相连的浮线在下锁骨线圈的前面，不影响浮线放松上锁骨线圈，如图3-2-33a所示。图3-2-33b和图3-2-33c是更改2×2绞花花样图之后编织的完好织片。

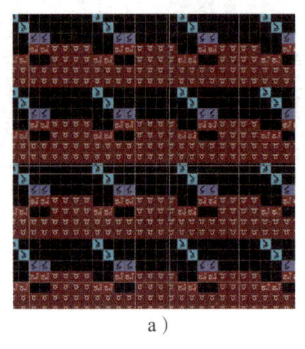
a)

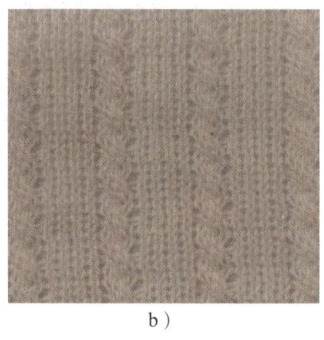
b)

c)

图3-2-33 更改后2×2绞花
a)花样制版图 b)织片正面 c)织片反面

例4：编织翻丝，将宽纱嘴羊角距稍微调大，两边的羊角都向外调2~3mm，再将纱嘴调高1~2mm。重新编织得到的织片如图3-2-34所示，正面线圈圈柱无明显黑色氨纶丝，正、反面颜色分明，花样正常。

花样看起来偏黑是因为氨纶丝和纱线色差过大，氨纶丝黑色映到正面，故添纱组织在使用氨纶丝时颜色与纱线颜色不应色差过大。如果使用的不是氨纶丝，添纱还应考虑地纱的粗细，地纱应细于面纱，最好地纱不大于面纱粗细的一半。

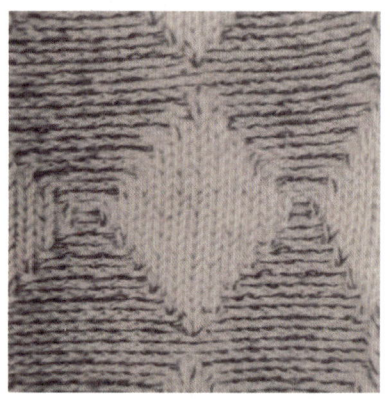

图3-2-34 正常添纱

（2）无缝内衣机

1）穿地纱的纱嘴尽量调高一些，增大垫纱纵角，穿面纱的纱嘴尽量调低一些。地纱的纱嘴是固定的，无法调进出位置，面纱的纱嘴应尽量的靠近针杆，以减小垫纱横角。

2）地纱的细度应比面纱的细。

3）地纱的张力应比面纱小。

4)在机器指令中使用远离成圈位置的纱嘴面纱,在同样纱嘴工作高度的情况下,也可以减小垫纱纵角。

5)在编写程序时,严格按照规定角度设置三角的进出指令。

(3)双针床经编机

双针床经编机导纱针与织针针距对位,机械式横移机构可以通过微调导纱梳栉横移机构顶杆顶球连接花盘凸轮位置固定端的螺丝,电子横移机构可以通过电柜内的控制参数进行梳栉位置微调。

学习单元4 根据成品尺寸调整下机尺寸

掌握根据成品尺寸调整下机尺寸的方法。

机器的编织过程对下机织片的尺寸有一定的影响。稳定编织时,尺寸会随着各种因素产生变化:同批次纱线在使用时,也会出现尺寸的偏差,这与原料的质量有直接关系;设备在编织时的牵拉、编织速度,也会导致尺寸的变化。

在大货生产中尤其要注意织片尺寸的变化,按照每个小时或者按照织片下机的数量进行尺寸和密度值确认。编织时若固定纱线进线方式、稳定设备牵拉力、更改纱线批次,务必重新确认尺寸。编织的机型不同,控制成品尺寸的方法也略有差异。

根据成品尺寸调整下机尺寸。

一、电脑横机

步骤1　对第一次编织的样片各部位进行测量

打样的第一步是确认所用原料合适的织物密度值,在确定制版没问题的情况下,记录下机织片宽度及高度等部位尺寸,即下机尺寸;用固定的方式测量织物密度值,用于在后期编织时进行密度确认和比对。

步骤2　将样片送去后处理

织片确认手感与密度值后,进行相应的洗水处理,使用合适的助剂,洗水后进行烘干、整烫。

步骤3　将后处理过的样片各部位再次进行测量

经过洗水烘干的织片,尽量由工艺员进行尺寸确认,包括厚度手感等确认无误后,记录织片密度值,再次确认织片针数、转数以及织片尺寸,即洗水后尺寸。

步骤4　将两次测量结果进行比对,得到尺寸、密度、手感的变化

将洗水前后的织片尺寸值和密度值进行比对,并比对下机洗水后的织片与样品尺寸(即客户工艺尺寸)的误差,对工艺进行相应的调整。

步骤5　根据经验调整程序中的款型和参数

比对织片的手感及尺寸之后,若相差不大,可以根据经验值进行程序微调,或调整设备的密度值、牵拉力等。若相差较大,则重新计算工艺单。

步骤6　再次制样

重复步骤1至步骤5,直至样片完全符合工艺单要求。

二、无缝内衣机

步骤1　比对工艺单

将试样与工艺单进行比对,确认相关参数,如纱线支数与品种、织物结构、机器筒径与机号、后处理工艺等准确无误。若这些参数出错,可能会导致最终无法达到工艺单的要求。

步骤2　测量成型服装各主要部分的下机尺寸

由于织物下机后会收缩,因此应在下机后尽快测量主要部位的尺寸。也可以在下机之后的规定时间内进行测量。要确保测量的准确性、一致性,测量前,不要拉扯织物;测量时,应将每个结构区域的尺寸都测量到,并做好记录。

无缝产品不能出现针数计算错误的情况,即使宽度达不到工艺单要求,也不能利用加减针数的方法进行调整,只能通过改变纱线张力和织物密度的方法改变

成品宽度。

步骤3　将成品测量结果与工艺单进行比对

经后处理的织物，应考虑满足手感、密度的要求，将其调整基本到位。如成品尺寸超过工艺单公差允许范围，除少量的外围尺寸过小可以通过定型纠正外，都需要调整程序，修改张力、密度等参数以及花型。

因此，在最初的打样绘图时，分析各部分结构后，纵向要按比例绘出。这样如果长短尺寸不对，只需按比例计算出增加或减少的行数，就可以实现同步修改。增减行数时，需要量出成品各部位尺寸，并对照下机各部位尺寸再进行计算。如果是宽度尺寸不对，那这个方法不可行，只能通过改变纱线张力和密度实现。这个过程需要反复多次。

步骤4　称重

最后要使用电子称称成品的重量，其重量也应满足工艺单的要求。

三、双针床经编机

步骤1　核对工艺单

将试样款式结构尺寸与工艺文件和工艺单进行比对，确定所选纱线原料、横纵密度值、上机送经量、牵拉密度值等参数准确、无误后，输出工艺文件和工艺单，进行上机试织。

步骤2　下机样衣测量并进行后整理

测量下机样衣筒片各部位尺寸，即测量下机尺寸。将样衣平铺，待其松弛回缩24小时后再次测量并记录下机尺寸，而后进行洗水、染色、烘干等后处理，平铺熨烫后再次测量样衣筒片成品尺寸，并计算成品横纵密。

步骤3　对比尺寸并调整工艺

将样衣成品尺寸与客供规格尺寸进行对比，如果存在误差，则带入成品横纵密度进行计算，并修改工艺文件，再重新上机进行试织。如果有客供样衣，还需详细对比面料手感、厚薄、外观平整度，对工艺进行总体调整，再重新上机进行试织。

步骤4　再次制样

重复步骤2和步骤3，直至样衣筒片完全符合来样工艺单或来样样衣要求。